Startwissen Chemie

Mitch Fry, Elizabeth Page

Startwissen Chemie

Ein Crash-Kurs für Studierende
der Biowissenschaften und Medizin

Aus dem Englischen übersetzt von Thomas Schwabke

Catch Up Chemistry – For the life and medical sciences
Englische Originalausgabe 2005 bei Scion Publishing Ltd., UK
© Scion Publishing Ltd, 2005
This translation of Catch Up Chemistry is published by arrangement
with Elsevier – Spektrum Akademischer Verlag.
Aus dem Englischen übersetzt von Thomas Schwabke

Wichtiger Hinweis für den Benutzer:

Die Deutsche Nationalbibliothek verzeichnet diese Publikation in der Deutschen Nationalbibliografie; detaillierte bibliografische Daten sind im Internet über http://dnb.d-nb.de abrufbar.

Springer ist ein Unternehmen von Springer Science+Business Media
springer.de

1. Auflage 2007, Nachdruck 2011
© Spektrum Akademischer Verlag Heidelberg 2007
Spektrum Akademischer Verlag ist ein Imprint von Springer

11 12 13 14 15   5 4 3 2

Planung und Lektorat: Frank Wigger, Martina Mechler
Redaktion: Sonja Bernhart
Umschlaggestaltung: wsp design Werbeagentur GmbH, Heidelberg
Satz: TypoDesign Hecker GmbH, Leimen

ISBN 978-3-8274-1809-8

Inhalt

Über die Autoren

Dr. Mitch Fry BSc PGCE ist promovierter Diplom-Biochemiker und hat als Forschungsbeauftragter in der pharmazeutischen Industrie und als Lehrer für Naturwissenschaft sowohl in der Sekundarstufe als auch in der akademischen Ausbildung gearbeitet. Sein Hauptarbeitsgebiet ist die Fachausbildung, Unterstützung und Betreuung von Studierenden der Lebenswissenschaften an der University of Leeds, einschließlich voruniversitäter Kenntnisvermittlung und Zulassungsverfahren.

Dr. Elizabeth Page BSc PhD PGCE ist Direktorin für das Studium am Institut für Chemie an der University of Reading. In den vergangenen zehn Jahren sammelte sie Erfahrungen in der chemischen Ausbildung von Biologen und Studierenden anderer Lebenswissenschaften. Ihr besonderes Interesse gilt der Unterstützung von Studierenden im ersten Studienjahr beim Wechsel in die universitäre Ausbildung.

Vorwort

Leben ist ein komplexes Geflecht chemischer Prozesse, die sich gegenseitig beeinflussen, und darauf ausgelegt, sich selbst zu erhalten. Die exakt gesteuerte Oxidation von Nahrungsbestandteilen und die daraus freigesetzte Energie erlaubt es Lebewesen, ein genau kontrolliertes zelluläres Milieu aufrechtzuerhalten und ihre stoffwechselphysiologische und strukturelle Komplexität auf immer höhere Stufen zu heben. Alles Leben auf der Erde basiert auf chemischen Grundprinzipien. Vor allem ist es das Element Kohlenstoff, das als Baustein dient und eine enorme Vielfalt biologischer Moleküle hervorbringt, die alle so aufgebaut sind, dass sie im universellen Lösungsmittel des Lebens, dem Wasser, ihre Funktion erfüllen.

Im heutigen Eiltempo der wissenschaftlichen Ausbildung tendiert man dazu, Informationen in einzelnen „Paketen" anzubieten. Dies mag den Fortschritt beschleunigen, verwässert aber letztlich unser Verständnis. Das Bild als Ganzes zu sehen, ist viel lohnender. Die Untersuchung der grundlegenden chemischen Prinzipien des Lebens ist notwendigerweise der erste Schritt, um dieses ganzheitliche Verständnis zu entwickeln.

Man muss keinen akademischen Abschluss in Chemie haben, um sich dieser Gesetzmäßigkeiten bewusst zu sein. Dieses kurze Lehrbuch untersucht jene chemischen Grundlagen, die sich leicht auf den Bereich der Biologie übertragen lassen, und schafft so ein Fundament, biologische Prozesse besser verstehen zu können. Wir leiten diese Gesetzmäßigkeiten in einer leicht verständlichen Weise her; als Vorwissen genügt das, was Sie in der Oberstufe in Chemie gelernt haben. Man kann Biologie und Chemie nicht wirklich getrennt voneinander betrachten: Das Erste ist eine spezielle Fortschreibung von Letzterem. Und daher sollten Sie sich auch die Zeit nehmen, um die grundlegenden Gesetzmäßigkeiten zu verstehen. Ihre Mühe wird reich belohnt werden.

Wenn Sie mit Ihrer gewählten biowissenschaftlichen Ausbildung beginnen, dann gönnen Sie sich die Zeit, über das Wunder des Lebens zu staunen. Fragen Sie immer nach dem Warum und nach dem Wie! Lassen Sie sich begeistern, denn das macht einen Biologen aus.

Mitch Fry und Elizabeth Page
Leeds und Reading

1 Elemente, Atome und Elektronen

Grundbegriffe:
Zu Beginn schauen wir uns den allgemeinen Aufbau von Atomen und die Natur von Isotopen an. Isotope spielen eine wichtige Rolle in der Biologie und werden in einem „Zur Vertiefung"-Abschnitt behandelt. Wir beschäftigen uns mit der Verteilung und Konfiguration von Elektronen in Atomen und behandeln das Konzept der Atomorbitale. Eine Vorstellung von Atomorbitalen ist wesentlich für das Verständnis der Reaktivität und des Bindungsverhaltens von Atomen, besonders bei den Elementen, die die wichtigsten Bausteine biologischer Systeme ausmachen.

Die 92 natürlich vorkommenden Elemente können sich in vielfältiger Weise miteinander verbinden und bilden so die Materie, aus der unsere Welt besteht. Ein **Element** ist eine einfache Substanz, die auf chemischem Wege nicht in etwas noch Einfacheres zerlegt werden kann, z. B. sind Kohlenstoff und Sauerstoff solche Elemente. Jedes Element wird durch ein Symbol repräsentiert, einen Großbuchstaben, dem in vielen Fällen noch ein Kleinbuchstabe folgt, z. B. Kohlenstoff = **C** (englisch *carbon*), Calcium = **Ca**, Stickstoff = **N** (*nitrogen*), Natrium = **Na**. Elemente bestehen aus winzigen, aber jeweils identischen Teilchen, den sogenannten **Atomen**. Ein Atom kann als das kleinste Partikel beschrieben werden, in das ein Element geteilt werden kann, ohne die elementtypischen Eigenschaften zu verlieren. Das Element Kohlenstoff besteht also ausschließlich aus Kohlenstoffatomen, das Element Sauerstoff ausschließlich aus Sauerstoffatomen und so weiter. Die Atome selbst bestehen entsprechend eines einfachen, für unsere Zwecke aber ausreichenden Atommodells aus kleineren Einheiten: **Protonen**, **Neutronen** und **Elektronen**.

Das relativ massereiche Zentrum eines Atoms wird als **Atomkern** bezeichnet. Er setzt sich aus Protonen und Neutronen zusammen. Diese beiden subatomaren Teilchen (Elementarteilchen) sind durch ihre elektrische Ladung charakterisiert; jedes Proton trägt eine einfache positive Ladung, während Neutronen keine Nettoladung tragen (daher ihr Name). Die Anzahl der im Kern vorhandenen Protonen ist für jedes Element eindeutig. Die **Ordnungszahl (Z)** (auch Kernladungszahl oder Atomnummer) eines Elements ist gleich der Zahl der Protonen im Kern. Die Summe aus der Zahl der Protonen und der Neutronen im Kern eines Atoms ist gleich der **Massenzahl (A)** (Nukleonenzahl) dieses Elements.

> **Merksatz**
>
> Atomnummer (Z) = Anzahl der Protonen
>
> Massenzahl (A) = Anzahl der Protonen + Anzahl der Neutronen

1.1 Isotope

Die Zahl der Neutronen im Atomkern eines Elements kann manchmal variieren; man spricht in diesen Fällen von verschiedenen **Isotopen** eines Elements.

Die Zusammensetzung eines Atomkerns wird durch die Schreibweise $_Z^A\text{X}$ angezeigt, wobei A die Massenzahl und Z die Ordnungszahl ist.

Da die Ordnungszahl elementspezifisch ist, wird diese Schreibweise für ein Atom oft gekürzt als ^AX dargestellt.

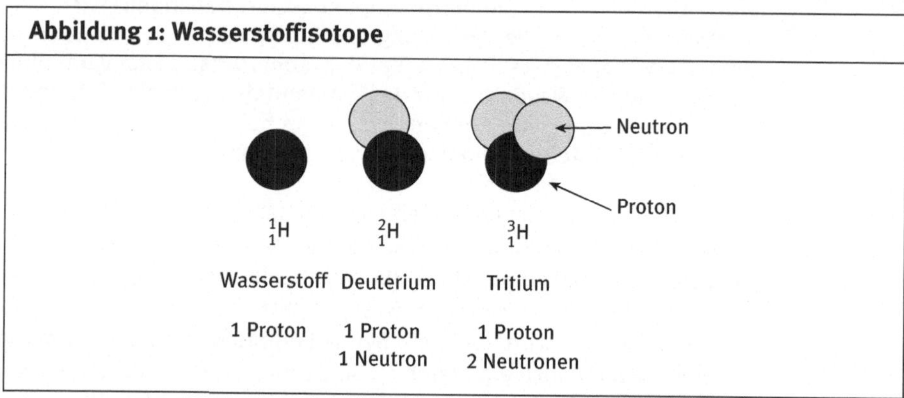

Abbildung 1: Wasserstoffisotope

Wasserstoff kann als $_1^1\text{H}$ (auch geschrieben als Wasserstoff-1), $_1^2\text{H}$ (Wasserstoff-2) oder $_1^3\text{H}$ (Wasserstoff-3) vorkommen. Mit anderen Worten: $_1^1\text{H}$ als die häufigste Form des Wasserstoffs hat im Atomkern nur ein Proton (und kein Neutron) und damit die Massenzahl 1. $_1^2\text{H}$ (bezeichnet als Deuterium) besitzt ein Proton und ein Neutron in seinem Kern, wodurch sich eine Massenzahl von 2 ergibt. $_1^3\text{H}$ (Tritium) besitzt ein Proton und zwei Neutronen, hat also die Massenzahl 3. In jedem Fall ist nur ein Proton vorhanden, so dass es sich stets um das Element Wasserstoff handelt; das heißt, alle drei Formen sind Isotope des Wasserstoffs (Abbildung 1). Auch Kohlenstoff kann in Form dreier verschiedener Isotope vorkommen, $_6^{12}\text{C}$, $_6^{13}\text{C}$ und $_6^{14}\text{C}$, von denen $_6^{12}\text{C}$ und $_6^{14}\text{C}$ die häufigsten sind. Jedes Isotop besitzt 6 Protonen, aber die Zahl der Neutronen variiert von 6 bis 8.

> **Merksatz**
>
> Isotope des gleichen Elements unterscheiden sich durch die Zahl der Neutronen, nicht durch die Zahl der Protonen.

Isotope können entweder **stabil** oder **radioaktiv** sein. In den Beispielen, die wir bisher genannt haben, sind $_1^1\text{H}$ und $_1^2\text{H}$ stabile Isotope des Wasserstoffs, während $_1^3\text{H}$ radioaktiv ist. In ähnlicher Weise sind $_6^{12}\text{C}$ und $_6^{13}\text{C}$ stabile Isotope des Kohlenstoffs, $_6^{14}\text{C}$ ist jedoch radioaktiv.

Isotope in der Biologie (Seite 9)

Isotope sind für Biologen äußerst nützlich und werden in einer Vielzahl von Anwendungen eingesetzt.

Radioisotope sind instabil und zerfallen unter Freisetzung radioaktiver Strahlung.

1.2   Elektronen

Die Zahl der Elektronen in einem Atom entspricht der Zahl der Protonen im Kern dieses Atoms. Es ist die Anordnung der Elektronen in einem Atom, die dessen chemische Reaktivität bestimmt.

Elektronen kann man sich als subatomare Teilchen mit fast vernachlässigbarer Masse vorstellen. Die einfach negative Ladung (–1) hat den gleichen Betrag wie die entgegengesetzte positive Ladung des Protons. Die Zahl der Elektronen in einem Atom gleicht die Zahl der Protonen aus, so dass ein Atom insgesamt keine Nettoladung aufweist.

Elektronen bewegen sich mit Geschwindigkeiten nahe der Lichtgeschwindigkeit um den Atomkern. Es ist nahezu unmöglich, zu sagen, wo genau sich ein Elektron zu einem bestimmten Zeitpunkt befindet. Dies ist die Grundlage der Unschärferelation, und wir sprechen von der „Wahrscheinlichkeit, ein Elektron zu einer bestimmten Zeit an einem bestimmten Ort zu finden".

Experimente, die zu Beginn des 20. Jahrhunderts durchgeführt wurden, zeigten, dass Elektronen nicht einfach frei um den Atomkern rotieren, sondern dass sie an bestimmte **Energieniveaus** gebunden sind. Energieniveaus tragen festgelegte Nummern, n, beginnend mit $n = 1$. Unter normalen Umständen besetzen Elektronen zunächst die niedrigsten Energieniveaus. (*Als Synonym zu „Energieniveau" wird oft auch der Begriff „Schale" verwendet.*)

Während die Ordnungszahl eines Atoms das Element definiert, wird die chemische Reaktivität durch die Anordnung der Elektronen bestimmt.

Innerhalb eines jeden Energieniveaus gibt es Unterenergieniveaus, die spezielle Räume innerhalb der Hauptenergieniveaus darstellen, in denen mit hoher Wahrscheinlichkeit ein Elektron anzutreffen ist. Diese Regionen innerhalb eines Energieniveaus werden als **Atomorbitale** bezeichnet. Atomorbitale haben jeweils eine bestimmte Gestalt und können maximal zwei Elektronen enthalten. Dem Kern am nächsten ist das niedrigste Energieniveau mit dem Wert $n = 1$. Der spezielle Orbitaltyp innerhalb des Niveaus $n = 1$ wird als **s**-Orbital bezeichnet. Weil es sich im Energieniveau $n = 1$ befindet, wird es **1s**-Orbital genannt. Das s-Orbital hat Kugelgestalt.

Atomorbitale sind Regionen im Raum, in denen eine hohe Wahrscheinlichkeit besteht, Elektronen anzutreffen.

Wir können das **1s**-Orbital als kugelförmigen Raum definieren, der den Atomkern umgibt und in dem mit hoher Wahrscheinlichkeit ein Elektron zu finden ist (Abbildung 2). Der kleine schwarze Punkt im Zentrum jeder Darstellung repräsentiert den Atomkern. Die Abbildung ist nicht maßstabsgerecht. Der Raum außerhalb des Atomkerns ist größtenteils leer. Tatsächlich beträgt der Radius des Atomkerns etwa ein zehntausendstel der Größe des gesamten Atoms.

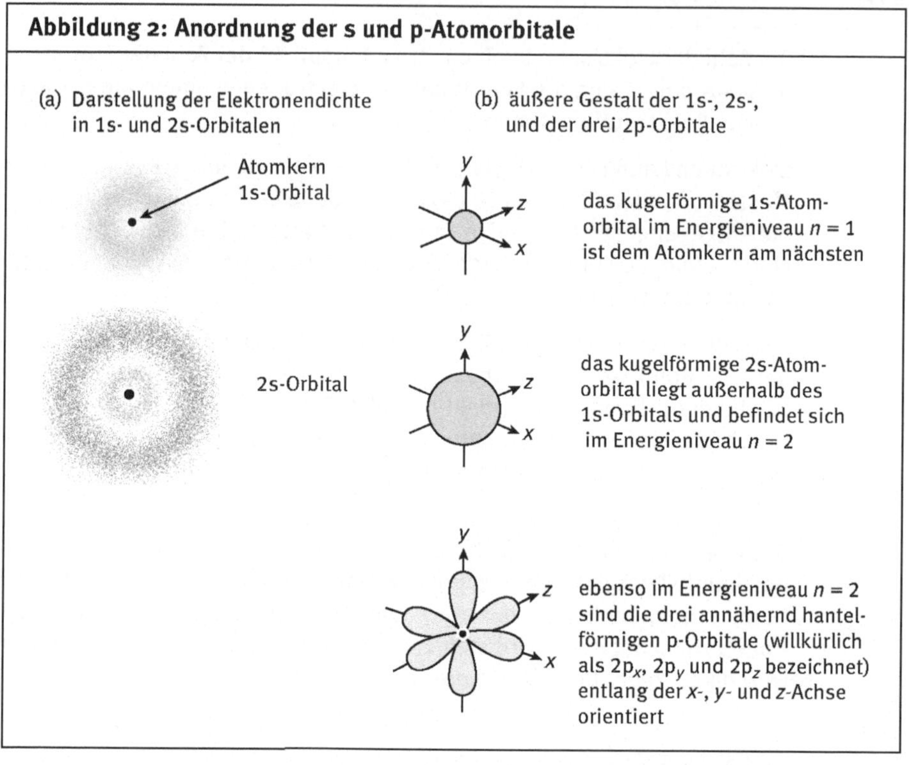

Das zweite Energieniveau ($n = 2$) hat eine etwas höhere Energie als das erste. Innerhalb des zweiten Energieniveaus gibt es zwei Arten von Raumsegmenten, in denen sich ein Elektronen aufhalten kann. Eine dieser Regionen ist ein kugelförmiges Orbital, so wie im ersten Energieniveau. Allerdings wird es als 2s-Orbital bezeichnet, da es sich im zweiten Energieniveau befindet.

Die zweite Art von Atomorbitalen in diesem Energieniveau ($n = 2$) wird als p-Orbital bezeichnet. Innerhalb eines Energieniveaus gibt es drei p-Orbitale und jedes p-Orbital ist genau entlang der x-, y- oder z-Achse ausgerichtet. p-Orbitale stellen Raumbereiche dar, deren Form an eine Hantel oder an einen Achterknoten erinnert. Die drei p-Orbitale des zweiten Energieniveaus werden mit **2p$_x$, 2p$_y$** und **2p$_z$** gekennzeichnet. Bewegen wir uns weiter vom Atomkern weg, so werden die Energieniveaus zunehmend energiereicher und die Orbitale werden komplexer und zahlreicher.

Elektronen folgen bei der Besetzung von Energieniveaus und Orbitalen einigen wichtigen Regeln:

- **Elektronen besetzen zunächst die Orbitale mit der niedrigsten Energie.** So wird das erste Niveau ($n = 1$) mit seinem 1s-Orbital gefüllt, bevor ein Elektron das zweite Niveau besetzen kann.
- **Innerhalb eines Energieniveaus besetzen Elektronen zunächst die Orbitale mit der niedrigsten Energie.** s-Orbitale entsprechen einem niedrigeren energetischen Zustand als p-Orbitale. Innerhalb eines Energieniveaus besetzen Elektronen also zunächst das s-Orbital, bevor die p-Orbitale mit Elektronen gefüllt werden.
- **Einzelne Orbitale können maximal zwei Elektronen enthalten.** Jedes s-Orbital (1s, 2s, 3s usw.) kann höchstens zwei Elektronen beherbergen. Besetzen zwei Elektronen das gleiche Orbital, so „rotieren" sie in entgegengesetzter Richtung, d. h. sie haben entgegengesetzten Spin (englisch *to spin* = sich drehen, kreiseln). Andernfalls würden sie sich durch ihre negativen Ladungen abstoßen.

Es ist ziemlich schwierig, Elektronenorbitale zu zeichnen; viel einfacher ist es, sich vorzustellen, wie Elektronen Orbitale als „**Elektronen im Kästchen**" füllen. Gewöhnlich bezeichnet man dies als die **Elektronenkonfiguration** des Atoms.

Wasserstoff ist zum Beispiel das einfachste Atom mit nur einem Proton im Kern und deshalb nur einem Elektron außerhalb des Kerns. Wir können die Elektronenkonfiguration von Wasserstoff schreiben als:

$$1s^1$$

Das bedeutet, dass das einzige Elektron des Wasserstoffatoms das 1s-Orbital besetzt, welches sich im niedrigsten Energieniveau $n = 1$ befindet. Das nächste Element ergibt sich durch Hinzufügen eines weiteren Protons im Kern und eines weiteren Elektrons im äußeren Energieniveau. Dieses Element ist Helium, He, und neben den beiden Protonen hat es noch zwei Neutronen im Kern. Das Symbol für Helium ist $^4_2$He. Die zwei Elektronen des Heliumatoms besetzen das 1s-Orbital und damit ist die Elektronenkonfiguration von Helium:

$$1s^2$$

Damit ist das erste Energieniveau vollständig besetzt und das nächste Element Lithium, Li, mit der Ordnungszahl 3 hat drei Elektronen. Zwei der Elektronen von Lithium besetzen das erste Energieniveau und das übrige Elektron muss in das s-Orbital des zweiten Energieniveaus ($n = 2$) gehen. Damit ist die Elektronenkonfiguration von Lithium:

$$1s^2 2s^1$$

Wenn das 2s-Orbital vollständig besetzt ist, beginnen weitere Elektronen damit, die 2p-Orbitale zu füllen, die eine etwas höhere Energie haben (aber immer noch im Energieniveau $n = 2$). Haben wir uns so bis zum Kohlenstoff bewegt, welcher sechs Elektronen besitzt, dann kann man die Elektronenkonfiguration schreiben als:

$$1s^2 2s^2 2p^2$$

Die drei 2p-Orbitale ($2p_x$, $2p_y$, $2p_z$) werden als energetisch gleichwertig angesehen. Daher wird ein Elektron zunächst ein leeres p-Orbital besetzen, bevor es sich mit einem weiteren Elektron in einem halb besetzten p-Orbital paart. Da alle 2p-Orbitale energetisch äquivalent sind, ist es nicht möglich, vorherzusagen, welches der 2p-Orbitale ($2p_x$, $2p_y$ oder $2p_z$) zuerst besetzt wird. Weil es in jedem Energieniveau drei p-Orbitale gibt (außer bei $n = 1$) und jedes maximal zwei Elektronen enthalten kann, können in jedem Energieniveau insgesamt sechs p-Elektronen die p-Orbitale besetzen.

Mithilfe der „Elektronen im Kästchen"-Darstellung können die oben gemachten Aussagen bildlich zusammengefasst werden. Dies wird hier für das Element Kohlenstoff, C, gezeigt (Abbildung 3).

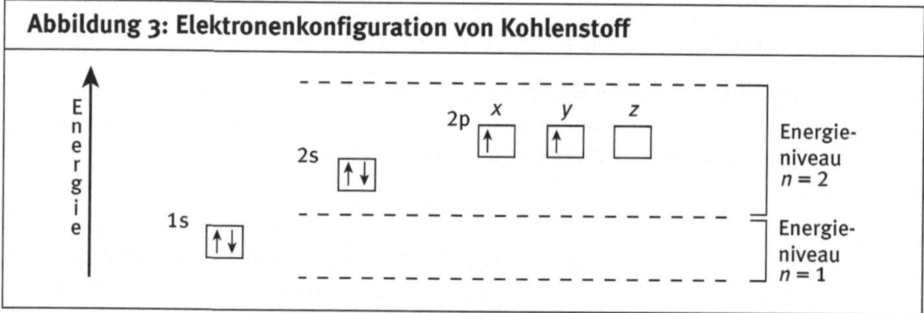

Abbildung 3: Elektronenkonfiguration von Kohlenstoff

Im Energieniveau $n = 1$ ist das 1s-Orbital gefüllt, da es mit zwei Elektronen mit entgegengesetztem Spin besetzt ist. Die entgegengesetzten Spins der Elektronen werden durch Pfeile symbolisiert, die in entgegengesetzte Richtungen zeigen. Ebenso ist auf einem höheren Energieniveau ($n = 2$) das 2s-Orbital gefüllt, und bei einer etwas höheren Energie, aber immer noch auf dem zweiten Energieniveau, befindet sich in zwei der drei p-Orbitale jeweils ein Elektron, während ein p-Orbital leer ist. In der Abbildung wurden die p-Elektronen willkürlich dem $2p_x$- und dem $2p_y$-Orbital zugeordnet.

Jedes Element des Periodensystems ergibt sich aus dem vorhergehenden Element formal durch Hinzufügen eines weiteren Protons im Kern und eines weiteren Elektrons in die äußeren Energieniveaus, um die Ladung auszugleichen. Nach Kohlenstoff mit der Ordnungszahl 6 kommt Stickstoff (Ordnungszahl 7); dessen Elektronenkonfiguration ist in Abbildung 4 dargestellt.

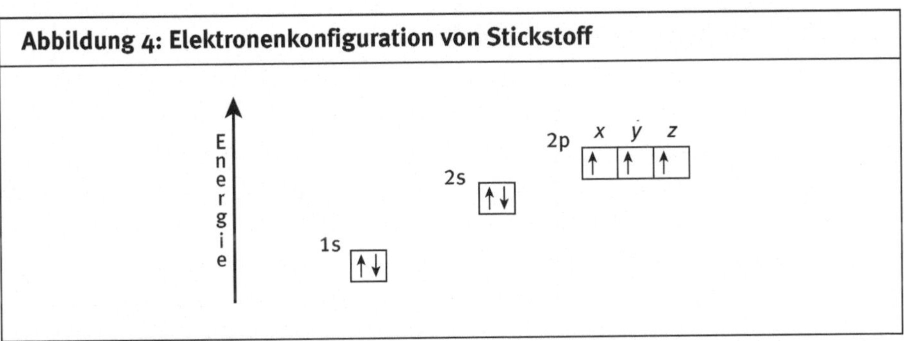

Abbildung 4: Elektronenkonfiguration von Stickstoff

**Das Perioden-
system
(Seite 13)**

Im Stickstoffatom enthält jedes p-Orbital ein Elektron und die 2p-Orbitale sind jeweils halb gefüllt.

Die Einführung eines weiteren Protons im Kern und eines Elektrons im äußeren Energieniveau führt zum Element Sauerstoff mit der Ordnungszahl 8. Das zusätzliche Elektron des Sauerstoffs muss in ein halb gefülltes p-Orbital eintreten und damit einen entgegengesetzten Spin annehmen. Somit ist eines der p-Orbitale vollständig gefüllt (Abbildung 5).

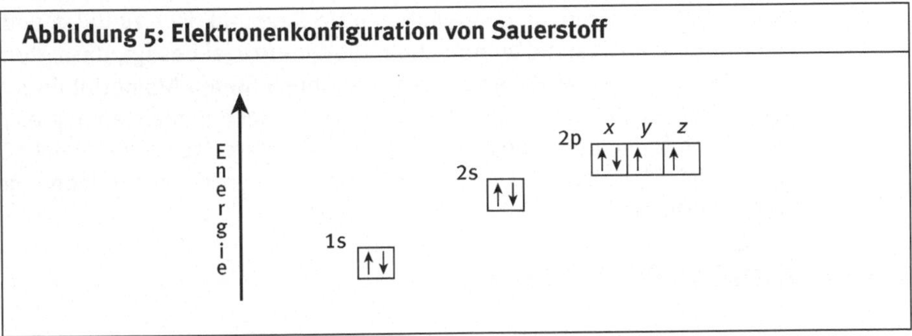

Abbildung 5: Elektronenkonfiguration von Sauerstoff

Fluor (Ordnungszahl 9) hat jeweils zwei Elektronen in zwei der 2p-Orbitale und ein Elektron im dritten 2p-Orbital. Erreichen wir Neon (Ordnungszahl 10) am Ende der zweiten Periode des Periodenystems, so sind alle Orbitale des zweiten Energieniveaus voll.

Neon ist ein unreaktives (inertes) Element und gehört zur Gruppe der Edelgase. Seine mangelnde Reaktivität beruht auf dem Umstand, dass alle seine äußeren Energieniveaus vollständig mit Elektronen besetzt sind. Das bedeutet, dass Neon kaum bestrebt ist, Elektronen aufzunehmen oder an andere Atome abzugeben, und damit nur schwer Bindungen eingehen kann. Die Elektronenkonfiguration von Neon ist in Abbildung 6 dargestellt.

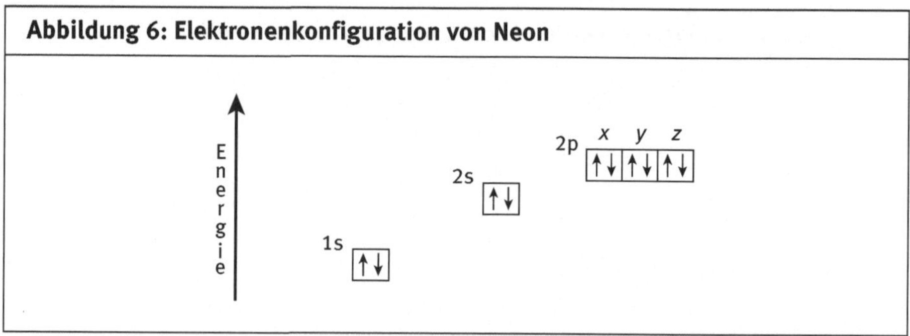

Abbildung 6: Elektronenkonfiguration von Neon

Es ist eine starke, aber nützliche Vereinfachung, sich vorzustellen, dass Atome miteinander reagieren, um ihre äußeren Atomorbitale aufzufüllen und dadurch einen stabilen Zustand zu erreichen (**Oktettregel**). Dieses Modell kann zur Beschreibung dienen, wie Elemente in der zweiten Reihe des Periodensystems Bindungen eingehen. Elemente der Gruppe, die ganz rechts im Periodensystem steht, wie Helium, Neon, Argon und Krypton, haben alle ihre äußeren Orbitale gefüllt und sind äußerst stabil und unreaktiv. Reaktivität, die zur Bildung neuer Bindungen zwischen Atomen führt, wird meist dadurch erreicht, dass Atome sich durch die Bildung kovalenter Bindungen Elektronen „teilen". Durch das Teilen der Elektronen ist es den Atomen möglich, ihre äußeren Orbitale praktisch zu füllen und dadurch einen stabileren Zustand zu erreichen. Die Oktettregel besagt, dass Atome miteinander reagieren, weil sie bestrebt sind, ihre äußeren Atomorbitale zu füllen und dadurch einen stabileren Zustand zu erreichen. Bei den meisten der leichteren Elemente sind für komplett besetzte und stabile äußere Atomorbitale *acht* Elektronen erforderlich (d. h.: zwei Elektronen in 2s und zwei Elektronen in jedem der drei 2p-Atomorbitale).

1.3 Zusammenfassung

1. Die Anzahl der Protonen im Kern eines Atoms ist für jedes Element spezifisch, aber die Zahl der Neutronen kann variieren, was zur Existenz verschiedener Isotope des gleichen Elements führt.

2. Isotope sind in der Biologie sehr wichtig [siehe „Zur Vertiefung: Isotope in der Biologie"].

3. Elektronen befinden sich in Atomorbitalen, die mit 1s, 2s, 2p usw. bezeichnet werden. Mit zunehmender Entfernung vom Kern werden die Atomorbitale energiereicher.

4. Atomorbitale sind Raumbereiche, in denen mit hoher Wahrscheinlichkeit Elektronen zu finden sind. Elektronenkonfigurationen und „Elektronen im Kästchen" sind einfache Möglichkeiten, die Anordnung von Elektronen in einem Atom zu beschreiben.

5. Maximal zwei Elektronen können ein s-Orbital oder ein einzelnes p-Orbital besetzen.

6. Elemente mit vollständig besetzten äußeren Energieniveaus (Orbitalen) sind stabil und unreaktiv (siehe „Zur Vertiefung: Das Periodensystem").

7. Atome verbinden sich (bilden kovalente Bindungen) aufgrund ihres Bestrebens, ihre Atomorbitale zu füllen, indem sie sich Elektronen teilen oder Elektronen von einem Bindungspartner erhalten oder an diesen abgeben.

1.4   Testen Sie Ihr Wissen

Die Lösungen befinden sich auf Seite 160.

Aufgabe 1.1
Welches sind die Massenzahlen (A) der Isotope Wasserstoff-1, Wasserstoff-2 bzw. Wasserstoff-3?

Aufgabe 1.2
(a) Wieviele Arten von Atomorbitalen gibt es im Hauptenergieniveau $n = 1$?
(b) Wie viele Arten von Atomorbitalen können im Hauptenergieniveau $n = 2$ auftreten?

Aufgabe 1.3
Definieren Sie den Begriff „Atomorbital"!

Aufgabe 1.4
(a) Wieviele Elektronen sind in einem Atom mit vollständig besetzten 1s-, 2s- und 2p-Orbitalen vorhanden?
(b) Wäre ein solches Atom reaktiv?

Aufgabe 1.5
(a) Sortieren Sie die folgenden Atomorbitale hinsichtlich ihres Energieniveaus vom niedrigsten zum höchsten: $2p_x$, $2p_y$, $2p_z$, 2s, 1s.
(b) Was sagt Ihnen dies über die Energie von Atomorbitalen in Abhängigkeit von ihrer Entfernung zum Atomkern?

▶ Zur Vertiefung

1.5   Isotope in der Biologie

Isotope einer Reihe von Elementen sind instabil und verlieren leicht Masse oder Energie, um einen stabileren Zustand zu erreichen. Diese Isotope werden als **Radioisotope** bezeichnet. Radioisotope zerfallen, und während sie dies tun, können sie eine oder mehrere Arten von Strahlung abgeben und zwar α-Teilchen, β-Teilchen oder γ-Strahlen. Nach dem Zerfallsprozess bleibt ein völlig anderes Element zurück.

Der Einsatz radioaktiver Isotope in der Biologie begann wahrscheinlich im Jahr 1923 an der Universität von Freiburg mit der Arbeit von Georg Hevesy, der die Aufnahme und Verteilung von radioaktivem Blei in Pflanzen untersuchte (wofür er im Jahre 1943 den Nobelpreis bekam). In der Mitte der 30er-Jahre wurde der Protonenbeschleuniger (Zyklotron) erfunden, mit dem es möglich wurde, künstliche radioaktive Isotope herzustellen wie etwa Kohlenstoff-14, Iod-131, Stickstoff-15, Sauerstoff-17, Phosphor-32, Schwefel-35, Tritium (Wasserstoff-3), Eisen-59 und Natrium-24.

Durch eine Reihe von Eigenschaften sind speziell Radioisotope für eine Vielzahl von Anwendungen in der Biologie geeignet.

1. Mittels anspruchsvoller Messgeräte können wir Radioisotope nachweisen, ihre Konzentration messen und ihren Weg durch Organismen oder in der Umwelt verfolgen.
2. Radioisotope eines bestimmten Elements können durch Organismen nicht von natürlich auftretenden stabilen Isotopen unterschieden werden.
3. Radioisotope haben eine charakteristische Halbwertszeit. Die Halbwertszeit eines Radioisotops ist die Zeit, innerhalb der die Radioaktivität um die Hälfte abnimmt. Verschiedene Radioisotope zerfallen mit unterschiedlichen Geschwindigkeiten.
4. Radioisotope können biologische Moleküle beschädigen.

Ökologie und die Umwelt

Wir können die Verteilung von Nährstoffen in Ökosystemen, die Belastung der Meeres- und Landfauna durch Abwässer, die Ausbreitung wirbelloser Schädlinge und viele andere Effekte untersuchen, indem wir die Verteilung von Radioisotopen verfolgen, nachdem sie durch Organismen aufgenommen wurden. Die verwendeten Radioisotope müssen eine passende Halbwertszeit haben: sie sollte lang genug für die vollständige Durchführung einer Untersuchung sein, aber auch nicht so lang, dass Radioisotope in der Umwelt verbleiben und möglicherweise Schäden verursachen.

Datierung von Sedimentgestein

Eine genaue Datierung von Sedimentgesteinen kann durch die **radiometrische Datierung** erreicht werden. Diese Methode macht sich das Phänomen des radioaktiven Zerfalls von Isotopen zunutze. Während des Vorgangs der Sedimentation werden radioaktive Isotope im entstehenden Gestein eingelagert, und diese zerfallen unter Bildung anderer Atome mit einer bekannten Geschwindigkeit (Zerfallsrate). Diese Geschwindigkeit wird in Form der **Halbwertszeit** der Isotope gemessen, die als die Zeit definiert ist, in der die Hälfte der ursprünglichen Atome zu den Tochteratomen zerfallen ist. Beispielsweise zerfällt Kalium-40 (^{40}K) unter Bildung von Argon-40 (^{40}Ar), das im Gestein eingeschlossen ist. Die Menge des Argons kann gemessen werden. Die Halbwertszeit von ^{40}K beträgt $1{,}3 \times 10^6$ Jahre, so dass es für die Datierung von sehr altem Gestein hilfreich ist, das mindestens 100 000 Jahre alt ist.

Die C-14-Methode

Kohlenstoff-14 wird ständig in der höheren Atmosphäre aus Stickstoff-14 unter dem Einfluss kosmischer Strahlung gebildet. Kohlenstoff-14 ist ein β-Strahler, der mit einer Halbwertszeit von 5730 Jahren zu Stickstoff-14 zerfällt. Dieses Kohlenstoffisotop wird oft für die Datierung von allem verwendet, was Kohlenstoff enthält. Das natürliche Verhältnis von C-14 zu C-12 beträgt 1 : 1 000 000 000 000, d. h. auf ein Kohlenstoff-14-Atom kommen eine Billion Kohlenstoff-12-Atome. Alles Leben basiert auf Kohlenstoffverbindungen, und während ein Organismus wächst, lagert er ständig Kohlenstoff-14 in diesem Verhältnis ein. Stirbt ein Organismus, so hört die Aufnahme von Kohlenstoff auf und kein weiterer Kohlenstoff-14 wird hinzugefügt. Die Konzentration des Kohlenstoff-14 wird also im Lauf der Zeit stetig abnehmen, während er zu Stickstoff-14 zerfällt. Durch Messung des Verhältnisses von Kohlenstoff-14 zu Kohlenstoff-12 kann das Alter einer Probe mit hinreichender Genauigkeit ermittelt werden. Die mit dieser Technik erzielten Ergebnisse stimmen mit einer Abweichung von höchstens 10% mit historischen Aufzeichnungen überein.

Isotope in der Medizin

Es ist lange bekannt, dass Strahlung Krebszellen tötet, doch bedauerlicherweise tötet sie auch gesunde Zellen. Die **Radioimmuntherapie (RIT)** gibt uns die Möglichkeit, Strahlung gezielter auf Krebszellen anzuwenden, während normales Gewebe geschont wird. Grundsätzlich wird bei der Radioimmuntherapie zunächst ein Antikörper hergestellt, der spezifisch Antigene der Krebszellen erkennt. Der Antikörper wird dann radioaktiv markiert, indem chemisch ein Radioisotop in den Antikörper eingebaut wird. Der radioaktiv markierte Antikörper wird dann in den Körper injiziert, wo er schließlich die Krebszellen „ausfindig macht" und sich an sie anlagert. Da sich das Radioisotop nun in derart enger Nachbarschaft zur Krebszelle befindet, tötet dessen Strahlung diese Zelle, ohne im umgebenden gesunden Gewebe zu viel Schaden anzurichten.

Iod-131 ist seit vielen Jahren für die Behandlung von Schilddrüsenkrebs verfügbar. Eingebaut in Antikörper wird es heute dazu verwendet, Radioimmuntherapien durchzuführen. Iod-131 hat eine Halbwertszeit von acht Jahren und ist ein β- und γ-Strahler.

Der Zerfall von Iod-131 zu Xenon ist in der folgenden Gleichung dargestellt:

$$^{131}_{53}\text{I} \longrightarrow {}^{131}_{54}\text{Xe} + {}^{0}_{-1}\text{e} + \gamma\text{-Strahlung}$$

β-Teilchen

Das bei diesem Zerfall abgestrahlte hochenergetische Elektron, ein β-Teilchen, stammt aus dem Kern des Iodatoms. Ein Neutron wandelt sich unter Abstrahlung eines β-Teilchens in ein Proton um, wodurch die Ordnungszahl auf 54 (= Xenon) ansteigt, die Massenzahl (Nukleonenzahl) aber konstant bleibt. Iod-131 ist chemisch mit dem Antikörper verbunden. Die β-Teilchen, die durch das Iod-131 abgestrahlt wurden, haben ausreichend Energie, um etwa 5 mm tief in biologisches Gewebe eindringen zu können. Dies hilft dabei, den zerstörerischen Effekt der Teilchen auf das eigentliche Tumorgewebe zu beschränken, ermöglicht es aber gleichzeitig, einen signifikanten Teil der Krebszellen anzugreifen. Ein weiterer Vorteil der Verwendung von Iod-131 besteht darin, dass dieses Radioisotop zusätzlich ein γ-Strahler ist. Mit speziellen Geräten zur Bilderzeugung kann γ-Strahlung nachgewiesen werden. Dies ermöglicht es Ärzten, erkranktes Gewebe zu lokalisieren und dessen Größe abzuschätzen. Medizinische Diagnoseverfahren mit Isotopen erlauben oft eine frühere und umfassendere Diagnose von Erkrankungen und damit eine schnellere und effektivere Behandlung.

Ein weiteres Beispiel für eine auf Isotopen basierende Nachweismethode sind die in der klinischen Medizin durchgeführten Kohlenstoff-13-Atemtests, die dem Nachweis von *Helicobacter pylori* dienen. (Beachten Sie, dass Kohlenstoff-13 ein stabiles Isotop ist, also kein Radioisotop.) Dieses Bakterium ist für die Entstehung von Magengeschwüren verantwortlich. Es setzt das Enzym Urease ein, das Harnstoff zu Kohlendioxid zersetzt (Abbildung 7). Wird einem Patienten Harnstoff verabreicht, welcher Kohlenstoff-13 enthält, so wird Kohlenstoff-13-haltiges CO_2 ($^{13}CO_2$) ausgeatmet und kann in der Atemluft des Patienten nachgewiesen werden, sofern das Bakterium vorhanden ist.

Abbildung 7: Umwandlung von Harnstoff zu Ammoniak und Kohlendioxid mittels Katalyse durch Urease

$$H_2N-\overset{*}{\underset{O}{C}}-NH_2 \ + \ H_2O \ \xrightarrow{\text{Urease}} \ NH_3 \ + \ H_2N-\overset{*}{C}\overset{O}{\underset{OH}{}}$$

Harnstoff   Carbaminsäure

$$H_2N-\overset{*}{C}\overset{O}{\underset{OH}{}} \ \longrightarrow \ NH_3 \ + \ \overset{*}{C}O_2$$

Der Einfluss des Enzyms Urease führt zur Bildung von Ammoniak und Kohlendioxid. Kohlenstoff-13 (hervorgehoben durch den Stern) im Harnstoff wird auf das Kohlendioxid übertragen. Dieses kann dann in der Atemluft nachgewiesen werden.

Isotope in der Forschung

Ein großes Angebot an Anwendungen und Werkzeugen steht dem forschenden Wissenschaftler heute zur Verfügung. Allgemein erhältliche Isotope wie Kohlenstoff-14, Iod-131, Stickstoff-15, Sauerstoff-17, Phosphor-32, Schwefel-35, Tritium (Wasserstoff-3), Eisen-59 und Natrium-24 können in eine Vielzahl von Biomolekülen eingebaut werden, etwa in Fette, Kohlenwasserstoffe, Proteine und Nucleinsäuren.

Die Zahl und Art der Verbindungen, die markiert und dann verfolgt werden können, ist nahezu unbegrenzt. Wir können radioaktiv markierte Biomoleküle verwenden, um ihren Metabolismus zu beobachten und so Stoffwechselwege aufzuklären oder um den Mechanismus einer enzymatisch katalysierten Reaktion herzuleiten. Die Verwendung von Isotopen als Marker hat sich als äußerst nützlich bei der Analyse und dem Nachweis von Molekülen erwiesen. Stellen wir uns etwa vor, wir müssten die Anwesenheit einer winzigen Menge eines bestimmten Proteins nachweisen.

Eine gute Möglichkeit wäre die Herstellung und der Einsatz eines hochspezifischen Antikörpers für dieses Protein. Aber wie können wir dann spezifisch diesen Antikörper (oder genauer, den Antikörper-Protein-Komplex) nachweisen? Die Antwort besteht darin, dass wir zunächst ein Radioisotop in den Antikörper einbauen, so dass wir ihn durch Messung der Radioaktivität verfolgen können. Eine relativ einfache Möglichkeit zum Nachweis von Radioaktivität ist durch ihre Einwirkung auf photographischen Film gegeben. Dieses Verfahren nennt man Autoradiographie.

Durch Einsatz natürlich vorkommender Isotope können wir also Gestein sowie tierische und pflanzliche Überreste datieren. Wir können Isotope künstlich herstellen, um damit chemische Substanzen radioaktiv zu markieren, um dann deren Weg in der Umwelt oder im menschlichen Körper zu verfolgen. In der Medizin können wir radioaktive Isotope zum Töten von Krebszellen und zum Lokalisieren von erkranktem Gewebe einsetzen. Für Analyse- und Nachweiszwecke können wir Radioisotope in Biomoleküle einbauen.

▶ Zur Vertiefung

1.6   Das Periodensystem

Zeitleiste
1789 Antoine de Lavoisier definiert das chemische Element und entwickelt eine Tabelle mit 33 Elementen.
1829 Johann Döbereiner verkündet seine Triadenregel.
1843 Leopold Gmelin veröffentlicht sein berühmtes *Handbuch der Chemie*.
1858 Stanislao Cannizzaro weist Elementen Atommassen zu.
1862 Beguyer de Chancourtois entdeckt anhand der Atommassen die Periodizität der Elemente.

Historischer Blickwinkel

Seit den frühesten Tagen der Chemie wurden Versuche unternommen, die bekannten Elemente in bestimmten Weisen anzuordnen, die deren Gemeinsamkeiten deutlich machen. Nachdem Antoine de Lavoisier den Begriff des chemischen Elements definiert und seine Aufstellung von 33 Elementen für sein Buch „Traite elementaire de chimie" (veröffentlicht im Jahre 1789) entwickelt hatte, wurde ständig versucht, diese zu klassifizieren. Es bedurfte des Genies Dimitri Iwanowitsch Mendelejew zur Entdeckung des Periodensystems, das heute so weithin gebräuchlich und akzeptiert ist. Heutzutage basiert das Periodensystem fest auf den Eigenschaften, die sich aus den Ordnungszahlen und den Energieniveaus der Elektronen ableiten, die den Atomkern umgeben. Beide Konzepte wurden einige Jahrzehnte nach Mendelejew entwickelt.

1865
John Newlands fertigt eine Tabelle der Periodizität an, das „Gesetz der Oktaven". Seine Arbeit wird aus politischen Gründen lächerlich gemacht und bis 1887 nicht anerkannt.

1868
Julius Lothar Meyer erstellt im Jahre 1864 ein „primitives" Periodensystem. 1868 folgt eine anspruchsvollere Version, die aber bis zu seinem Tod im Jahre 1895 nicht veröffentlicht wird.

1869
Mendelejew veröffentlicht sein Periodensystem, das auf den Atommassen und der chemischen Wertigkeit der Elemente beruht. Meyer veröffentlich zu spät, um Vorrang vor Mendelejew zu haben, doch rechtzeitig genug, um zu bestätigen, dass die Entdeckung von Letzterem auf grundlegenden chemischen Prinzipien basiert.

Er jedoch erkannte sie indirekt über die relativen Eigenschaften der Atommassen und der chemischen Wertigkeiten und kam so im Jahre 1869 zum Periodensystem. Zu dieser Zeit waren 65 Elemente bekannt. Mendelejew ordnete diese in seiner Aufstellung an, wobei er die vielen unbesetzten Positionen in seinem Schema herausstellte. Er wagte den kühnen Schritt, die Eigenschaften der noch fehlenden Elemente vorherzusagen. Zudem führte ihn die Lücke zwischen Cer (140) und Tantal (181) zu der Vermutung, dass eine ganze Periode von Elementen bis dahin unentdeckt war. Bis zum Ende dieses Jahrhunderts waren die meisten der von Mendelejew vorhergesagten Elemente, einschließlich der „fehlenden" Periode, der Lanthanoide, isoliert.

Das moderne Periodensystem

Das moderne Periodensystem hat seine endgültige Form wohl auf der Grundlage der Atomtheorie erlangt. Das Periodensystem in Abbildung 8 ist hinsichtlich der enthaltenen Informationen sehr einfach gehalten. Jedes Kästchen der Tabelle enthält die Identität des Elements (das festgelegte Elementsymbol), die Atommasse und die Ordnungszahl (Anzahl der Protonen). Die Elemente sind in Reihen oder **Perioden** (waagerecht) und in Spalten oder **Gruppen** (1 bis 18, senkrecht) mit von links nach rechts ansteigender Ordnungs- und Massenzahl angeordnet. Elemente innerhalb einer Spalte haben ähnliche chemische Eigenschaften. Mendelejew hatte beobachtet, dass die Eigenschaften der Elemente sich bei steigender Ordnungszahl zyklisch zu wiederholen schienen. Die Siedepunkte stiegen nicht einfach mit der Ordnungszahl an, sondern verliefen über Spitzen und Täler. Ähnlich verhielt es sich mit den Ionisierungsenergien (der Energie, die nötig ist, um ein Elektron aus einem Atom zu entfernen). Die Zahl der chemischen Bindungen, die ein Element mit einem anderen Element eingehen konnte, variierte mit der Ordnungszahl. Die Elemente mit den Ordnungszahlen 3, 11 und 19 konnten sich nur mit einem Atom eines anderen Elements verbinden (die Elemente der 1. Gruppe gelten daher als **monovalent**). Die Elemente mit den Ordnungszahlen 5 und 13 konnten drei Bindungen eingehen (Elemente der Gruppe 13 sind **trivalent**). Die Elemente mit den Ordnungszahlen 2, 10, 18 usw. gehen praktisch keine Bindungen zu anderen Elementen ein. Diese sind die stabilen **inerten** oder **Edelgase** (Gruppe 18). Mit anderen Worten: Die

Eigenschaften der Elemente weisen eine **Periodizität** auf. Das Gesetz der Periodizität besagt, dass „die Eigenschaften der chemischen Elemente eine periodische Funktion der Ordnungszahl" sind.

Abbildung 8: Das moderne Periodensystem

Gruppen

Legende:
- Ordnungszahl $\longrightarrow$ 6
- Elementsymbol $\longrightarrow$ C
- relative Atommasse $\longrightarrow$ 12.01

- Metalle
- Übergangsmetalle
- Halbmetalle
- Nichtmetalle

Periode	1	2	3	4	5	6	7	8	9	10	11	12	13	14	15	16	17	18
	1 H 1.01																	2 He 4.00
	3 Li 6.94	4 Be 9.01											5 B 10.81	6 C 12.01	7 N 14.01	8 O 16.00	9 F 19.00	10 Ne 20.18
	11 Na 22.99	12 Mg 24.31											13 Al 26.98	14 Si 28.09	15 P 30.97	16 S 32.07	17 Cl 35.45	18 Ar 39.95
	19 K 39.10	20 Ca 40.08	21 Sc 44.96	22 Ti 47.90	23 V 50.94	24 Cr 52.00	25 Mn 54.94	26 Fe 55.85	27 Co 58.93	28 Ni 58.70	29 Cu 63.55	30 Zn 65.41	31 Ga 69.72	32 Ge 72.64	33 As 74.92	34 Se 78.96	35 Br 79.90	36 Kr 83.80
	37 Rb 85.47	38 Sr 87.62	39 Y 88.91	40 Zr 91.22	41 Nb 92.91	42 Mo 95.94	43 Tc 97.91	44 Ru 101.07	45 Rh 102.91	46 Pd 106.42	47 Ag 107.87	48 Cd 112.41	49 In 114.82	50 Sn 118.71	51 Sb 121.76	52 Te 127.60	53 I 126.90	54 Xe 131.29
	55 Cs 132.91	56 Ba 137.33	57- 71*	72 Hf 178.49	73 Ta 180.95	74 W 183.84	75 Re 186.21	76 Os 190.23	77 Ir 192.22	78 Pt 195.08	79 Au 196.97	80 Hg 200.59	81 Tl 204.38	82 Pb 207.2	83 Bi 208.98	84 Po 208.98	85 At 209.99	86 Rn 222.02
	87 Fr 223.02	88 Ra 226.03	89- 103†	104 Rf 261.11	105 Db 262.11	106 Sg 266.12	107 Bh 264.12	108 Hs 277	109 Mt 268.14	110 Ds 271	111 Rg 272	112 Uub 285	113 Uut 285					

* Lanthanoide	57 La 138.91	58 Ce 140.12	59 Pr 140.91	60 Nd 144.24	61 Pm 144.91	62 Sm 150.36	63 Eu 151.96	64 Gd 157.25	65 Tb 158.93	66 Dy 162.50	67 Ho 164.93	68 Er 167.26	69 Tm 168.93	70 Yb 173.04	71 Lu 174.97
† Actinoide	89 Ac 227.03	90 Th 232.04	91 Pa 231.04	92 U 238.03	93 Np 237.05	94 Pu 244.06	95 Am 243.06	96 Cm 247.07	97 Bk 247.07	98 Cf 251.08	99 Es 252.08	100 Fm 257.10	101 Md 258.10	102 No 259.10	103 Lr 262.11

Valenz und die Oktettregel

Atome, deren äußere (**Valenz-**)Elektronenorbitale vollständig mit Elektronen besetzt sind, sind wesentlich stabiler als solche, bei denen dies nicht der Fall ist. Die Elektronenkonfiguration von Natrium (Na) ist $1s^2\,2s^2\,2p^6\,3s^1$. Könnte Natrium ein Elektron abgeben und ein Na^+-Ion bilden, dann würde es die Elektronenkonfiguration des stabilen Elements Neon ($1s^2\,2s^2\,2p^6$) erhalten. Dass so eine Ionisierung stattfinden kann, wird durch die relativ geringe Ionisierungsenergie von Natrium (und anderer Elemente der Gruppe 1) unterstützt. In ähnlicher Weise hat Chlor die Elektronenkonfiguration $1s^2\,2s^2\,2p^6\,3s^2\,3p^5$. Durch Aufnahme eines Elektrons würde Chlor die elektronische Struktur des stabilen Elements Argon erreichen ($1s^2\,2s^2\,2p^6\,3s^2\,3p^6$). Aus diesem Grund wird das Chloridion Cl^- leicht gebildet. Für die meisten der leichten Elemente sind für eine komplette äußere Valenzschale acht Elektronen erforderlich.

Konsequenterweise gelten die oben gemachten Beobachtungen als Beispiele, die die **Oktettregel** befolgen.

$$Na \longrightarrow Na^+ + e^-$$

$$1s^2 2s^2 2p^6 3s^1 \qquad\qquad 1s^2 2s^2 2p^6$$

$$Cl + e^- \longrightarrow Cl^-$$

$$1s^2 2s^2 2p^6 3s^2 3p^5 \qquad 1s^2 2s^2 2p^6 3s^2 3p^6$$

Die Eigenschaften der Elemente weisen bestimmte **Tendenzen** (Regelmäßigkeiten) auf. Diese Tendenzen können anhand des Periodensystems vorhergesagt und über die Elektronenkonfigurationen der Elemente erklärt und verstanden werden. Elemente sind bestrebt, Valenzelektronen aufzunehmen oder abzugeben, um eine stabile Oktettkonfiguration zu erhalten. Stabile Oktettkonfigurationen finden wir bei den Edelgasen, Gruppe 18 des Periodensystems. In jeder Gruppe haben die Elemente die gleiche Elektronenkonfiguration im äußeren Energieniveau und damit die gleiche **Wertigkeit (Valenz)**. Beispielsweise benötigen die Elemente der Gruppe 1 nur eine geringe Energiezufuhr, um ein Elektron abzugeben, d. h. zu ionisieren. Dagegen ist es sehr schwierig, ein Elektron aus einem Element der Gruppe 17 zu entfernen. Diese sind nah an einem Oktett, also einer kompletten äußeren Elektronenschale, und haben daher ein starkes Bestreben zur Aufnahme eines Elektrons. Bewegen wir uns im Periodensystem von links nach rechts, so wird innerhalb einer Periode für jede Gruppe jeweils ein Elektron addiert. In dieser Richtung erfahren die äußeren Elektronen innerhalb einer Reihe eine zunehmende Anziehung durch den Kern und werden dadurch enger und fester gebunden. Bewegen wir uns in einer Gruppe nach unten, dann werden die äußeren Elektronen zunehmend schwächer an den Kern gebunden. Dies folgt aus der nach unten hin steigenden Zahl vollständig besetzter Hauptenergieniveaus in jeder Gruppe, wodurch die äußeren Elektronen immer stärker von der Anziehungskraft des Kerns abgeschirmt sind. Diese Zusammenhänge erklären die beobachtete Periodizität der Atomradien, der Ionisierungsenergien, der Elektronenaffinität und der Elektronegativität, wenn wir uns von links nach rechts durch das Periodensystem bewegen.

Atomradius

Der Atomradius (definiert als die Hälfte der Distanz zwischen zwei benachbarten Atomen) nimmt innerhalb einer Periode von rechts nach links ab und innerhalb einer Gruppe nach unten hin zu. Von links nach rechts wird innerhalb einer Periode ein Elektron nach dem anderen hinzugefügt. Elektronen innerhalb des gleichen Hauptenergieniveaus können sich nicht gegenseitig von der Anziehungskraft des Kerns abschirmen. Da auch die Anzahl der Protonen zunimmt, steigt die effektive Kernladung. Bewegt man sich innerhalb einer Gruppe nach unten, so steigt die

Zahl der Elektronen und der vollständig besetzten Energieniveaus, während die Zahl der Valenzelektronen gleich bleibt. Die äußeren Elektronen sind der annähernd gleichen effektiven Kernladung ausgesetzt, aber durch die zunehmende Zahl vollständig besetzter Schalen weiter vom Kern entfernt. Aus diesem Grund steigen die Atomradien.

Ionisierungsenergie

Die Ionisierungsenergie oder das Ionisierungspotenzial ist die Energie, die benötigt wird, um ein Elektron vollständig aus einem Atom oder einem Ion in der Gasphase zu entfernen. Je näher und stärker ein Elektron am Kern gebunden ist, desto schwieriger ist es, dieses zu entfernen. Die Ionisierungsenergien steigen innerhalb einer Periode von links nach rechts an (sinkender Atomradius) und nehmen innerhalb einer Gruppe nach unten hin ab (zunehmender Atomradius). Elemente der Gruppe 1 haben geringe Ionisierungsenergien, da die Abgabe eines Elektrons zur Bildung eines stabilen Oktetts führt.

Elektronenaffinität

Die Elektronenaffinität beschreibt die Fähigkeit eines Atoms, ein Elektron aufzunehmen. Atome mit einer stärkeren effektiven Kernladung haben eine größere Elektronenaffinität. Die Elemente der Gruppe 17, die Halogene, haben hohe Elektronenaffinitäten. Durch Aufnahme eines Elektrons erhalten solche Elemente eine vollständig besetzte äußere Elektronenschale.

Elektronegativität

Die Elektronegativität ist ein Maß für die Anziehungskraft, die ein Atom auf die Elektronen in einer chemischen Bindung ausübt. Je höher die Elektronegativität eines Elektrons ist, desto stärker zieht es die Bindungselektronen an. Die Elektronegativität steht in Beziehung zur Ionisierungsenergie. Atome mit geringen Ionisierungsenergien haben niedrige Elektronegativitäten, denn ihre Kerne üben nur eine relativ schwache Anziehungskraft auf die Elektronen aus und umgekehrt. In einer Periode steigt die Elektronegativität von links nach rechts (vergleiche Ionisierungsenergie). Bewegt man sich im Periodensystem innerhalb einer Gruppe nach unten, so sinkt die Elektronegativität entsprechend der Zunahme der Ordnungszahl und des Atomradius und der Abnahme der Ionisierungsenergie.

Biologisches Leben

Von etwa 25 der 92 natürlich vorkommenden Elemente ist bekannt, dass sie für das Leben unentbehrlich (essenziell) sind. Kohlenstoff, Sauerstoff, Wasserstoff und Stickstoff bilden 96 Prozent der lebenden Materie. Phosphor, Schwefel, Calcium, Kalium und einige weitere Elemente tragen größtenteils zu den übrigen vier Prozent der Masse eines Organismus bei. Biomoleküle bestehen aus Kohlenstoff, der zur Bildung der Gerüststruktur beiträgt, und aus Wasserstoff, Stickstoff und Sauerstoff für die Funktionalität. Schwefel und Phosphor sind wichtige Bestandteile einiger Biomoleküle. Spurenelemente werden von Organismen in winzigen Mengen benötigt. Spurenmetalle wie Eisen, Magnesium oder Zink, kommen als wichtige katalytische Komponenten in Enzymen vor.

2 Bindung, Elektronen und Moleküle

Grundbegriffe:
Ein Verständnis für die Natur der kovalenten Bindung ist eine wesentliche Voraussetzung für die Vorhersage des Verhaltens biologischer Moleküle. Hier untersuchen wir die Natur der kovalenten Bindung und die verschiedenen Arten kovalenter Bindungen.

Atome reagieren miteinander unter Bildung von Molekülen. Biologische Lebensformen haben die Fähigkeit, komplexe und extrem große Moleküle zu erzeugen. Ein integraler Aspekt der Stabilität solcher Moleküle sind die **intramolekularen** Kräfte zwischen den Atomen, die die Moleküle zusammenhalten und die zu starken und relativ stabilen Bindungen führen. Solche Bindungen werden als kovalente, dative kovalente (koordinative), polare kovalente oder ionische Bindungen bezeichnet.

2.1 Was ist eine kovalente Bindung?

Im Allgemeinen wird eine kovalente Bindung durch zwei Atome gebildet, die sich zwei Elektronen teilen, wobei jeder der beiden Bindungspartner ein Elektron beiträgt. Stellen wir uns das Wasserstoffatom vor. Erinnern wir uns daran, dass das Wasserstoffatom ein Proton im Kern und ein Elektron in einem 1s-Orbital besitzt.

Verwenden wir unsere Diagramme der Atomorbitale, so können wir vermuten, dass das Wasserstoffmolekül H_2 durch die Überlappung zweier 1s-Orbitale, eines von jedem Wasserstoffatom, gebildet wird (Abbildung 9). Auf diese Weise hat jedes Wasserstoffatom gewissermaßen jederzeit zwei Elektronen. Mit anderen Worten: Jedes Wasserstoffatom hat ein vollständig besetztes 1s-Orbital. Da beide an dieser Bindung beteiligten Wasserstoffatome identisch sind, können wir zudem davon ausgehen, dass beide Elektronen gleichmäßig zwischen den Atomen verteilt sind und damit eine symmetrische kovalente Bindung bilden. Diese „Kopf-an-Kopf"-Überlappung von Atomorbitalen führt zu **sigma-(σ-)Molekülorbitalen**. Es ist diese Bildung bindender Molekülorbitale, die kovalente Bindungen ergibt.

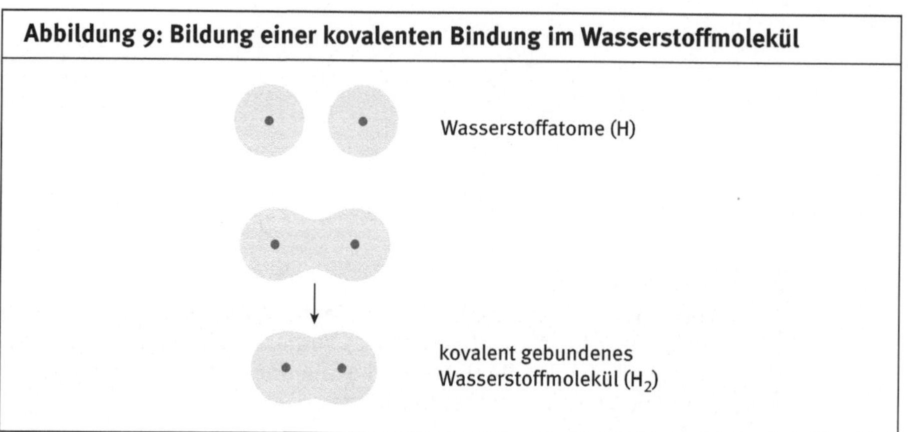

Abbildung 9: Bildung einer kovalenten Bindung im Wasserstoffmolekül

Frage

Wie können zwei Elektronen die 1s-Orbitale beider H-Atome füllen?
Erinnern Sie sich, dass Orbitale Räume darstellen, in denen sich mit hoher
Wahrscheinlichkeit Elektronen aufhalten, und dass Elektronen sich annähernd
mit Lichtgeschwindigkeit bewegen. Statistisch betrachtet, können beide Elektronen also zu einem bestimmten Zeitpunkt mit hoher Wahrscheinlichkeit dem
einen oder dem anderen Atom zugeordnet werden!

Sigma-Molekülorbitale werden genauso leicht durch eine „Kopf-an-Kopf"-Über-
lappung zwischen p-Orbitalen gebildet (Abbildung 10).

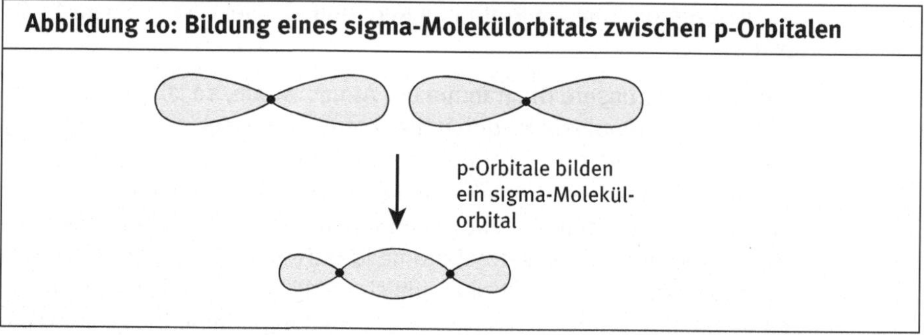

Abbildung 10: Bildung eines sigma-Molekülorbitals zwischen p-Orbitalen

> **Frage**
>
> **Warum bilden Atome kovalente Bindungen?**
>
> Im Wasserstoffmolekül erhalten beide H-Atome gewissermaßen ein vollständig besetztes 1s-Orbital und erreichen dadurch einen stabilen Zustand. Bei Wasserstoff bedeutet dies einfach die vollständige Besetzung des 1s-Orbitals. Im Falle von Stickstoff bedeutet es die vollständige Besetzung seiner drei 2p-Orbitale (Abbildung 4). Atome, deren äußere (Valenz-) Elektronenschalen vollständig mit Elektronen besetzt sind, sind wesentlich stabiler als solche mit unvollständig gefüllten Orbitalen. Durch das Teilen von Elektronen mittels kovalenter Bindung können Atome gewissermaßen ihre äußeren Elektronenorbitale füllen und so größere Stabilität erreichen. Für die meisten der leichteren Elemente sind für eine komplette äußere oder Valenzschale acht Elektronen nötig (zwei Elektronen im 2s-Orbital, sowie sechs Elektronen in den drei 2p-Orbitalen).

Das Periodensystem (Seite 13)

2.2 Nicht-bindende Elektronen – einsame Elektronenpaare

Indem sie Bindungen eingehen, versuchen Atome einen vollständigen Satz von Elektronen in ihren Valenzschalen zu bekommen, da dies zu einer wesentlich größeren Stabilität führt. In vielen Molekülen bedeutet dies, dass Atome Elektronen in ihren Valenzschalen haben, die nicht an Bindungen zu anderen Atomen beteiligt sind. Diese nicht-bindenden Elektronen werden als einsame Elektronenpaare bezeichnet.

> **Merksatz**
>
> Atome teilen sich Elektronen in kovalenten Bindungen, um so vollständig besetzte äußere Elektronenorbitale und dadurch eine größere Stabilität zu erlangen.

Stellen Sie sich vor was passiert, wenn zwei Fluoratome miteinander reagieren, um ein Molekül zu bilden (Abbildung 11). Fluor hat die Elektronenkonfiguration $1s^2 2s^2 2p^5$, und damit hat jedes Fluoratom sieben äußere Elektronen. Wenn die halb gefüllten p-Orbitale der Fluoratome überlappen, wobei jedes ein einzelnes Elektron enthält, bildet sich eine sigma-Bindung. Indem sich auf diese Weise Elektronen teilen, haben nun beide Fluoratome gefüllte äußere Valenzschalen mit acht Elektronen. Allerdings sind sechs der Elektronen eines jeden Fluoratoms nicht an Bindungen beteiligt. Sie befinden sich paarweise in nicht-bindenden Orbitalen und werden einsame Elektronenpaare genannt. Einsame Elektronenpaare beeinflussen sowohl die Reaktivität als auch die Struktur eines Moleküls.

Im Wassermolekül sind die beiden einsamen Elektronenpaare und die beiden bindenden Elektronenpaare am Sauerstoffatom tetraedrisch angeordnet. Dies ist die Anordnung, bei der die negativen Zentren die geringste Abstoßung erfahren. Die einsamen Elektronenpaare üben einen größeren Abstoßungseffekt aus als die bindenden Elektronenpaare, wodurch die Wasserstoffatome etwas zusammengedrückt werden und der Bindungswinkel zwischen ihnen ein wenig kleiner als der Tetraederwinkel von 109° ist. Daher hat das Wassermolekül insgesamt eine V-Form.

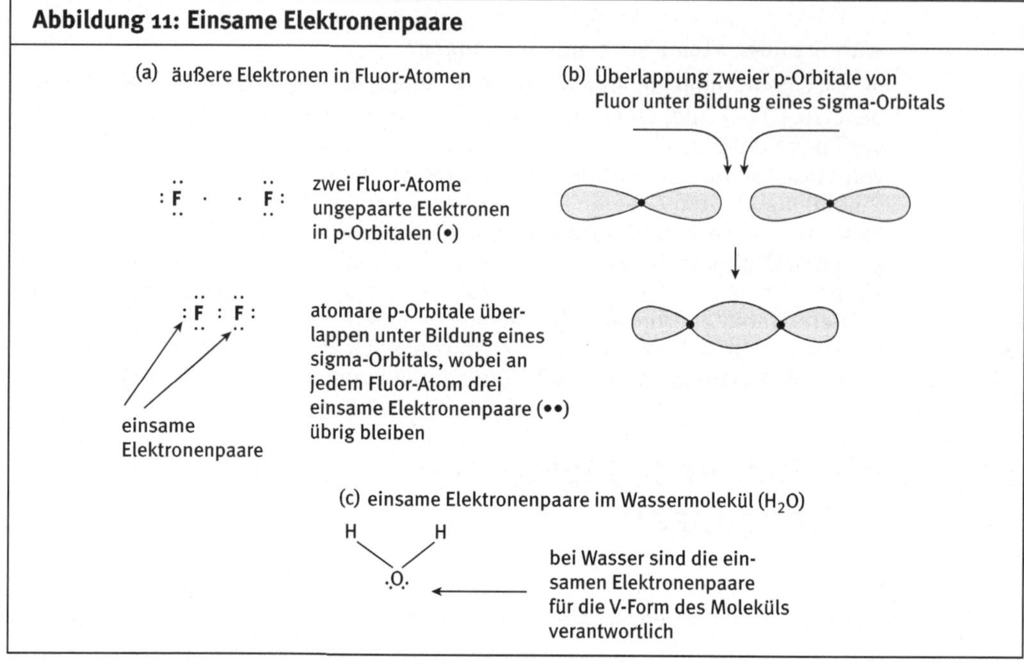

Abbildung 11: Einsame Elektronenpaare

(a) äußere Elektronen in Fluor-Atomen

zwei Fluor-Atome
ungepaarte Elektronen
in p-Orbitalen (•)

atomare p-Orbitale über-
lappen unter Bildung eines
sigma-Orbitals, wobei an
jedem Fluor-Atom drei
einsame Elektronenpaare (••)
übrig bleiben

einsame
Elektronenpaare

(b) Überlappung zweier p-Orbitale von
Fluor unter Bildung eines sigma-Orbitals

(c) einsame Elektronenpaare im Wassermolekül (H_2O)

bei Wasser sind die ein-
samen Elektronenpaare
für die V-Form des Moleküls
verantwortlich

2.3 Molekulare pi-Orbitale

Zusätzlich zu den sigma-Molekülorbitalen können Elektronen in p-Orbitalen
„Seite an Seite" überlappen, wodurch es zur Bildung von pi-(π-)Molekülorbitalen
kommt (Abbildung 12).

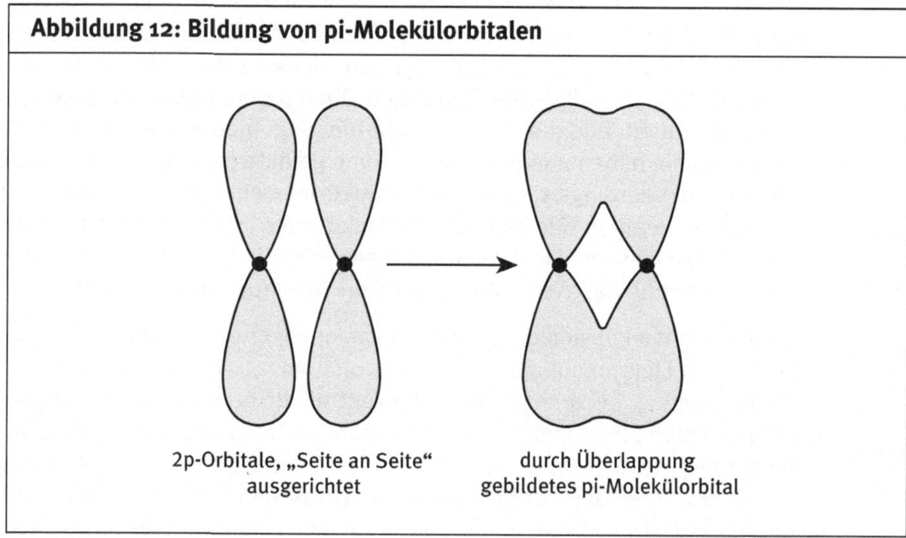

Abbildung 12: Bildung von pi-Molekülorbitalen

2p-Orbitale, „Seite an Seite"
ausgerichtet

durch Überlappung
gebildetes pi-Molekülorbital

Pi-Bindungen treten zusätzlich zu, aber kaum anstelle von, sigma-Bindungen auf. Wenn sowohl ein sigma-Molekülorbital als auch ein pi-Molekülorbital zwischen zwei Atomen gebildet werden, dann ergibt sich daraus eine Doppelbindung. Während eine sigma-Bindung, in Kurzform als einzelne Linie zwischen zwei Atomen gezeichnet, eine freie Rotation um die Bindung erlaubt, unterdrückt eine pi-Bindung, gezeichnet als doppelte Linie zwischen Atomen (eine sigma-Bindung und eine pi-Bindung), eine Rotation um diese Bindung.

Pi-Bindungen beeinflussen in erheblichem Maße die Strukturen (Konformationen) von Biomolekülen, insbesondere von Proteinmolekülen.

ja – freie Rotation um die Bindung   nein – Rotation um die Bindung ist unterdrückt

Einfachbindung   Doppelbindung

Die Peptidbindung (Seite 28)

> **Merksatz**
>
> Kovalent gebundene Atome können frei um sigma-Molekülorbitale rotieren, nicht aber um pi-Molekülorbitale.

2.4 Koordinative Bindungen

Eine kovalente Bindung wird gebildet, indem sich zwei Atome ein Elektronenpaar teilen. Die Atome werden zusammengehalten, weil das Elektronenpaar von beiden Kernen angezogen wird. Bei der Bildung einer einfachen kovalenten Bindung trägt jedes Atom ein Elektron zur Bindung bei, was aber nicht der Fall sein muss. Eine **koordinative** Bindung (auch als **dative** kovalente Bindung bezeichnet) ist eine kovalente Bindung (zwei Atome teilen sich ein Elektronenpaar), bei der beide Atome vom gleichen Atom stammen. In vereinfachten Darstellungen wird eine koordinative Bindung durch einen Pfeil angezeigt, der ausgehend vom elektronenspendenden Atom auf das Atom zeigt, welches die Elektronen annimmt. In Abbildung 13 spendet das Stickstoffatom des Ammoniakmoleküls sein Elektronenpaar dem leeren 1s-Orbital des positiven Wasserstoffions, einem Proton. Durch die Bildung einer neuen dativen kovalenten Bindung entsteht das Ammoniumion, NH_4^+. Nach der Bildung des Ammoniumions sind alle N-H-Bindungen äquivalent, unabhängig von der Herkunft bestimmter Elektronen.

Abbildung 13: Bildung einer koordinativen kovalenten Bindung im Ammoniumion

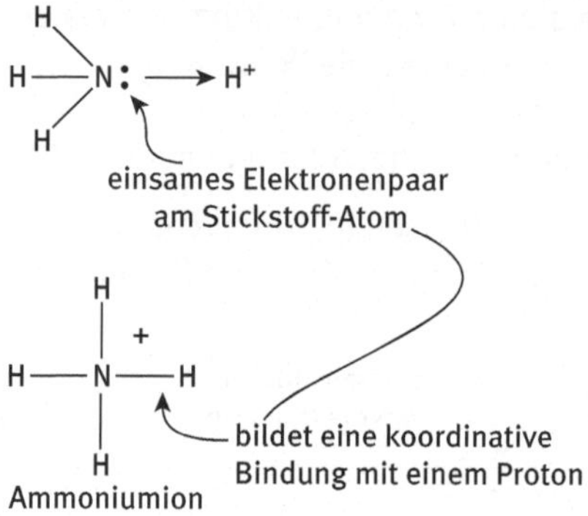

2.5 Elektronegativität und polare kovalente Bindungen

In kovalenten Bindungen zwischen artgleichen Atomen sind die Elektronen der Bindung gleichmäßig zwischen den Atomen verteilt. Allerdings üben bestimmte Atome eine größere Anziehungskraft auf Elektronen aus als andere. Diese Fähigkeit, Elektronen in einer Bindung anzuziehen, wird als die Elektronegativität dieses Elements bezeichnet. Die **Elektronegativität** eines Atoms hängt von der Größe des Atomkerns und vom Ausmaß der Abschirmung des positiv geladenen Kerns durch die negativ geladenen Elektronen ab. Der in Abbildung 14 dargstellte Ausschnitt des Periodensystems zeigt die relativen Elektronegativitäten einer Reihe von Atomen. Je größer dieser Wert ist, desto größer ist die Elektronegativität.

Das Periodensystem (Seite 13)

Abbildung 14: Elektronegativitätswerte einiger Elemente des Periodensystems

H 2,2						
Li 1,0	Be 1,5	B 2,0	C 2,5	N 3,1	O 3,5	F 4,1
Na 0,9	Mg 1,2	Al 1,5	Si 1,7	P 2,1	S 2,4	Cl 2,8
K 0,8	Ca 1,0	Ga 1,8	Ge 2,0	As 2,2	Se 2,5	Br 2,7

Im Allgemeinen sind die Elemente auf der rechten Seite des Periodensystems elektronegativer als die Elemente auf der linken Seite. Zudem sinkt die Elektronegativität bei zunehmendem Atomradius, also innerhalb einer Gruppe des Periodensystems von oben nach unten (siehe den Abschnitt „Zur Vertiefung: Das Periodensystem"). In biologischen Molekülen sind Sauerstoff und Stickstoff besonders wichtig. Ihre Elektronegativitäten haben wesentlichen Einfluss auf die Reaktivität und die Verbindungen der Moleküle.

> **Merksatz**
>
> Die Elektronegativität ist ein Maß für die Stärke der Anziehung, mit der ein Atom die Elektronen einer Verbindung zu sich zieht.

2.6 Welche Auswirkung hat die Elektronegativität auf kovalente Bindungen?

In einem sigma-Molekülorbital zwischen Kohlenstoff und Sauerstoff tragen beide Atome ein Elektron zur Bindung bei. Sauerstoff zieht die Elektronen zu sich hin, da er elektronegativer als Kohlenstoff ist. Deshalb sind die beiden Elektronen der Bindung mit größerer Wahrscheinlichkeit näher am Sauerstoffatom lokalisiert als am Kohlenstoffatom (Abbildung 15). Diese ungleichmäßige Elektronenverteilung führt zur Bildung einer **polaren kovalenten Bindung**.

Abbildung 15: Ungleichmäßige Elektronenverteilung in einer polaren kovalenten Bindung

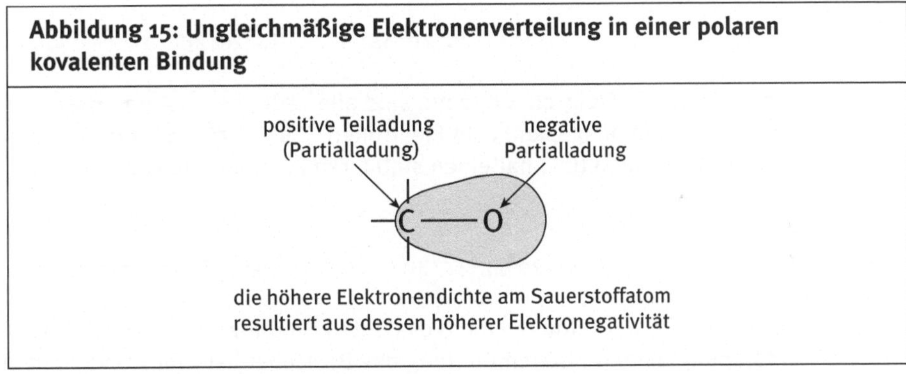

> **Merksatz**
>
> Eine **polare kovalente Bindung** ist eine verzerrte kovalente Bindung, in der die Elektronen ungleichmäßig verteilt sind.

Die ungleichmäßige Elektronenverteilung führt an einem Ende der Bindung zu einer leicht positiven Ladung (Elektronenmangel) und am anderen Ende zu einer leicht negativen Ladung, so dass insgesamt ein **Dipol** entsteht.

> **Merksatz**
>
> Ein Dipol entsteht, wenn zwei elektrische Ladungen gleicher Größe, aber entgegengesetzter Polarität durch eine (meist geringe) Distanz getrennt werden.

Polare kovalente Bindungen spielen in Biomolekülen eine wichtige Rolle. Sie bilden immer die Grundlage **funktioneller (reaktiver)** Gruppen. Solche Gruppen sind für die Reaktivität dieser Moleküle und deren Löslichkeit in Wasser verantwortlich. Außerdem tragen sie zu den **intermolekularen Kräften** zwischen den Molekülen bei.

2.7 Ionische Bindungen

Ionische Bindungen entstehen durch die vollständige Übertragung eines oder mehrerer Elektronen von einem Atom zum anderen, so dass zwei Ionen entstehen, von denen das eine positiv und das andere negativ geladen ist. Anders als in einer kovalenten Bindung werden die Elektronen also nicht „geteilt", sondern abgegeben und aufgenommen. Gibt etwa ein Natriumatom (Na) sein einzelnes Elektron im äußeren 3s-Orbital an ein Chloratom (Cl) ab, dem ein Elektron zur Füllung seines äußeren 3p-Elektronenorbitals fehlt, dann entsteht Natriumchlorid. Die Bindung zwischen den beiden neu entstandenen Ionen (Na^+Cl^-) ist eine ionische Bindung.

Gibt Natrium ein Elektron aus dem 3s-Atomorbital ab, so sind alle verfügbaren Atomorbitale im Energieniveau $n = 2$ mit insgesamt acht Elektronen ($2s^2 + 2p^6 = 8$) vollständig besetzt, und das Natriumion Na^+ hat einen stabileren Zustand erreicht.

$$Na \quad \rightarrow \quad Na^+ + e^-$$
$$1s^2 2s^2 2p^6 3s^1 \qquad 1s^2 2s^2 2p^6$$

Nimmt Chlor ein Elektron auf, dann sind alle verfügbaren Atomorbitale im Energieniveau $n = 3$ mit insgesamt acht Elektronen ($3s^2 + 3p^6 = 8$) vollständig besetzt, und das Chloridion (Cl^-) hat einen stabileren Zustand erreicht.

$$Cl + e^- \quad \rightarrow \quad Cl^-$$
$$1s^2 2s^2 2p^6 3s^2 3p^5 \qquad 1s^2 2s^2 2p^6 3s^2 3p^6$$

Genau wie bei der Bildung einer kovalenten Bindung ist die treibende Kraft zur Entstehung einer ionischen Bindung das Bestreben, ein vollständig mit Elektronen besetztes und damit stabiles äußeres Energieniveau zu erlangen. Bei der Entstehung einer ionischen Bindung sind die Ionen im Vergleich zu den Atomen stabiler, und zum Erreichen des stabileren Zustands werden Elektronen eher abgegeben oder aufgenommen, als dass sie geteilt werden.

2.8 Das Konzept der chemischen Bindung

Wir haben die kovalente Bindung, die koordinative Bindung, die polare kovalente Bindung und die ionische Bindung beschrieben. In der Realität führen die intramolekularen Kräfte zwischen Atomen zu einem Spektrum von Bindungen, wobei die kovalente und die ionische Bindung extreme Enden dieses Spektrums sind. Welche Art von Bindung in einem bestimmten Fall vorherrscht, hängt von der Differenz der Elektronegativitäten zwischen den beteiligten Atomen ab. Rein kovalente Bindungen bestehen, wenn die Elektronegativitätsdifferenz zwischen 0 und 0,4 liegt. Polare kovalente Bindungen resultieren bei einer Elektronegativitätsdifferenz zwischen 0,4 und 2,1. Ionische Bindungen werden hingegen bei einer Elektronegativitätsdifferenz größer 2,1 gebildet (Abbildung 16).

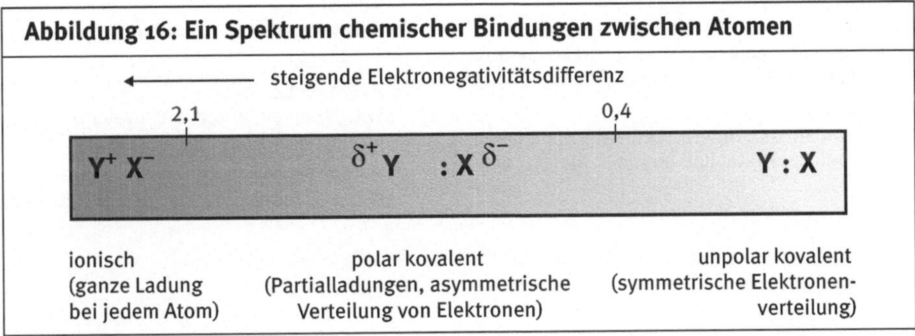

Die intramolekularen Kräfte zwischen den Atomen sind die Ursache für die inhärente Stabilität der molekularen Bauweise. Entscheidend für das biologische Leben sind allerdings die schnellen und kurzlebigen Wechselwirkungen, die zwischen verschiedenen Molekülen auftreten müssen. Solche intermolekularen Kräfte bilden die Grundlage für die Wechselwirkung und das Erkennen auf der molekularen Ebene des Lebens. Mit ihnen befassen wir uns in Kapitel 3.

2.9 Zusammenfassung

1. In einer kovalenten Bindung teilen sich zwei Atome ein Elektronenpaar. Im Normalfall trägt jedes Atom ein Elektron zur Bindung bei.

2. Bei einer koordinativen (dativen kovalenten) Bindung trägt nur eines der Atome beide Elektronen zur Bindung bei.

3. Atome bilden kovalente Bindungen, um so ihre äußeren Atomorbitale zu füllen und dadurch einen stabileren Zustand zu erreichen.

4. Sowohl sigma- („Kopf-an-Kopf"-), als auch pi- („Seite-an-Seite"-) Molekülorbitale können sich durch das Überlappen von Atomorbitalen bilden.

5. Die Rotation um eine kovalente Doppelbindung ist eingeschränkt (siehe „Zur Vertiefung: die Peptidbindung").

6. Einige Atome sind stärker elektronegativ als andere, wodurch es zur Bildung polarer kovalenter Bindungen kommen kann.

7. Polare kovalente Bindungen bilden die Grundlage funktioneller Gruppen in Molekülen.

8. Ionische Bindungen sind durch die Abgabe oder die Aufnahme von Elektronen charakterisiert. Die so gebildeten Ionen erreichen Stabilität, weil sie vollständig besetzte äußere Atomorbitale erhalten.

2.10 Testen Sie Ihr Wissen

Die Lösungen befinden sich auf Seite 160.

Aufgabe 2.1
Beschreiben Sie die Beziehungen zwischen Atomorbitalen, Molekülorbitalen und kovalenten Bindungen.

Aufgabe 2.2
Definieren Sie den Unterschied zwischen einem sigma-Molekülorbital und einem pi-Molekülorbital.

Aufgabe 2.3
Was verstehen Sie unter einer „polaren kovalenten Bindung"?

Aufgabe 2.4
Was ist an einer dativen kovalenten Bindung ungewöhnlich?

Aufgabe 2.5
Was verstehen Sie unter der „Oktettregel"?

▶ Zur Vertiefung

2.11 Die Peptidbindung

Proteine sind Polymere der Aminosäuren. Dabei sind die Aminosäuren über Peptidbindungen miteinander verbunden. Eine Peptidbindung geht aus einer Kondensationsreaktion zwischen der Carboxylgruppe der einen Aminosäure und der Aminogruppe der anderen Aminosäure hervor (Abbildung 17). Eine **Kondensationsreaktion** ist eine chemische Reaktion, bei der Wasser abgespalten wird.

Abbildung 17: Bildung einer Peptidbindung zwischen zwei Aminosäuren durch eine Kondensationsreaktion

---

Die Reihenfolge der Aminosäuren in einem Protein bestimmt die Primärstruktur des Proteins. Die Beweglichkeit und die Faltung der Polypeptidkette ist für die spezifische dreidimensionale Struktur des Proteins verantwortlich, welche der bestimmende Faktor für die strukturabhängigen Aktivitätseigenschaften des Proteins ist. Die Bezeichnung „Protein" ist aus dem Namen des altertümlichen griechischen Meeresgotts **Proteus** hergeleitet, der die Fähigkeit hatte, seine Gestalt zu verändern. Der Name bezieht sich auf die vielen verschiedenen Eigenschaften und Funktionen der Proteine.

Wie wir gesehen haben, ist eine freie Rotation um eine einfache kovalente sigma-Bindung möglich, nicht aber um eine kovalente Doppelbindung (sigma- + pi-Bindung). Die Peptidbindung ist insofern ein spezieller Fall, weil sie eine partielle Doppelbindung ist. So ist auch hier die freie Rotation um die Bindung eingeschränkt. Durch diese Eigenschaft bestimmt die Peptidbindung in tief greifender Weise die Konformation der Polypeptidkette.

Der partielle Doppelbindungscharakter der Peptidbindung

Der partielle Doppelbindungscharakter der Peptidbindung (Abbildung 18) ist eine Folge der Elektronenkonfiguration des Stickstoffatoms und der pi-Bindung in der Carbonylgruppe.

Abbildung 18: Die Peptidbindung

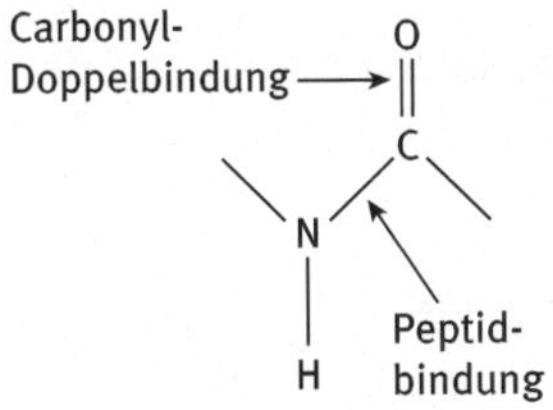

Stickstoff (N), hat die Ordnungszahl 7 und die Elektronenkonfiguration

$$1s^2\ 2s^2\ 2p^3$$

Vor der Entstehung der kovalenten Bindung werden die Atomorbitale im Energieniveau $n = 2$ des Stickstoffatoms hybridisiert. (Die Hybridisierung wird in Abschnitt 5.2 weitergehend behandelt.)

Hybridisierung von Atomorbitalen innerhalb eines Energieniveaus tritt auf, um eine möglichst hohe Zahl kovalenter Bindungen zu ermöglichen. Je höher die Zahl möglicher kovalenter Bindungen ist, desto stabiler ist das Atom. Stickstoff besitzt die Fähigkeit, unterschiedliche Hybridisierungszustände einzunehmen: Der im Falle der Peptidbildung auftretende Zustand wird als sp^2-Hybridisierung bezeichnet. Dabei bezieht sich der Buchstabe s auf das 2s-Orbital, während p^2 sich auf den Umstand bezieht, dass zwei der drei p-Orbitale an der Hybridisierung beteiligt sind. Mit dem „Elektronen im Kästchen"-Schema lässt sich dies veranschaulichen (Abbildung 19).

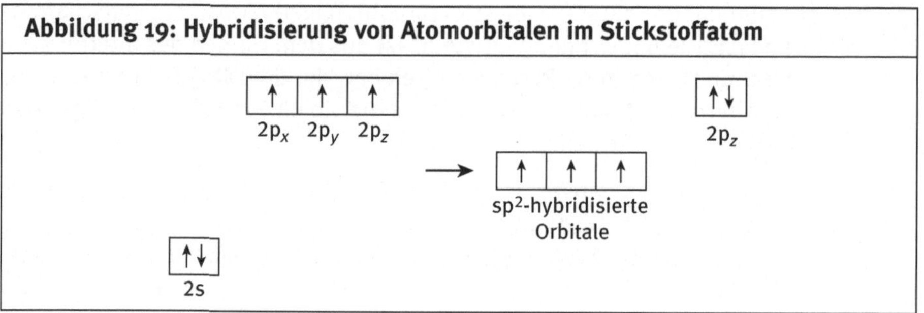

Abbildung 19: Hybridisierung von Atomorbitalen im Stickstoffatom

Die Elektronen im 2s-Orbital werden auf das etwas höhere Energieniveau der 2p-Orbitale angehoben. Drei der sich daraus ergebenden Orbitale hybridisieren zu sp², so dass ein p-Orbital unverändert bleibt.

Eine Zeichnung der resultierenden Atomorbitale (Abbildung 20) macht deutlich, dass die drei sp²-hybridisierten Orbitale für die Bildung kovalenter sigma-Bindungen geeignet sind. Die drei sp²-Hybridorbitale bilden dabei eine Ebene, zu der das übrige p-Orbital senkrecht orientiert ist und dessen Orbitallappen ober- und unterhalb dieser Ebene liegen.

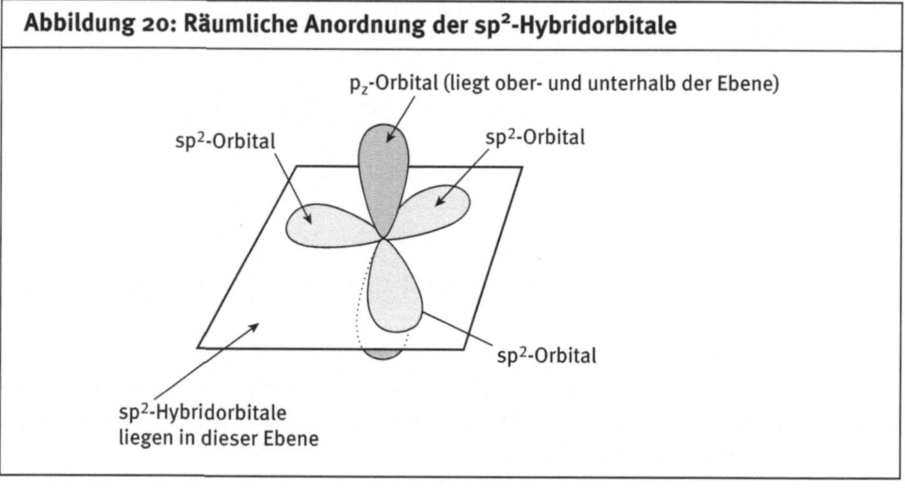

Abbildung 20: Räumliche Anordnung der sp²-Hybridorbitale

In Abbildung 21 sehen wir nur die an der Peptidbindung beteiligten p-Orbitale. Das p-Orbital des Stickstoffatoms ist den p-Orbitalen des Kohlenstoff- und des Sauerstoffatoms nahe genug, um mit ihnen interagieren zu können. Die „Seite-an-Seite"-Überlappung der p-Orbitale führt zur Bildung einer kovalenten pi-Bindung.

Abbildung 21: p-Orbitale der Peptidbindung

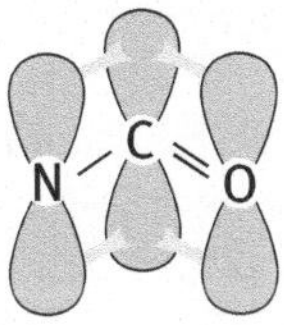

Zwischen den p-Orbitalen einer kovalenten pi-Bindung sind die Elektronen delokalisiert, d. h. man kann sie sich als frei beweglich zwischen den p-Orbitalen vorstellen. Tatsächlich handelt es sich bei der Peptidbindung um eine Resonanzstruktur, wie sie in Abbildung 22 dargestellt ist.

Abbildung 22: Die Resonanzstruktur der Peptidbindung

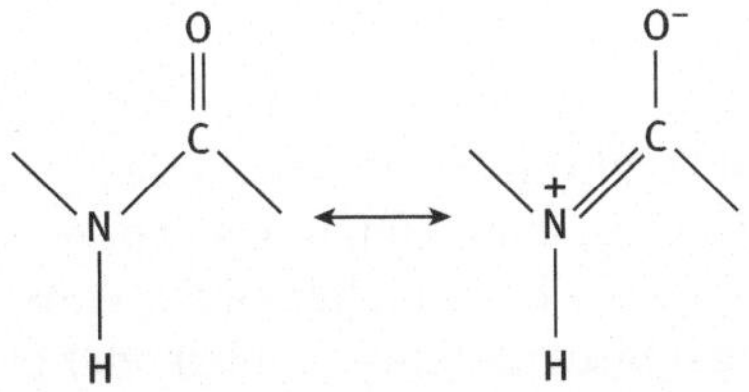

Wir sehen also, dass die Peptidbindung einen partiellen Doppelbindungscharakter hat. Die Stärke der pi-Bindung entspricht in etwa 40 Prozent einer „echten" Doppelbindung; genug, um die Rotation um die Bindung zu unterbinden.

Die wichtigen Eigenschaften und Auswirkungen der Peptidbindung können folgendermaßen zusammengefasst werden:

- Die Starrheit der Peptidbindung reduziert die Freiheitsgrade der Peptide bei deren Faltung.
- Aufgrund des Doppelbindungscharakters sind die sechs zur Peptidgruppe gehörenden Atome immer planar angeordnet (Abbildung 23).

Abbildung 23: Die Atome im Bereich der Peptidbindung sind in einer planaren Konformation angeordnet

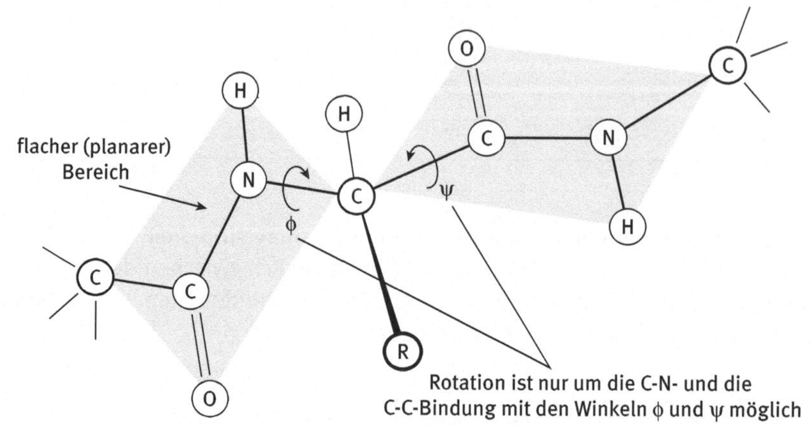

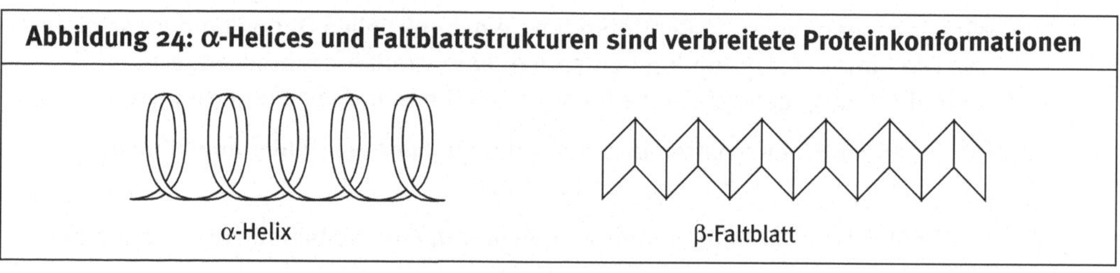

- Deshalb bestimmen die Rotationen um die C-N- und die C-C-Bindung um die Winkel φ (phi) und ψ (psi) die Gestalt des Polypeptids. Wenn alle psi und phi-Winkel gleich sind, dann nimmt das Peptid eine sich wiederholende Struktur an. Bei bestimmten Kombinationen der Winkel kann sich daraus eine helikale (spiralförmige) Struktur (eine α-Helix) oder eine Faltblatt-Struktur ergeben (Abbildung 24).

Abbildung 24: α-Helices und Faltblattstrukturen sind verbreitete Proteinkonformationen

---

Außerdem:

- Die Peptidbindung existiert ausnahmslos in der *trans*-Konformation, d. h. die α-Kohlenstoffatome befinden sich auf **entgegengesetzten Seiten** der C-N-Peptidbindung (Abbildung 25). Dies vermeidet räumliche (sterische) Behinderungen zwischen Gruppen, die an die α-Kohlenstoffatome gebunden sind (hierbei handelt es sich um eine Form von Isomerie, siehe Abschnitt 6.3).

Abbildung 25: *cis*- und *trans*-Konformationen an der Peptidbindung

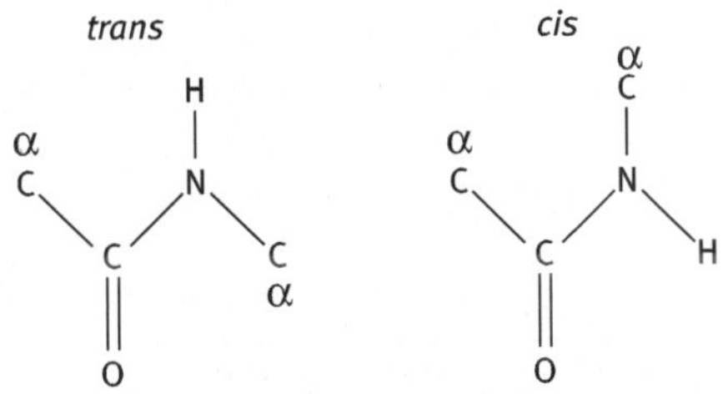

- In der Resonanzstruktur wirkt Stickstoff als Elektronenspender (Elektronen-Donor). Dadurch ist die Carbonylgruppe weniger elektrophil (elektronen-liebend). Eine Folge davon ist, dass das Amid vergleichsweise unreaktiv ist. Das ist ein Vorteil, da sonst Proteine zu reaktiv wären, um in biologischen Systemen nützlich zu sein.

Die „spezielle" Aminosäure Prolin, ein sekundäres Amin (im Gegensatz zu anderen natürlich vorkommenden Aminosäuren, die alle primäre Amine sind), ist insofern ungewöhnlich, als dass ihre Aminogruppe Teil einer starren und planaren Ring-struktur ist (Abbildung 26).

Abbildung 26: Rotation um eine Prolin-Peptidbindung ist möglich

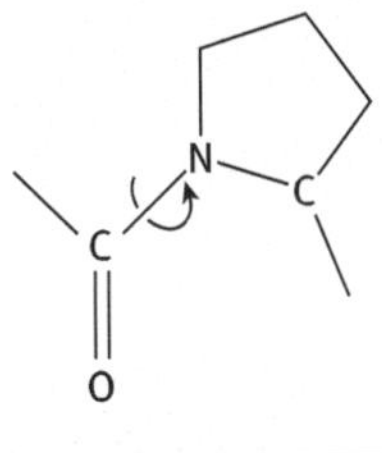

Prolin bildet mit anderen Aminosäuren Peptidbindungen. Doch aufgrund der Ring-struktur weist die so gebildete Peptidbindung keinen Doppelbindungscharakter auf. Daher ist die Rotation um die Peptidbindung möglich. Wird also Prolin in eine Polypeptidkette eingebaut (Abbildung 27), dann kann Rotation um die Peptidbindung erfolgen, nicht aber um die phi-N-C-Bindung (diese ist jetzt Teil der Ringstruktur des Prolins). Dadurch wird also eine Art „Knick" in die Poly-peptidkette eingeführt. Die Anwesenheit von Prolin verhindert so die Bildung von α-Helices und Faltblattstrukturen bei Proteinen. Prolin findet sich auch an den Faltungen von Polypeptidketten.

Abbildung 27: Peptidbindungen in einer Polypeptidkette

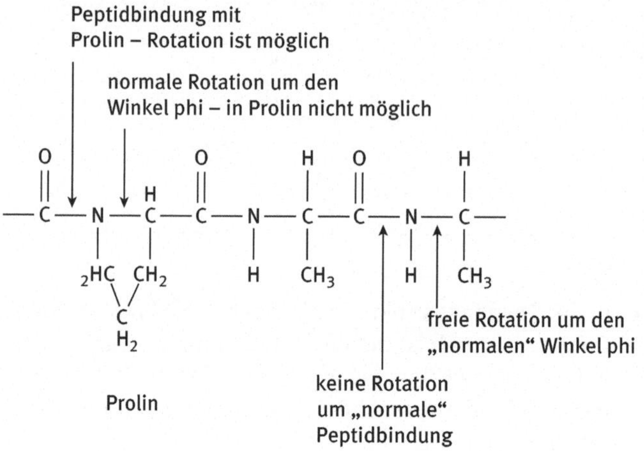

Peptidbindung mit
Prolin – Rotation ist möglich

normale Rotation um den
Winkel phi – in Prolin nicht möglich

Prolin

keine Rotation
um „normale"
Peptidbindung

freie Rotation um den
„normalen" Winkel phi

Dies zeigt, wie wichtig die besonderen Eigenschaften der Peptidbindung auf der Ebene der Primärstruktur für die Festlegung der dreidimensionalen Konformationen der Polypeptidketten sind.

3 Wechselwirkungen zwischen Molekülen

Grundbegriffe:
Kovalente Bindungen kann man sich als den Klebstoff vorstellen, der die Moleküle zusammenhält. Sie sind stark, stabil und es sind erhebliche Energiemengen nötig, um sie zu brechen. Auf der anderen Seite sind intermolekulare Wechselwirkungen relativ schwach und bilden sich und zerbrechen schnell in Wasser auf reversible Weise. Obwohl sie schwach sind, sind sie kollektiv (über einen größeren Bereich) stark und für das Verständnis der Wechselwirkungen biologischer Moleküle von großer Bedeutung.

Jeder biologische Prozess beinhaltet Wechselwirkungen zwischen Molekülen. Moleküle müssen miteinander interagieren (sich verbinden), um einen Prozess auszulösen, und sich dann wieder trennen. Ob sich ein Enzym an ein Substrat bindet, ein Hormon sich an einen Rezeptor auf einer Membran anlagert oder ob RNA von einer DNA-Matrize transkribiert wird, alle müssen für eine kurze Zeit mit einer genauen räumlichen Orientierung gebunden werden. Solche „Erkennungsprozesse" werden durch intermolekulare Wechselwirkungen ermöglicht.

Merksatz

Intermolekulare Wechselwirkungen sind im Einzelnen schwach, doch in ihrer Gesamtheit stark.

Nach einer allgemeinen Einteilung sind intermolekulare Wechselwirkungen entweder **elektrostatischer** oder **hydrophober** Natur. **Elektrostatische Wechselwirkungen** können weiter unterteilt werden in Wasserstoffbrückenbindungen, Ladungs-Ladungs-Wechselwirkungen und *short range*-Wechselwirkungen (kurzreichweitige elektrostatische Wechselwirkungen, van-der-Waals-Wechselwirkungen).

3.1 Die Wasserstoffbrückenbindung

Die Wasserstoffbrückenbindung (oft auch kurz Wasserstoffbrücke genannt) ist eine wichtige, relativ starke Form der intermolekularen Wechselwirkung. Ein klassisches Beispiel ist die Wasserstoffbrückenbindung zwischen Wassermolekülen (Abbildung 28).

Abbildung 28: Wasserstoffbrückenbindung in Wasser und Eis

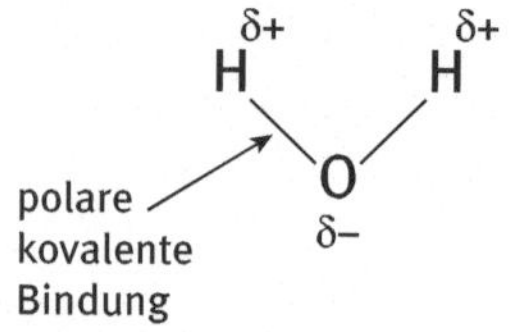

in Eis existiert ein gitterartiges Netzwerk aus Wasserstoffbrückenbindungen

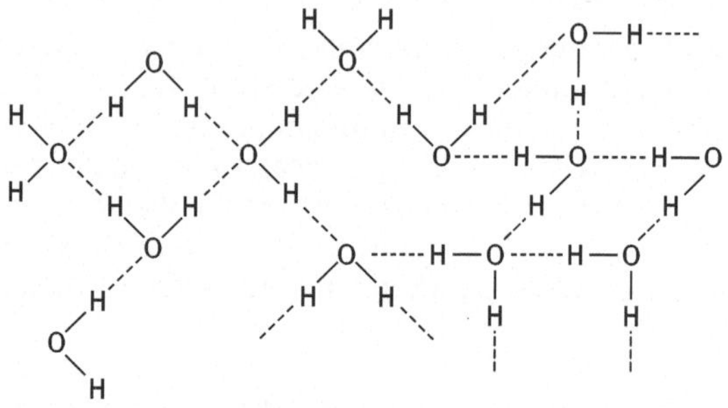

Da im Wassermolekül der elektronegative Sauerstoff die Bindungselektronen zu sich zieht, erhalten die Wasserstoffatome eine positive Partialladung. Die O-H-Bindung hat also einen beträchtlichen Dipolcharakter. Das Sauerstoffatom des Wassermoleküls besitzt zwei **einsame Elektronenpaare**, während die Dichte der mit dem Sauerstoffatom durch die Bindung geteilten Elektronen sich bei den Wasserstoffatomen zugunsten des elektronegativen Sauerstoffs stark verringert hat. Bei der Wasserstoffbrückenbindung teilt sich das Sauerstoffatom eines Wassermoleküls ein einsames Elektronenpaar mit dem leicht positiv geladenen Wasserstoffatom eines anderen Wassermoleküls. Wassermoleküle wechselwirken also miteinander über Wasserstoffbrückenbindungen. In flüssigem Wasser entstehen und brechen diese Bindungen sehr schnell. In Eis entsteht durch diese Bindungen jedoch ein gitterartiges Gefüge. Diese Eigenschaft des Wassers bestimmt in höchstem Maße dessen besondere Stellung als das „Lösungsmittel des Lebens“.

Wasserstoffbrückenbindungen können immer dann entstehen, wenn stark elektronegative Atome (etwa Sauerstoff, Stickstoff oder Fluor) sich einem Wasserstoffatom nähern, das seinerseits kovalent an ein weiteres stark elektronegatives Atom gebunden ist.

Beispielsweise kann eine Wasserstoffbrückenbindung zwischen einer Carbonyl- und einer Aminogruppe auftreten.

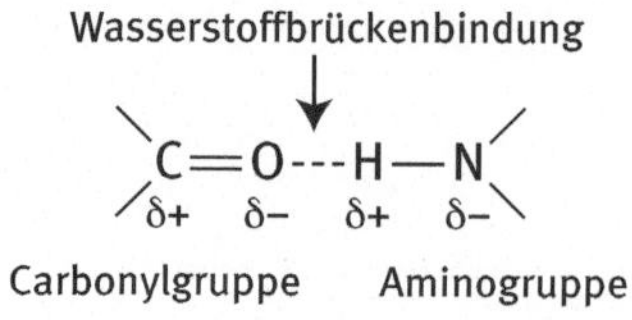

In biologischen Molekülen treten verschiedene derartige Gruppen mit elektronegativen Atomen auf.

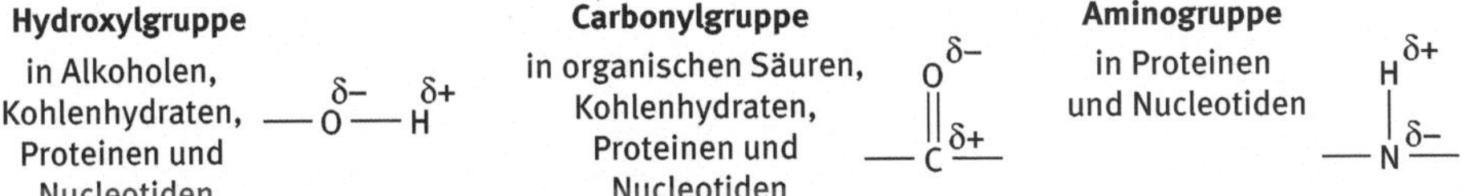

Bei jeder Wasserstoffbrückenbindung ist das Wasserstoffatom als Elektronenakzeptor an ein elektronegatives Atom, dem Elektronendonor, gebunden. Das elektronegative Atom (O, N oder F) verfügt über eines oder mehrere einsame Elektronenpaare.

> **Merksatz**
>
> Wasserstoffbrückenbindungen können sich immer dann bilden, wenn ein stark elektronegatives Atom (O, N oder F) sich einem Wasserstoffatom nähert, das kovalent an ein zweites stark elektronegatives Atom gebunden ist.

Die Wasserstoffbrückenbindung ist in biologischen Systemen von besonderer Bedeutung. Sie mag wie eine einfache Ladungs-Ladungs-Wechselwirkung erscheinen, doch sie hat spezielle Eigenschaften. Bei dieser Art intermolekularer Wechselwirkung ist die ideale Wasserstoffbrückenbindung linear, mit einer Länge von etwa 2,8 Å (ein Ångström (Å) entspricht 1×10^{-10} m, in etwa der Größe eines Atoms). Im oben gezeigten Beispiel, der Wasserstoffbrückenbindung zwischen einer Carbonyl- und einer Aminogruppe, können wir eine gerade Linie zwischen dem Sauerstoff- und dem Stickstoffatom zeichnen, entlang dieser die Wasserstoffbrückenbindung ausgerichtet ist. Mit anderen Worten: Die Ausrichtung der Bindung ist relativ festgelegt. Zudem ist die Wasserstoffbrückenbindung im Vergleich mit anderen intermolekularen Wechselwirkungen relativ stark. Diese Eigenschaften der Wasserstoffbrückenbindung haben wichtige Konsequenzen in der Biologie, da durch sie die Abstände und Ausrichtungen von Molekülen bestimmt werden. Der Einfluss dieser Wasserstoffbrückenbindungen ist wesentlich für die Strukturen von Proteinen und für den Zusammenhalt des doppelsträngigen DNA-Moleküls.

> **Merksatz**
>
> Wasserstoffbrückenbindungen haben sowohl ein Optimum bezüglich der Länge, als auch in Bezug auf die räumliche Ausrichtung.

Wasserstoffbrückenbindungen treten zwischen den Basen Purin und Pyrimidin auf den gegenüberliegenden DNA-Strängen auf. Sie zwingen die Basen in eine planare Anordnung und in einen definierten Abstand voneinander. Außerdem ist die Tatsache, dass Thymin nur mit Adenin und Cytosin nur mit Guanin paart, auf das Vorliegen der Wasserstoffbrückenbindungen zurückzuführen (Abbildung 29).

Unser genetischer Code ist also durch Wasserstoffbrückenbindungen festgelegt!

Abbildung 29: Wasserstoffbrückenbindungen zwischen DNA-Basen

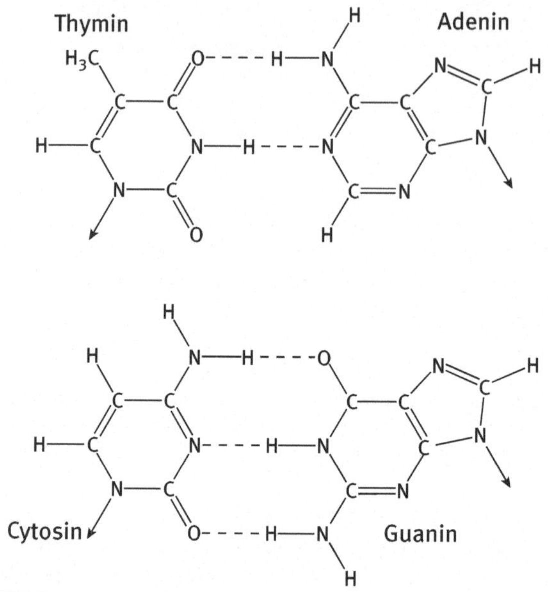

3.2 Ladungs-Ladungs-Wechselwirkungen

So wie Wasserstoffbrückenbindungen sind auch Ladungs-Ladungs-Wechselwirkungen elektrostatischer Natur. Anders als bei der Wasserstoffbrückenbindung ist der Abstand der beteiligten Gruppen nicht fixiert und auch die gegenseitige Orientierung ist weniger wichtig. Jede Gruppe oder jedes Atom in einem Molekül, das eine Ladung trägt, etwa als Folge einer Elektronegativitätsdifferenz zwischen den Atomen, der Anwesenheit einer sauren oder basischen Gruppe oder eines Atoms mit einem einsamen Elektronenpaar, kann an Ladungs-Ladunges-Wechselwirkungen beteiligt sein. Die Wechselwirkung entgegengesetzt geladener Gruppen führt zur Anziehung, während gleichartig geladene Gruppen mit gegenseitiger Abstoßung (Repulsion) reagieren. Beide Varianten sind bei der Wechselwirkung biologischer Moleküle von Bedeutung.

Gruppen, die bei einem physiologischen pH-Wert im Allgemeinen eine Ladung tragen und die vor allem in Proteinen vorkommen, sind die Carbonylgruppe (negative Ladung) und die Aminogruppe (positive Ladung). Die Ladung der Gruppen, die sowohl sauren als auch basischen Charakter haben, hängt in hohem Maße vom pH-Wert des Lösungsmittels ab. Ein niedriger pH-Wert (sauer, eine hohe H^+-Konzentration) führt zur Protonierung. So wird etwa die Aminogruppe NH_2 zu NH_3^+. Ein hoher pH-Wert fördert hingegen die Dissoziation von Gruppen. So dissoziiert beispielsweise die Carboxylgruppe $COOH$ zu COO^- und H^+.

Proteine bestehen aus Aminosäuren, die über Peptidbindungen zu langen Polypeptidketten verknüpft sind (Abbildung 30).

Abbildung 30: Seitengruppen in Polypeptidketten

O   O
|| H || H
—C—N—C—C—N—C—
    H | H |
       R1   R2
Peptidbindungen

Die Seitengruppen (z. B. R1 und R2 in Abbildung 30) der Aminosäuren in der Kette enthalten häufig Carboxyl- (-COOH) und Aminogruppen ($-NH_2$). Bei einem physiologischen pH-Wert dissoziieren die Carboxylgruppen. Sie geben ein Proton (H^+) ab und erhalten als $-COO^-$ eine negative Ladung. Die Aminogruppe lagert bei physiologischem pH-Wert ein Proton an und erhält eine positive Ladung ($-NH_3^+$). In zellulären Proteinen gibt es deshalb mit hoher Wahrscheinlichkeit zahlreiche geladene Gruppen zwischen denen intermolekulare, aber auch intramolekulare Ladungs-Ladungs-Wechselwirkungen auftreten können.

Wechselwirkungen zwischen geladenen Gruppen sind stark pH-Wert-abhängig.

3.3 Van-der-Waals-Kräfte

Bei sehr geringen Abständen zwischen Molekülen kann eine weitere Form von Ladungs-Ladungs-Wechselwirkungen auftreten, die sogenannten **van-der-Waals-Kräfte**. Hierbei handelt es sich um sehr schwache anziehende oder abstoßende Kräfte. In einer kovalenten Bindung zwischen Atomen sind die beiden Bindungselektronen die meiste Zeit gleichmäßig zwischen den Atomen verteilt. Doch stehen die Elektronen nicht starr im Raum. So besteht eine statistische Wahrscheinlichkeit, dass sich beide Elektronen zu bestimmten Zeiten nahe dem einen oder dem anderen Atom befinden. In einem solchen Moment ist also ein Atom negativ geladen, während das andere eine positive Ladung trägt. Es liegt also ein **temporärer Dipol** vor (die Ladungsverteilung im Wassermolekül ist dagegen ein Beispiel für einen **permanenten Dipol**). Andererseits kann ein Dipol in einer kovalenten Bindung induziert werden, etwa wenn sich dieser Bindung eine positiv geladene Aminogruppe nähert, durch deren Einfluss die Elektronen zu einem Ende der Bindung gezogen werden und ein **induzierter** Dipol entsteht. Diese ständige Bewegung und Neuverteilung der Elektronen in Molekülen führt zu komplizierten und fluktuierenden Anziehungs- und Abstoßungskräften.

> **Merksatz**
>
> Bei Molekülen in Lösung werden ständig Dipole gebildet.

3.4   Hydrophobe Wechselwirkungen

Hydrophobe Wechselwirkungen (hydrophob von griech. „hydor" = Wasser und „rhóbos" = Furcht, also „wasserfürchtend") unterscheiden sich von den bisher besprochenen intermolekularen Wechselwirkungen insofern, als dass sie nicht elektrostatischer Natur sind. Zwischen hydrophoben Gruppen treten weder Abstoßung noch Anziehung auf. Die Ursache hydrophober Wechselwirkungen beruht auf dem Verhalten von Wasser. Hydrophobe oder **unpolare** Gruppen tragen diesen Namen, weil sie in Wasser unlöslich sind und nicht mit diesem wechselwirken. **Hydrophile** („wasserliebende") oder **polare** Gruppen sind wasserlöslich und es kommt zu Wechselwirkungen mit Wasser. Die **funktionellen Gruppen**, denen wir bisher begegnet sind, etwa die Carboxyl- (-COOH), die Amino- ($-NH_2$) und die Hydroxylgruppe (-OH), sind allesamt polar. Sie alle enthalten ein elektronegatives Atom, das eine ungleichmäßige Ladungsverteilung und damit ein Dipol induziert. Wasser ist ein polares Molekül und interagiert daher mit anderen polaren Gruppen über elektrostatische Wechselwirkungen. Moleküle, die polare Gruppen enthalten, sind grundsätzlich **wasserlöslich**.

Löslichkeit in Wasser (Seite 42)

Auf der anderen Seite enthalten unpolare (hydrophobe) Gruppen keine besonders elektronegativen Atome. So besteht etwa die unpolare Methylgruppe ($-CH_3$) aus Kohlenstoff, der kovalent an drei Wasserstoffatome gebunden ist. Die Elektronegativitäten von Kohlenstoff und Wasserstoff ähneln sich, weshalb es nur eine sehr schwache Tendenz zu einer ungleichmäßigen Elektronenverteilung gibt. Deshalb entsteht kein Dipol und die Methylgruppe ist „neutral". Für neutrale Gruppen gibt es keine Möglichkeit mit Wasser zu interagieren, da keine Ladungs-Ladungs-Wechelwirkungen möglich sind. Das wässrige Lösungsmittel reagiert auf solche Gruppen, indem es sie „herausdrängt". Unpolare Gruppen ziehen sich weder an, noch stoßen sie sich ab. Vielmehr werden sie durch das Verhalten des wässrigen Lösungsmittels zusammengedrängt.

> **Merksatz**
>
> Unpolare (hydrophobe) Gruppen wechselwirken nicht mit Wasser. Es sind „neutrale" Gruppen, in denen die Elektronegativitäten der einzelnen Atome nahezu gleich sind.

Der „hydrophobe Effekt" ist in der Biologie von großer Bedeutung. Biologische Membranen bilden eine hydrophobe Barriere, durch die eine Zelle oder eine zelluläre Organelle definiert ist. Proteinmoleküle falten sich und nehmen dreidimensionale Strukturen an, weil deren hydrophobe Gruppen aus dem Wasser herausgedrängt werden. So finden sich die hydrophoben Gruppen der Proteine im wasserfreien Innenbereich der Proteinstrukturen.

> **Merksatz**
>
> Zum Austausch von Informationen müssen alle biologischen Moleküle in kurzzeitiger, reversibler Weise miteinander reagieren (sich binden). Solche Phänomene werden durch intermolekulare Wechselwirkungen ermöglicht.

3.5 Zusammenfassung

1. Im Vergleich zu kovalenten Bindungen sind intermolekulare Wechselwirkungen schwach; in der Gesamtheit sind sie jedoch stark. Sie bilden die Grundlage für Erkennungsprozesse und Bindungen zwischen biologischen Molekülen.

2. Wasserstoffbrückenbindungen sind eine relativ starke Form der elektrostatischen intermolekularen Wechselwirkung. Sie können sich immer dann bilden, wenn sich ein stark elektronegatives Atom (z. B. Sauerstoff, Stickstoff oder Fluor) einem Wasserstoffatom nähert, das selbst kovalent an ein zweites stark elektronegatives Atom gebunden ist. Sowohl der Abstand als auch die Ausrichtung der Atome sind bei Wasserstoffbrückenbindungen relevant.

3. Ladungs-Ladungs-Wechselwirkungen (Anziehung oder Abstoßung) treten zwischen Gruppen auf, die eine rein elektrische Ladung tragen. Diese Art Wechselwirkung tritt zwischen Molekülen bei sehr kleinen Abständen auch als Folge temporärer, induzierter oder permanenter Dipole auf.

4. Hydrophobe oder unpolare Wechselwirkungen treten bei Molekülen auf, die keine Polarität, also keine ungleichmäßige Ladungsverteilung aufweisen und deshalb nicht mit Wasser interagieren können. Sie sind in Wasser unlöslich und werden aus diesem herausgedrängt.

3.6 Testen Sie Ihr Wissen

Die Lösungen befinden sich auf Seite 160.

Aufgabe 3.1
(a) Welche Art intermolekularer Wechselwirkung wird eintreten, wenn sich ein stark elektronegatives Atom einem Wasserstoffatom nähert, das kovalent an ein zweites elektronegatives Atom gebunden ist?
(b) Nennen Sie drei Beispiele für verbreitete biologische funktionelle Gruppen, die an dieser Art intermolekularer Wechselwirkung beteiligt sein könnten.

Aufgabe 3.2
Nennen sie drei charakteristische Eigenschaften der Wasserstoffbrückenbindung, durch die sie sich von anderen Typen von Ladungs-Ladungs-Wechselwirkungen unterscheidet.

Aufgabe 3.3
Durch welche Unterschiede grenzen sich intermolekulare Wechselwirkungen von intramolekularen (kovalenten) Wechselwirkungen ab?

Aufgabe 3.4
Bei welcher Art intermolekularer Wechselwirkung sind induzierte oder temporäre Dipole von Bedeutung?

Aufgabe 3.5
Welche der folgenden Gruppen werden als hydrophob angesehen?
(a) $-CH_2OH$
(b) $-SH$
(c) $-CH_2CH_3$
(d) $-CH_2NH_2$
(e)  (Benzolring)
(f) 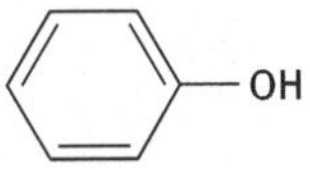 (Benzolring)$-OH$

▶ Zur Vertiefung

3.7   Wasserlöslichkeit

Wir haben den Umstand erörtert, dass Atome und Moleküle durch verschiedene Arten intermolekularer Wechselwirkungen wie Wasserstoffbrückenbindungen, Ladungs-Ladungs-Wechselwirkungen und van-der-Waals-Kräfte zusammengehalten werden. Diese Kräfte sind in komplexer Weise mit der Löslichkeit einer Substanz verknüpft, denn diese wird durch vielfältige Wechselwirkungen – von Lösungsmittelmolekülen untereinander, von Molekülen des gelösten Stoffes untereinander sowie zwischen Lösungsmittel und gelöstem Stoff – bestimmt.

Wasser ist ein polares Molekül. Wie wir gesehen haben, induziert sein stark negatives Sauerstoffatom eine ungleichmäßige Ladungsverteilung im Molekül, und damit einen Dipol. Dies führt zu Wasserstoffbrückenbindungen zwischen Wassermolekülen. Und dadurch hat Wasser eine sehr geordnete Struktur!

Wasser ist dipolar

Wasserstoff-
brückenbindungen

Damit sich eine Substanz in Wasser löst, muss innerhalb dieser geordneten Struktur Platz geschaffen werden, um die Substanz aufnehmen zu können.

Wenn eine solche Substanz durch Wasserstoffbrückenbindungen oder Ladungs-Ladungs-Wechselwirkungen mit den Wassermolekülen interagieren kann, dann wird sie aufgenommen werden (es handelt sich ja um ein polares Molekül) und sich konsequenterweise auflösen. Eine polare Substanz ist dadurch definiert, dass sie mit Wasser wechselwirken kann. So werden polare Moleküle auch als hydrophil („wasserliebend") bezeichnet.

Bei einfachen Substanzen wie Kochsalz werden die kleinen geladenen Na^+- und Cl^--Ionen bereitwillig in die Wasserstruktur integriert. Die Wassermoleküle umgeben die Ionen und interagieren mit ihnen über Ladungs-Ladungs-Wechselwirkungen, so dass sich ein „Käfig" oder eine Hydrathülle um die Ionen herum bildet (Abbildung 31).

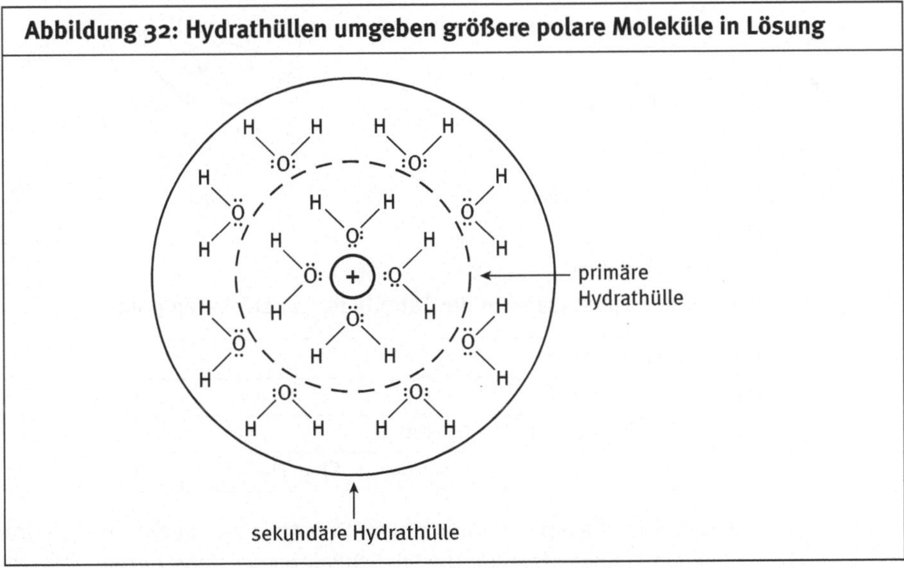

Abbildung 31: Wassermoleküle umgeben Ionen in Lösung

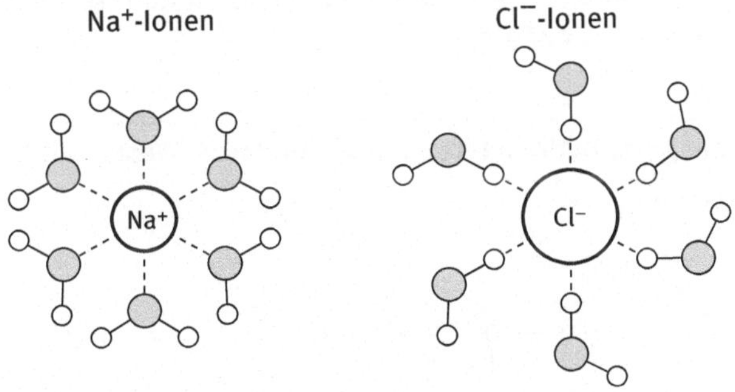

Bei größeren Molekülen, die polare Gruppen enthalten, ist dies ein wenig komplizierter, aber es gelten die gleichen Grundlagen. Biologische Moleküle können eine ganze Reihe von polaren Gruppen enthalten, von denen jede die Löslichkeit in Wasser fördert. Hydroxylgruppen (-OH), Carboxylgruppen (-COOH), Carbonylgruppen (-C=O), Aldehyde (-CHO), Sulfhydrylgruppen (-SH) und Aminogruppen ($-NH_2$) enthalten alle ein elektronegatives Atom und tragen unter physiologischen Bedingungen eine Ladung. Allgemein gilt, dass ein Molekül umso stärker wasserlöslich ist, je mehr polare funktionelle Gruppen es enthält.

Naturgemäß sind große polare Moleküle von einer relativ großen Hydrathülle umgeben (Abbildung 32).

Abbildung 32: Hydrathüllen umgeben größere polare Moleküle in Lösung

Wegen ihrer Fähigkeit zur Ausbildung von Wasserstoffbrückenbindungen ist bei Biomolekülen besonders die Hydroxylgruppe (-OH) für die Löslichkeit von Bedeutung. In Abbildung 33 werden die Wasserstoffbrückenbindungen durch gestrichelte Linien dargestellt.

Abbildung 33: Hydroxylgruppen bilden leicht Wasserstoffbrückenbindungen

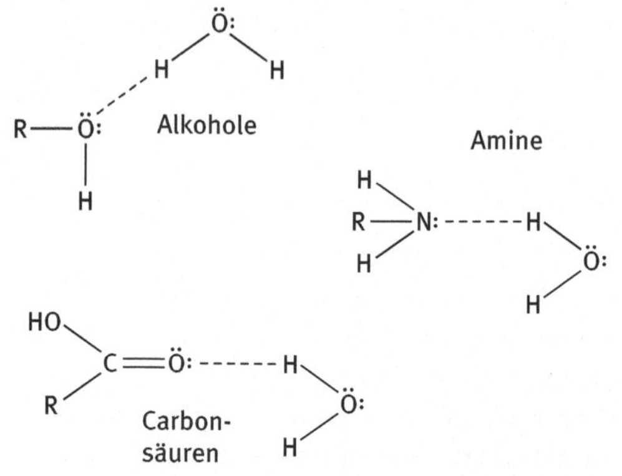

Allgemein gilt, dass ein Molekül umso stärker wasserlöslich ist, je mehr polare funktionelle Gruppen es enthält und je kleiner es ist. So sind einfache Zucker wie Glucose und Fructose durch ihre Vielzahl von Hydroxylgruppen besonders gut in Wasser löslich.

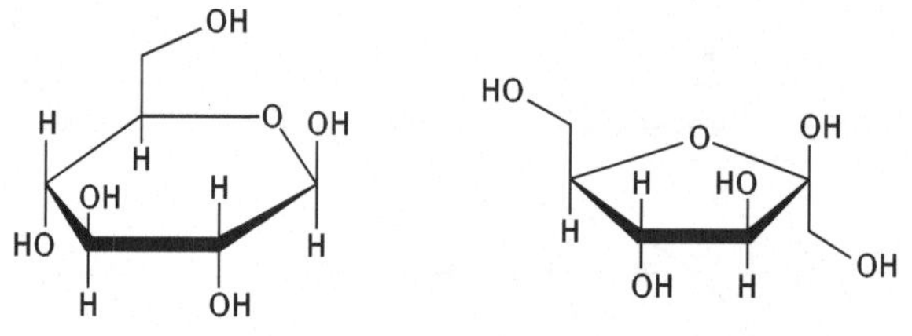

Frage

Welche der Substanzen in der Tabelle ist am stärksten polar?

A	$CH_3\text{-}CH_2\text{-}OH$
B	$CH_3\text{-}CH_2\text{-}CH_2\text{-}CH_2\text{-}OH$
C	$CH_3\text{-}CH_2\text{-}CH_2\text{-}CH_2\text{-}CH_2\text{-}CH_2\text{-}OH$
D	$CH_3\text{-}CH_2\text{-}CH_2\text{-}CH_2\text{-}CH_2\text{-}CH_2\text{-}CH_2\text{-}CH_2\text{-}CH_2\text{-}CH_2\text{-}OH$

Antwort: **A** ist die am stärksten polare Substanz. Sie besitzt eine Hydroxylgruppe und ist ein kleines Molekül. Die Löslichkeit dieser Substanzen in Wasser nimmt von A bis D ab. Die Methylgruppe ($-CH_3$) und die Methylengruppe ($-CH_2$) sind beide unpolar und damit hydrophobe, „wasserhassende" Gruppen. Diese

Gruppen haben keinen „elektronegativen Effekt", sie bieten keine Möglichkeit zur Bildung von Wasserstoffbrückenbindungen mit Wasser. Da sie keine Dipol-Eigenschaften haben, kommt es auch nicht zu Ladungs-Ladungs-Wechsel-wirkungen.

Eine große Gruppe biologischer Moleküle sind die Lipide, zu denen Fette, Öle und Wachse gehören. Ein Hauptbestandteil der Lipide sind Fettsäuren. Fettsäuren bestehen aus einer langen unpolaren (also hydrophoben) Kohlenwasserstoffkette, die an einem Ende eine polare Carboxylgruppe trägt. Diese Moleküle werden als amphiphil bezeichnet, da sie ein polares und ein unpolares Ende haben (Abbildung 34).

Abbildung 34: Ein amphiphiles Fettsäuremolekül

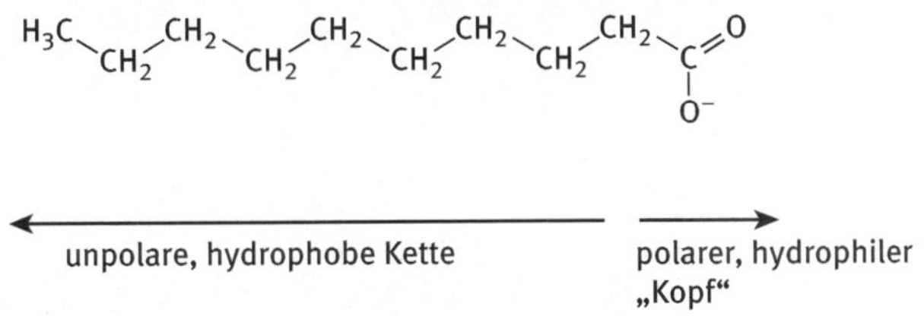

Fettsäuren sind über Glycerin- und Phosphatreste zu Phospholipiden verbunden. Phospholipide sind der Hauptbestandteil biologischer Membranen. Durch den stark polaren Phosphatrest sind diese Moleküle stark amphiphil (Abbildung 35).

Abbildung 35: Amphiphile Phospholipide sind die Hauptbestandteile biologischer Membranen

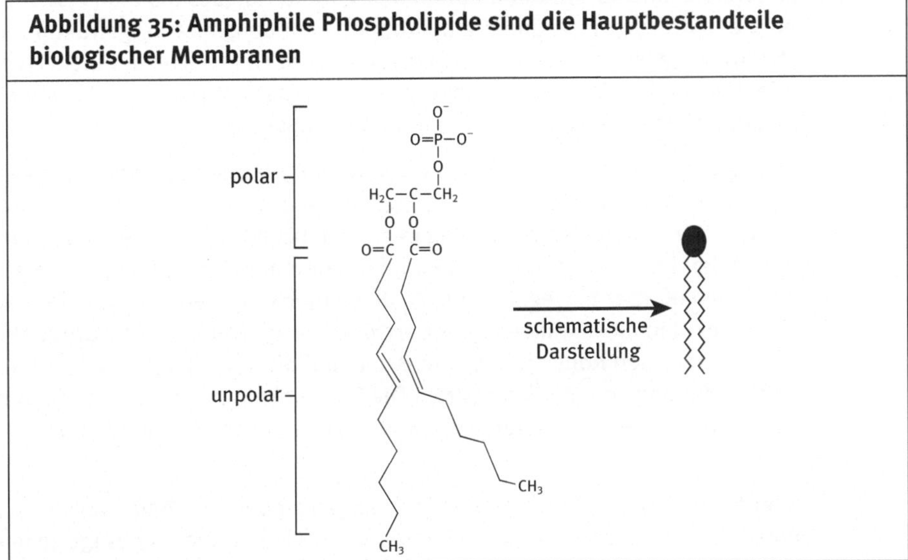

In Wasser ordnen sich die Phospholipidmoleküle zu einer Doppelschicht an, der Grundstruktur biologischer Membranen (Abbildung 36). Die polaren „Kopfgruppen" sind dabei zur wässrigen Umgebung hin ausgerichtet und wechselwirken mit den Wassermolekülen, während die unpolaren, hydrophoben Fettsäure-„Schwänze" nach innen ausgerichtet sind und ein hydrophobes Milieu bilden, aus dem Wasser und andere polare Moleküle herausgedrängt werden.

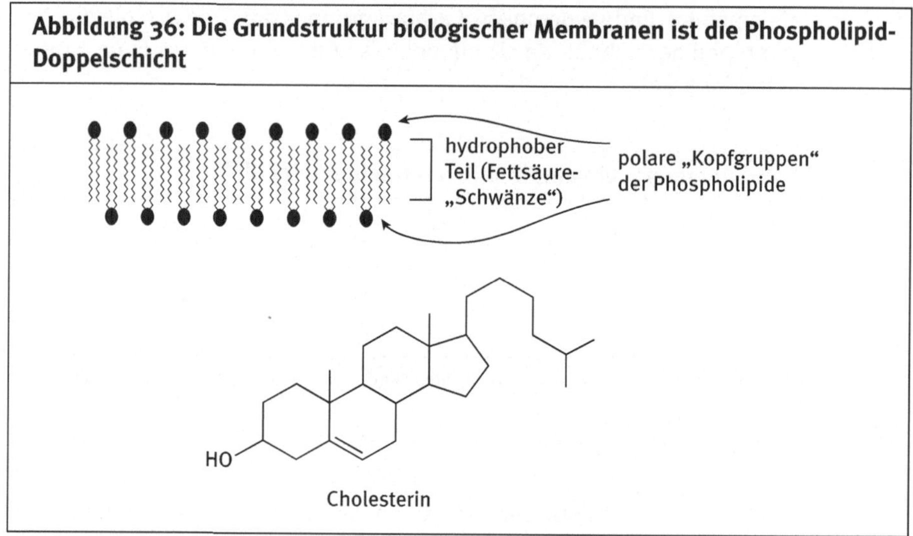

Abbildung 36: Die Grundstruktur biologischer Membranen ist die Phospholipid-Doppelschicht

Das Steroidmolekül Cholesterin (Abbildung 36) ist ein bekannter Baustein der äußeren Zellmembran. Der amphiphile Charakter dieses Moleküls ist durch die polare Hydroxylgruppe und die hydrophobe kondensierte Ringstruktur mit ihrem „Schwanz" gegeben. Die Hydroxylgruppe ist zur Oberfläche der Membran orientiert und in Kontakt mit Wasser, während der unpolare Teil das Molekül im hydrophoben Innenteil der Zellmembran verankert.

Wenngleich biologische Organismen zu über 60 Massenprozent aus Wasser bestehen, enthalten sie auch ein ausgedehntes Netzwerk aus biologischen Membranen. Wir haben also zwei völlig gegensätzliche Umgebungen, das polare wässrige Milieu und das unpolare Milieu im Inneren der Membranen. Moleküle die sich durch den Körper bewegen, müssen diese beiden Milieus durchlaufen. Wie weit ein Molekül in diese Milieus integriert wird, hängt von seiner Polarität ab. Dies führt zu enormen Konsequenzen in Bezug auf die Verteilung und die pharmakologische Wirkung von Medikamenten. Die Pharmakologie untersucht die Aufnahme, den Stoffwechsel, die Verteilung und die Wirksamkeit von Medikamenten im Körper.

Schon im Jahre 1847 führten Beobachtungen zu der Annahme, dass eine Substanz umso durchdringender wirkt, je hydrophober sie ist. Anders gesagt, je leichter sie vom Körper aufgenommen wird. Und diese Beobachtungen sind bis heute gültig.

Allerdings scheint es, dass alle hydrophilen und die meisten hydrophoben Moleküle spezifische Carrier (Transporter) benötigen, um durch Zellmembranen wandern zu können. Die Genome von Säugetieren enthalten wahrscheinlich bis zu 1000 Gene, die solche Transporter codieren!

4 Zählen von Molekülen

Grundbegriffe:

Atome fügen sich zusammen, um Moleküle zu bilden. Moleküle vereinigen sich zu größeren Molekülen oder sie reagieren miteinander zu neuen Molekülen. Weil es Moleküle mit verschiedensten Strukturen und in unterschiedlichsten Größen gibt, brauchen wir eine einfache Möglichkeit, um sie zu vergleichen und zu zählen. Vielleicht müssen wir eine Lösung mit einem bestimmten Verhältnis von Verbindungen bei einer bestimmten Konzentration herstellen. Oder wir möchten die Aktivität eines Enzyms in Bezug auf die Zahl der Substratmoleküle ausdrücken, die es in einer bestimmten Zeit umwandelt. Wir können die Konzentration von Molekülen in einer Lösung mithilfe des Begriffs „Mol" vergleichen. Die Kenntnis dieses Begriffs ist in jedem Bereich der Biologie unverzichtbar.

4.1 Das Mol

Als Biologen sind wir an der Wechselwirkung von Molekülen interessiert. Daher brauchen wir eine Methode, mit der wir die Zahl der Moleküle einer Substanz in einer Lösung vergleichen können. Diese Methode verwendet das **Mol**. Ein Mol ist eine bestimmte Zahl von Molekülen. Die Methode funktioniert wie folgt:

- Zunächst brauchen wir einen Standard. Als Standard verwenden wir das Kohlenstoff-12-Atom, $^{12}_{6}C$, das stabile Isotop des Kohlenstoffs, das 6 Protonen und 6 Neutronen enthält. Es wurde eine Konvention eingeführt, nach der die Atommasse eines Elements in Form der atomaren Masseneinheiten (*atomic mass units*, amu) angegeben wird. Bei der Definition dieser Maßeinheit wurde die atomare Masse des Kohlenstoff-12-Atoms mit genau 12,0 amu festgelegt. Demnach entspricht 1 amu also genau einem Zwölftel der Masse eines Atoms des Isotops Kohlenstoff-12.
  1 amu $= 1{,}661 \times 10^{-24}$ g.
- Jedem Element des Periodensystems kann eine Atommasse zugeordnet werden, die seiner relativen Masse in Bezug auf ein Zwölftel der Masse eines Atoms von Kohlenstoff-12 entspricht. Dies ist die relative Atommasse (rAM).
- Da die amu ein sehr kleiner Wert ist, ist es praktischer, die relative Atommasse in der Einheit Gramm anzugeben. Dafür definieren wir, dass die Stoffmenge, d. h. die Menge der Atome, die 12 g Kohlenstoff-12 entspricht, gleich einem Mol ist.
- 1 mol oder 12 g Kohlenstoff-12 enthält $6{,}022 \times 10^{23}$ Atome des Isotops Kohlenstoff-12.
- 1 mol oder die der Atommasse entsprechende Menge eines jeden Stoffes in Gramm enthält $6{,}022 \times 10^{23}$ Atome dieser Substanz.
- Die Zahl $6{,}022 \times 10^{23}$ ist die sogenannte Avogadro-Zahl oder Avogadro-Konstante.

Ein Mol einer Substanz ist die Menge der Substanz, die ihrer Formelmasse in Gramm entspricht. Diese Menge enthält die Avogadro-Zahl, d. h. $6,022 \times 10^{23}$ Atome, Moleküle oder Ionen dieser Substanz.

Nach unserer Definition enthält ein Mol einer Verbindung die gleiche Zahl von Masseneinheiten wie 12 g von Kohlenstoff-12. 12 Gramm Kohlenstoff entsprechen also einem Mol und enthalten $6,022 \times 10^{23}$ Kohlenstoffatome.

Die Masse eines Wassermoleküls (H_2O) beträgt 18 amu (ein Sauerstoffatom $= 16$ amu $+$ zwei Wasserstoffatome $= 2$ amu). 18 g Wasser sind also 1 mol und enthalten $6,022 \times 10^{23}$ Wassermoleküle.

Glucose ($C_6H_{12}O_6$) hat eine Molekülmasse von 180 amu (Addition der relativen Atommassen aller Atome im Glucosemolekül). Also sind 180 g Glucose 1 mol (und enthalten $6,022 \times 10^{23}$ Glucosemoleküle).

Eine Formeleinheit von Natriumchlorid, NaCl, hat eine Masse von 58,45 amu. Also hat ein Mol Natriumchlorid eine Masse von 58,45 g. Diese Masse an Natriumchlorid enthält $6,022 \times 10^{23}$ Natriumionen (Na^+) und $6,022 \times 10^{23}$ Chloridionen (Cl^-). In der folgenden Tabelle sind diese Beispiele noch einmal zusammengefasst.

Formel	Masse einer Formeleinheit	Masse von 1 mol	Zahl einzelner Teilchen in 1 mol	Zahl oder Atome oder Ionen in 1 mol
$^{12}_{6}C$	12 amu	12 g	$6,022 \times 10^{23}$ Atome C	$6,022 \times 10^{23}$ Atome C
H_2O	18 amu	18 g	$6,022 \times 10^{23}$ Moleküle H_2O	$6,022 \times 10^{23}$ Atome O
				$2 \times 6,022 \times 10^{23}$ Atome H
$C_6H_{12}O_6$ Glucose	180 amu	180 g	$6,022 \times 10^{23}$ Moleküle Glucose	$6 \times 6,022 \times 10^{23}$ Atome C
				$12 \times 6,022 \times 10^{23}$ Atome H
				$6 \times 6,022 \times 10^{23}$ Atome O
NaCl	58,45 amu	58,45 g	$6,022 \times 10^{23}$ Einheiten NaCl	$6,022 \times 10^{23}$ Na^+
				$6,022 \times 10^{23}$ Cl^-

Weil 12,0 g Kohlenstoff eine leicht handhabbare Substanzmenge ist, wurde das Mol zur Standardeinheit für die Angabe der Stoffmenge, also der Anzahl der Atome oder Moleküle.

Das Mol ist eine Zahlenangabe, genau so wie ein Dutzend oder ein Jahrhundert! In einem Mol Glucose sind genauso viele Moleküle wie in einem Mol Insulin. Damit können wir die Anzahl von Molekülen verschiedener Substanzen direkt vergleichen, unabhängig davon, ob es kleine oder große Moleküle sind. Im Vergleich mit ihren Substraten sind Enzyme zum Beispiel sehr große Moleküle. Dennoch reagiert zu einem bestimmten Zeitpunkt ein Enzymmolekül mit einem Substratmolekül. Daher ist es wichtig, in der Lage zu sein, die Zahl beider Molekülsorten anzugeben, die gegebenenfalls in einer Lösung vorliegen.

> **Frage**
>
> **Wieviel Mol entspricht eine Masse von 57,5 g Natrium?**
>
> Die Atommasse von Natrium beträgt 23 amu. Also entsprechen 23 g Natrium 1 mol. Demnach sind in 57,5 g Natrium 57,5/23 = 2,5 mol.

4.2 Die Molekülmasse

Wie wir gesehen haben, können wir die Masse von einem Mol für jede Verbindung erhalten, indem wir die relativen Atommassen aller Elemente addieren aus denen die Verbindung besteht und das Ergebnis in die Einheit Gramm übertragen. Die Masse von einem Mol einer Verbindung ist die **Molmasse M**.

Es besteht also folgende Beziehung:

$$\text{Anzahl der Mole} = \frac{\text{Masse in Gramm}}{\text{Molmasse}} = \frac{m}{M}$$

Für die Angabe der molekularen Masse von Verbindungen werden eine Vielzahl von Symbolen verwendet.

- Die molare Masse (Symbol M) von Glucose beträgt 180 g mol^{-1}. Dies ist die Masse von einem Mol.
- Die relative Molekülmasse (Symbol M_r) von Glucose ist 180. Dies ist die relative Masse eines Moleküls in Bezug auf ein Zwölftel der Masse von einem Atom Kohlenstoff-12.
- Der Name „Dalton" (Symbol Da) wird von Biologen als Alternative zu der umständlichen Bezeichnung „atomare Masseneinheit" für ein Zwölftel der Masse von einem Atom Kohlenstoff-12 verwendet. Die molekulare Masse von Glucose kann also auch mit 180 Da angegeben werden.

Nach derzeitigen Empfehlungen sind all diese Varianten korrekte Möglichkeiten, um denselben Sachverhalt auszudrücken. Beachten Sie, dass M_r keine Einheit hat. Das ist darauf zurückzuführen, dass die relative Molekülmasse durch das Verhältnis der Masse eines Moleküls zur Masse von einem Zwölftel eines Kohlenstoffatoms gegeben ist, und als Verhältnis hat dieser Wert keine Einheit.

4.3 Mole und Stoffmengenkonzentration

Der Begriff **Mol** bezieht sich auf die Menge eines Stoffes. Die **Stoffmengenkonzentration** bezieht sich auf dessen Konzentration.

Die Begriffe Mol und Molarität führen bei Studenten immer wieder zu Verwirrung, zum Teil wegen der Ähnlichkeit der Worte. Deshalb ist es wichtig, sicherzustellen, dass Sie genau wissen, was mit diesen Begriffen gemeint ist.

> **Merksatz**
>
> Das Mol ist eine Zahl, eine Menge. Die Molarität ist eine Konzentration.

Das **Mol** (Zeichen mol) ist ein Maß für die Menge eines Stoffes.

Ein Mol einer Verbindung ist eine Menge von Molekülen, deren Anzahl der Avogadro-Zahl ($6{,}022 \times 10^{23}$) entspricht, oder ein Mol einer Verbindung ist die Menge der Substanz, die der relativen Molekülmasse in Gramm entspricht.

Die Stoffmengenkonzentration ist ein Maß für die Konzentration. Die Stoffmengenkonzentration einer Lösung gibt die Anzahl der Moleküle eines Stoffes in einem bestimmten Volumen an.

> **Merksatz**
>
> Die Avogadro-Zahl entspricht der Anzahl der Moleküle in einem Mol
> ($= 6{,}022 \times 10^{23}$).

In Bezug auf die Anzahl der Moleküle spielt es keine Rolle, ob sich ein Mol eines Stoffes in einem Liter oder in einem Milliliter einer Lösung befindet. Man hat immer die gleiche Anzahl an Molekülen, denn es gilt immer: 1 mol $= 6{,}022 \times 10^{23}$ Moleküle. Allerdings ändert sich die Konzentration! 1 mol eines Stoffes in 1 ml ergibt offensichtlich eine höher konzentrierte Lösung, als 1 mol in 1 l. Zur Angabe der Konzentration verwenden wir die Stoffmengenkonzentration.

Die Stoffmengenkonzentration einer Lösung ist die Anzahl der Mole pro Liter, bzw. pro dm^3 der Lösung. Die Stoffmengenkonzentration wird in den Einheiten mol/l oder mol l^{-1} oder M angegeben.

Eine 1 molare Lösung (Kurzform: 1 M) enthält ein Mol eines Stoffes in einem Volumen von einem Liter.

Nehmen wir zum Beispiel Glucose mit $M_r = 180$, dann entsprechen 180 Gramm der Glucose 1 mol. Werden 180 Gramm Glucose in einem Liter Wasser gelöst, so erhalten wir eine 1 molare (1 M) Lösung.

Wenn wir von dieser Lösung nur 1 ml nehmen, dann ist diese Portion der Lösung immer noch 1 molar, denn wir haben das Verhältnis der Masse der Glucose zum Volumen des Wassers nicht verändert. 1 ml dieser Lösung enthält nun aber 1/1000 der gesamten Stoffmenge, also 1 mmol, da 1 ml der Lösung 1/1000 von einem Liter ist.

Eine 3,2 M Lösung hat also eine Konzentration von 3,2 mol/l oder 3,2 mol l^{-1}. Die Masse oder die Menge der Verbindung in der Lösung hängt vom verwendeten Volumen ab. 1 ml dieser Lösung enthält nur 3,2 mmol, bzw. 0,0032 mol, nämlich ein Tausendstel der Menge, die in einem Liter enthalten ist, wobei die Konzentration gleich bleibt.

> **Merksatz**
>
> $$\text{Konzentration} = \frac{\text{Anzahl der Mole}}{\text{Volumen [l]}} = \frac{n}{V} = c \;(\text{mol } l^{-1})$$

> **Frage**
>
> **Wie hoch ist die Stoffmengenkonzentration von Wasser?**
>
> Die relative Molekülmasse M_r von Wasser (H_2O) beträgt 18. 18 Gramm Wasser sind also 1 mol. Ein Liter Wasser hat eine Masse von 1000 g, enthält also
>
> $$\frac{1000\ \text{g}}{18\ \text{g mol}^{-1}} = 55{,}5 \text{ mol an Wasser}$$
>
> Demnach ist die Molarität von Wasser 55,5 mol l^{-1} (55,5 M).

4.4 Eine Anmerkung zu den Einheiten

Biologen haben des Öfteren mit Lösungen zu tun, die weit geringere Konzentrationen als 1 mol/l haben. Die Ausdrücke milli (ein Tausendstel), mikro (ein Millionstel) und nano (ein Tausendmillionstel) werden bei Konzentrations-, Mengen- und Volumenangaben häufig verwendet. Die Kurzformen dieser Vorsätze lauten „m" (milli), „μ" (mikro) and „n" (nano).

$$\text{milli} = 10^{-3} = m$$
$$\text{mikro} = 10^{-6} = \mu$$
$$\text{nano} = 10^{-9} = n$$

Nehmen wir beispielsweise 1 ml (1 Milliliter = ein Tausendstel von einem Liter) einer einmolaren Glucoselösung (die 1 mol Glucose in einem Liter enthält), so enthält dieser Milliliter nur 1 mmol Glucose (ein Tausendstel von einem Mol Glucose).

Wenn Sie Berechnungen anstellen, die mit Molen und Stoffmengenkonzentrationen zu tun haben, dann berücksichtigen Sie diese Grundprinzipien. Weitere Beispiele finden Sie im Abschnitt „Zur Vertiefung: Sicherheit im Umgang mit Stoffmengen".

> **Frage**
>
> Wenn wir 0,0105 g (10,5 mg) eines Proteins mit $M_r = 10\,500$ in 1 ml auflösen, dann enthält dieser 1 ml entsprechend 1 Mikromol (1 μmol) des Proteins.
>
> **Warum?** Weil
>
> $$\text{Stoffmenge in mol} = \frac{\text{Masse in Gramm}}{\text{Molmasse}}$$
>
> $$= \frac{0{,}0105\ \text{g}}{10\,500\ \text{g mol}^{-1}} = 0{,}000001 \text{ mol} = 1 \times 10^{-6} \text{ mol}$$
>
> oder 1 Mikromol (1 μmol).

Sicherheit im Umgang mit Stoffmengen
(Seite 56)

4.5 Verdünnung

Genauso wichtig wie das Verständnis der Begriffe Mol und Stoffmengenkonzentration ist das Verständnis dafür, wie Lösungen verdünnt werden, denn um eine gewünschte Stoffmengenkonzentration zu erreichen, werden diese oft verdünnt. Grundsätzlich gibt es zwei Möglichkeiten, eine Verdünnung durchzuführen: einfache Verdünnung und serielle Verdünnung.

1. **Einfache Verdünnung:** Bei einer einfachen Verdünnung wird eine Volumeneinheit der zu verdünnenden Flüssigkeit mit einer adäquaten Menge des flüssigen Lösungsmittels versetzt, um die gewünschte Konzentration zu erreichen. Um etwa die Konzentration einer Glucoselösung zu halbieren, wird beispielsweise ein Liter einer wässrigen Glucoselösung mit einem weiteren Liter Wasser versetzt. Der Verdünnungsfaktor ist die Gesamtzahl der Volumeneinheiten, in der die gelöste Substanz letztlich gelöst ist. Im beschriebenen Beispiel wäre der Verdünnungsfaktor 1:2 (gesprochen als „1-zu-2"-Verdünnung). In einem weiteren Beispiel möchten wir eine Lösung um den Faktor 1:5 verdünnen. Dies erfordert die Zusammenführung von einer Volumeneinheit der zu verdünnenden Lösung und vier Volumeneinheiten des Lösungsmittels (daher gilt: $1 + 4 = 5 =$ Verdünnungsfaktor).
Sind Ihnen das Volumen und die Konzentration einer Lösung bekannt und müssen Sie diese verdünnen, um eine andere Konzentration zu erhalten, dann ist der Ausdruck $V1C1 = V2C2$ nützlich. V1 und C1 entsprechen den Ausgangswerten für Volumen und Konzentration, V2 und C2 stehen für das Endvolumen, bzw. die Endkonzentration.

2. **Serielle Verdünnung:** Eine serielle Verdünnung ist ganz einfach eine Serie einfacher Verdünnungen, mit der der Verdünnungsfaktor schnell vergrößert wird. Dabei beginnt man zunächst mit einer kleinen Anfangsmenge. Die Quelle für das zu verdünnende Material ist das verdünnte Material des jeweils vorhergehenden Schrittes. Bei einer seriellen Verdünnung ist der Gesamtverdünnungsfaktor an jeder Stelle das Produkt der Verdünnungsfaktoren jedes bis dahin durchgeführten Schrittes. Beginnen wir beispielsweise mit 1 ml einer Proteinlösung. Wenn wir von dieser Lösung 0,1 ml (100 µl) nehmen und zu 0,9 ml des Lösungsmittels geben, dann erhalten wir eine 0,1:1 Verdünnung (eine 10-fache Verdünnung). Nehmen wir hiervon wiederum 0,1 ml und geben sie zu weiteren 0,9 ml Lösungsmittel, so führt dies zu einer weiteren 10-fachen Verdünnung. Die gesamte Verdünnung in Bezug auf die ursprüngliche Proteinlösung ist jetzt $10 \times 10 = 100$. Dies ist oftmals die bevorzugte Verdünnungsmethode, da sie nur ein einmaliges Einwiegen der Substanz erfordert, von dem ausgehend dann eine Reihe verschiedener Konzentrationen angesetzt werden kann. Doch bedenken Sie, dass bei jedem Verdünnungsschritt Fehler auftreten können, und je mehr Verdünnungen Sie durchführen, desto mehr Fehler sind möglich.

Weitere Beispiele finden Sie im Abschnitt „Zur Vertiefung: Sicherheit im Umgang mit Stoffmengen".

4.6 Lösungen mit prozentualer Zusammensetzung

Manchmal und meist aus Bequemlichkeit werden Lösungen mit prozentualer Zusammensetzung hergestellt.

> **Merksatz**
>
> Prozent (%) bedeutet Anzahl von Teilchen pro Hundert, z. B. 1% = 1 Teilchen auf 100 Teilchen insgesamt.

1. **Prozentuale Zusammensetzung w/w:** Wenn sowohl die zu lösende Substanz als auch das Lösungsmittel in Masseneinheiten vorliegen (beispielsweise in Gramm), dann wird die prozentuale Zusammensetzung in der Form % w/w angegeben. So hat eine Lösung von 20 g Glucose in 480 g Wasser die prozentuale Zusammensetzung w/w von 2%. Das bedeutet, dass der Massenanteil der Glucose 2% der gesamten Lösung beträgt.

   Warum? Weil

   Masse des gelösten Stoffes (Glucose) = 20 g
   Masse des Lösungsmittels (Wasser) = 480 g
   Masse der Lösung = 20 g + 480 g = 500 g
   % w/w = 20/500 × 100 = 2%

2. **Massenkonzentration, Prozentuale Zusammensetzung w/V:** Dies ist die gebräuchlichste Methode zur Herstellung einer Lösung im Labor. Eine bestimmte Masse des trockenen zu lösenden Stoffes wird eingewogen und in einen Behälter gegeben, der für ein bestimmtes Volumen geeicht ist. Anschließend wird das Lösungsmittel zugegeben, bis dieses Volumen erreicht ist. Die Konzentration wird dann als Massenkonzentration (% w/V) angegeben. Werden zum Beispiel 10 g Natriumchlorid in Wasser gelöst, so dass sich 100 ml Lösung ergeben, dann ergibt dies eine Massenkonzentration von 10 % w/V.

   Warum? Weil

   Masse des gelösten Stoffes (Natriumchlorid) = 10 g
   Volumen der Lösung (Natriumchlorid und Wasser) = 100 ml
   % w/V = (10/100) × 100 = 10%

> **Merksatz**
>
> Das Volumen einer Flüssigkeit ändert sich beim Lösen eines Stoffes nur in geringem Maße, ihre Masse ändert sich jedoch deutlich.

3. **Volumenanteil v/v:** Bei der Verwendung von flüssigen Reagenzien basiert die Angabe der prozentualen Zusammensetzung auf dem Volumenanteil, d. h. dem Volumen der gelösten Flüssigkeit pro Volumen der Lösung. So ergibt die Zugabe von 10 ml einer Flüssigkeit zu 90 ml eines Lösungsmittels eine Lösung mit dem Volumenanteil 10% v/v. Wollten Sie zum Beispiel 70%iges Ethanol herstellen, dann würden Sie 70 ml 100%iges Ethanol mit 30 ml Wasser mischen.

   Warum? Weil

   70% v/v Ethanol = 70 ml Ethanol in 100 ml Lösung
   Das Volumen des Wassers ist deshalb 100 ml − 70 ml = 30 ml.

4.7 Zusammenfassung

1. Molekülmasse

Die Masse eines Moleküls ist die Summe der Atommassen aller Atome, aus denen es besteht. Die Einheit der Atommasse ist die atomare Masseneinheit (amu oder u) oder das Dalton (Da). All diese Einheiten bezeichnen dieselbe Eigenschaft und sind als ein Zwölftel der Masse von einem Atom des Isotops Kohlenstoff-12 definiert.

2. Relative Molekülmasse

Dies ist die relative Masse von einem Mol (oder einem Molekül) eines Stoffes im Vergleich zu einem Zwölftel der Masse von einem Mol (oder einem Molekül) Kohlenstoff-12.

3. Mol

Ein Mol ist die Menge eines Stoffes, deren Masse in Gramm gleich der Molekülmasse des Stoffes ist. Ein Mol eines Stoffes enthält $6{,}022 \times 10^{23}$ Teilchen dieses Stoffes.

4. Stoffmengenkonzentration

Die Stoffmengenkonzentration ist ein Maß für die Konzentration einer Lösung. Enthält ein Liter einer Lösung 1 Mol des gelösten Stoffes, so handelt es sich um eine 1 molare (1 M) Lösung.

5. Verdünnungen

Bei einfachen Verdünnungen ist der Verdünnungsfaktor die Zahl der Volumeneinheiten, in denen der Stoff am Ende gelöst ist. Eine serielle Verdünnung ist eine Kombination einfacher Verdünnungen, deren Gesamtverdünnungsfaktor sich aus dem Produkt der Verdünnungsfaktoren der Einzelschritte ergibt.

6. Prozentuale Zusammensetzungen

Feststoffe: $\dfrac{\text{Masse (gel. Stoff)}}{\text{Volumen (Lösung)}} \times 100 = \text{Massenkonzentration (w/V)}.$

Flüssigkeiten: $\dfrac{\text{Volumen (gel. Stoff)}}{\text{Volumen (Lösung)}} \times 100 = \text{Volumenkonzentration (V/V)}.$

4.8 Testen Sie Ihr Wissen

Die Lösungen finden Sie auf Seite 161.

Aufgabe 4.1
Eine Lösung enthält 0,01 g Insulin. Die relative Molekülmasse M_r von Insulin beträgt 6000. Wieviel Mol Insulin enthält die Lösung?

Aufgabe 4.2
Wieviel Gramm Essigsäure ($C_2H_4O_2$) benötigen Sie zur Herstellung von 10 Liter einer 0,1 M Essigsäurelösung? (Nehmen Sie für die relativen Atommassen von Kohlenstoff den Wert 12, von Sauerstoff den Wert 16 und von Wasserstoff den Wert 1.)

Aufgabe 4.3
50 ml einer Glucoselösung wurden durch Lösen von 10 g Glucose in 50 ml Wasser hergestellt. Welche Stoffmenge an Glucose ist in dieser Lösung vorhanden, wenn wir von einer relativen Molekülmasse (M_r) der Glucose von 180 ausgehen? Was versteht man unter der Stoffmengenkonzentration einer Lösung?

Aufgabe 4.4
Eine Stammlösung der Aminosäure Glycin hatte eine Konzentration von 0,02 M. 1 ml dieser Lösung wurde in einer Enzymprobe mit einem Gesamtvolumen von 3 ml verwendet. Wieviel mol Glycin befinden sich in der Enzymprobe und welche Stoffmengenkonzentration hat das Enzym in der Probe?

Aufgabe 4.5
1,2 g Glycin ($M_r = 79$) wurden in 100 ml Wasser gelöst. (a) Wieviel mol Glycin sind in ein 1 ml der Lösung? (b) Welche Stoffmengenkonzentration hat die Lösung? (c) Wieviele Glycinmoleküle sind in 1 ml der Lösung vorhanden?

Zur Vertiefung

4.9 Sicherheit im Umgang mit Stoffmengen

Hier sind einige Beispiele für den Umgang mit Konzentrationen und Verdünnungen.

Stoffmengen und Stoffmengenkonzentrationen

A. Ansetzen einer einfachen molaren Lösung aus einem trockenen Reagenz.

Multiplizieren Sie die Molmasse mit der gewünschten Stoffmengenkonzentration, um die benötigte Masse des Reagenz in Gramm zu erhalten:

Wenn $M_r = 194,3$ und Sie eine 0,15 M Lösung ansetzen wollen, dann berechnen Sie:

$$194,3 \times 0,15 = 29,145 \text{ g/l}$$

Wenn Sie nur 30 ml dieser Lösung brauchen, dann lautet die Rechnung
$$194,3 \times 0,15 \times 30/1000 = 0,87 \text{ g}$$

B. Sie nehmen 50 µl einer 1 mM Zucker-Stammlösung und geben sie zu einer Enzym-Reaktionsmischung, so dass Sie 3 ml Gesamtvolumen erhalten. Wie hoch ist die Zuckerkonzentration in der Reaktionsmischung?

Die Zugabe von 50 µl (= 0,05 ml) zu 3 ml entspricht einem Verdünnungsfaktor von 3/0,05 = 60, so dass die Endkonzentration des Zuckers 1/60 = 0,017 mM (17 µM) beträgt.

C. Sie nehmen 50 µl einer Zucker-Stammlösung die 100 µmol Zucker pro ml enthält, und geben sie zu 3 ml einer Enzym-Reaktionsmischung. Wieviele Mikromol Zucker enthält diese Reaktionsmischung?

0,05 × 100 = 5 µmol. Soviel haben Sie tatsächlich von der Stammlösung genommen.

Mit der Zugabe dieser Portion zur Reaktionsmischung haben Sie 5 µmol in 3 ml gegeben, also 5/3 (= 1,66) µmol/ml.

D. Sie erhalten 10 ml einer Stammlösung von Cytochrom *c* mit 1 mg/ml und müssen daraus 5 ml einer Cytochrom-*c*-Lösung mit 5 µg/ml herstellen.

(a) Anders gesagt: Mit welchem Volumen der Stammlösung müssen Sie 5 ml ansetzen, um die Massenkonzentration von 5 µg/ml zu erhalten?

In dem Ausdruck V1C1 = V2C2 ist V1 das gesuchte Volumen, C1 ist 1 (mg/ml), V2 ist das Endvolumen, also 5 (ml), und C2 muss den Wert 0,005 mg (= 5 µg) haben.

Also: V1 × 1 = 5 × 0,005

Demnach ist V1 = 0,025 ml (or 25 µl). Sie würden also 0,025 ml der Stammlösung zu 4,975 ml Wasser (oder Puffer) geben, um ein Gesamtvolumen von 5 ml zu erreichen.

(b) Die Molekülmasse M_r von Cytochrom *c* ist 12 000. Wieviel mol Cytochrome *c* befinden sich in 1 ml der neuen Lösung?

12 000 g Cytochrom *c* entsprechen einer Stoffmenge von 1 mol. In 1 ml der Lösung befinden sich 5 µg. Das Ergebnis wird also eine sehr kleine Zahl sein. In Gramm ausgedrückt: 0,000005/12000 = 0,00000000042 mol bzw. 0,00042 µmol, oder 0,42 nmol (Nanomol, 10^{-9} mol).

(c) Diese Stoffmenge ist also in 1 ml vorhanden. Wie hoch ist demnach die Stoffmengenkonzentration in unserer neuen Cytochrom-*c*-Lösung?

Erinnern Sie sich daran, dass die Stoffmengenkonzentration pro Liter angegeben wird. Wenn wir in 1 ml 0,42 nmol haben, dann hätten wir in1 l 0,42 × 1000 nmol (= 420 nmol). Diese Lösung ist also 420 nM (nanomolar) oder 0,420 µM, oder $4,2 \times 10^{-7}$ M.

Verdünnungen

A. Um die Massenkonzentration % w/V einer Lösung in die Stoffmengenkonzentration umzurechnen, multiplizieren Sie den Prozentwert mit 10, um die Einheit g/l zu erhalten. Nun müssen Sie nur noch durch die Molekülmasse M_r dividieren:

$$\text{Stoffmengenkonzentration} = \frac{M(\% \text{ Lösung}) \times 10}{M_r}$$

Berechnen Sie z. B. die Stoffmengenkonzentration der 6,5% w/V-Lösung einer Substanz mit $M_r = 325{,}6$.
[(6,5 g/100 ml) × 10]/325,6 g/l = 0,1996 M

B. Um umgekehrt aus der Stoffmengenkonzentration die prozentuale Massenkonzentration zu berechnen, multiplizieren Sie die Stoffmengenkonzentration mit M_r und teilen Sie durch 10:

$$\% \text{ w/V (Lösung)} = \frac{\text{Stoffmengenkonzentration} \times M_r}{10}$$

Berechnen Sie z. B. die prozentuale Massenkonzentration der 0,0045 M-Lösung einer Substanz mit $M_r = 178{,}7$:

[0,0045 mol/l × 178,7 g/mol]/10 = 0.08% w/V

C. Welche Stoffmengenkonzentration liegt in 5 ml einer 10%igen Glucoselösung ($M_r = 180$) vor?

Eine 10%ige Glucoselösung entspricht 10 g/100 ml. Wir haben nur 5 ml in denen 10 × 5/100 = 0,5 g Glucose vorliegen müssen

Wenn in 5 ml Lösung 0,5 g Glucose enthalten sind, dann enthält ein Liter 0,5 × 1000/5 = 100 g

180 g Glucose in 1 Liter entsprechen 1 M. 100 g entsprechen also 1 × 100/180 = 0,55 M

Und wieviel Mol Glucose sind in 5 ml der Lösung?

0,55 × 5/1000 = 0,00275 mol, oder 2,75 mmol (Millimol, 10^{-3} mol).

D. Schauen Sie sich die Tabelle an. Sie erhalten eine Proteinstammlösung mit der Konzentration 1,5 mg/ml und sollen durch einfache Verdünnungen eine Reihe verschiedener Proteinkonzentrationen, jeweils mit dem Volumen 3 ml ansetzen. Die Zahlen wurden schon für Sie eingetragen.

Stamm [ml]	Wasser [ml]	Gesamt-volumen [ml]	Konzentration des Proteins [mg/ml]	Masse des Proteins [mg]
3	0	3	1,5	4,5
2,5	0,5	3	1,25	3,75
2	1	3	1,00	3
1,5	1,5	3	0,75	2,25
1	2	3	0,50	1,5
0,5	2,5	3	0,25	0,75
0	3	3	0	0

Zur Berechnung der Proteinkonzentration in mg/ml (zweite Spalte von rechts) wird ein Verdünnungsfaktor verwendet, der auf dem Endvolumen (jeweils 3 ml) basiert. So entspricht das Auffüllen von 2 ml der Stammlösung auf ein Endvolumen von 3 ml einer Verdünnung von 2/3, d. h. $2/3 \times 1{,}5 = 1{,}00$ mg/ml. Werden 0,5 ml der Stammlösung auf das Endvolumen 3 ml aufgefüllt, so beträgt die Verdünnung 0,5/3, also $0{,}5/3 \times 1{,}5 = 0{,}25$ mg/ml und so weiter. Das Endergebnis ist eine Konzentration mit der Einheit Masse pro Volumen.

Oftmals wollen wir nur die Gesamtmasse des vorhandenen Proteins kennen, weniger dessen Konzentration. Diese ist in der letzten Spalte der Tabelle angegeben. Dieser Wert lässt sich einfach durch Multiplikation des verwendeten Volumens der Stammlösung (in ml) mit der in 1 ml vorhandenen Proteinmenge (1,5 mg) berechnen. Die letztlich vorhandene Menge an Protein ist unabhängig vom Endvolumen der Flüssigkeit. Im behandelten Beispiel ist das Endvolumen 3 ml. Würden wir etwa auf 30 ml auffüllen, so würde sich dadurch die Menge an Protein nicht ändern. **Allerdings würde sich die Konzentration (mg/ml) des Proteins ändern.** Würden wir beispielsweise 2 ml aus der dritten Reihe der Tabelle auf 30 ml verdünnen, dann hätten wir eine Verdünnung von 2/30 und dadurch eine Konzentration von $2/30 \times 1{,}5 = 0{,}10$ mg/ml. Das ist ein Zehntel der ursprünglich angesetzten Verdünnung, was nicht überrascht, wenn man bedenkt, dass das Volumen um den Faktor 10 erhöht wurde!

Versichern Sie sich immer, dass Ihnen klar ist, womit sie sich befassen oder was Sie gerade berechnen wollen. Handelt es sich um die Menge eines Stoffes (in Gramm, Mikrogramm oder Mol) oder um eine Konzentration (g/ml, µg/ml, mol/l)?

E. In einem mikrobiologischen Labor führen Studenten eine dreistufige serielle Verdünnung einer Bakterienkultur um den Faktor 1:100 durch (siehe das untere Schema). Im ersten Schritt wird eine Volumeneinheit der Kultur (10 µl) zu 99 Volumeneinheiten Nährlösung gegeben (990 µl), so dass die Verdünnung 1:100 beträgt. Im zweiten Schritt wird eine Volumeneinheit der 1:100 Verdünnung zu 99 Volumeneinheiten der Nährlösung gegeben, so dass sich nun eine Verdünnung von $1{:}100 \times 100 = 1{:}10\,000$ ergibt. Nach dem dritten Schritt liegt eine

Gesamtverdünnung von 1:100 × 10 000 = 1:1 000 000 vor. Die Konzentration an Bakterien ist nun eine Million mal geringer als in der ursprünglichen Probe.

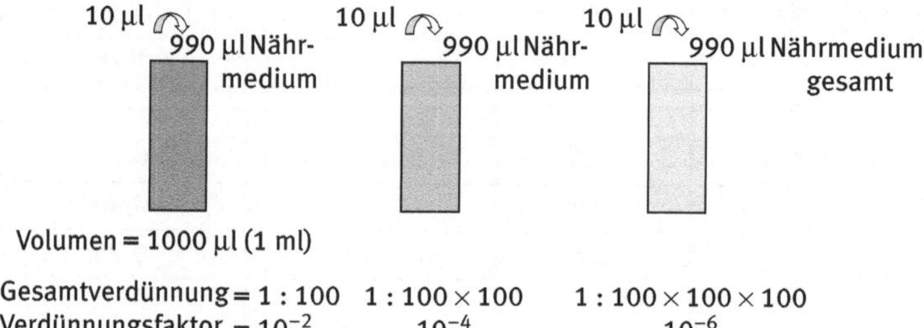

Kohlenstoff – die Grundlage des Lebens

5

Grundbegriffe:

Das Element Kohlenstoff ist ein zentraler Baustein des Lebens. Hier behandeln wir die Zusammenhänge zwischen der elektronischen Struktur von Kohlenstoff und seinen besonderen Eigenschaften, die bei seinen kovalenten Verbindungen zum Tragen kommen. Diese Eigenschaften bestimmen die Arten und die Formen von Biomolekülen. Kohlenstoff bildet das Skelett und das Rückgrat biologischer Moleküle.

Alle biologischen Moleküle enthalten Kohlenstoff, und in der Tat beruht das ganze Leben darauf. Um zu verstehen, warum und wie Kohlenstoff diese entscheidende Rolle spielt, müssen wir uns sein Bindungsverhalten ansehen.

5.1 Die elektronische Struktur von Kohlenstoff

Kohlenstoff besitzt sechs Elektronen. Zwei der Elektronen befinden sich im 1s-Atomorbital nahe dem Kern. Weitere zwei sind im 2s-Orbital lokalisiert. Die restlichen zwei befinden sind auf zwei der drei 2p-Orbitale verteilt, da alle 2p-Orbitale die gleiche Energie haben und Elektronen wenn möglich, einzeln auftreten wollen (Abbildung 37). Die elektronische Struktur von Kohlenstoff wird gewöhnlich in der Form $1s^2 2s^2 2p^2$ angegeben.

Diese Konfiguration deutet an, dass Kohlenstoff in seinen äußeren p-Orbitalen **zwei ungepaarte** Elektronen hat, die sich an der Bildung zweier kovalenter Bindungen beteiligen könnten. Allerdings wissen wir durch Beobachtungen, dass dem nicht so ist. Das Molekül CH_2 existiert nicht. Die einfachste Verbindung des Kohlenstoffs ist das Methan, CH_4, in dem vier gleichwertige kovalente Kohlenstoff-Wasserstoff-Bindungen vorkommen.

Abbildung 37: Die äußere Elektronenkonfiguration von Kohlenstoff

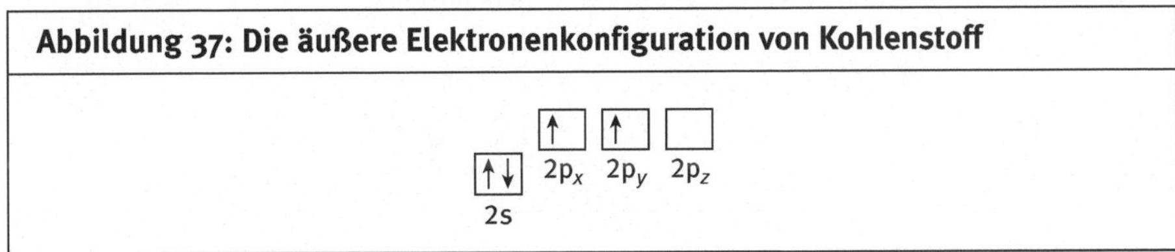

5.2 Hybridisierung

Um zu erklären, wie es möglich ist, dass Kohlenstoff vier gleichwertige kovalente Bindungen eingeht, verwenden wir eine abgewandelte Bindungstheorie. Sie beruht auf dem Konzept der **Hybridisierung** von Orbitalen. Gemäß diesem Konzept erfährt Kohlenstoff vor der Bildung einer kovalenten Bindung eine Veränderung in seiner Elektronenkonfiguration (Abbildung 38).

Unter geringem Energieaufwand wird zunächst ein Elektron aus dem 2s-Orbital innerhalb des Energieniveaus 2 in das leere 2p-Atomorbital angehoben. Die vier Orbitale mischen sich bzw. hybridisieren zu vier äquivalenten Hybridorbitalen. Die Elektronen verteilen sich neu, so dass jedes der vier jetzt äquivalenten Atomorbitale ein Elektron enthält. Die neuen Hybridorbitale werden als sp^3-Orbitale bezeichnet. Auf diese Weise verfügt Kohlenstoff über ein Maximum von vier ungepaarten Elektronen, die kovalente Bindungen eingehen können. In Methan überlappt jedes der halb gefüllten sp^3-Orbitale mit dem ebenfalls halb gefüllten 1s-Orbital eines Wasserstoffatoms, um eine einfache kovalente Bindung zu bilden.

Deshalb gilt das Kohlenstoffatom in Methan als sp^3**-hybridisiert**. Alle vier der aus der Hybridisierung hervorgegangenen Orbitale werden für Bindungen eingesetzt. Diese Hybridorbitale wurden aus einem 2s-Orbital und drei 2p-Orbitalen gebildet, daher sp^3.

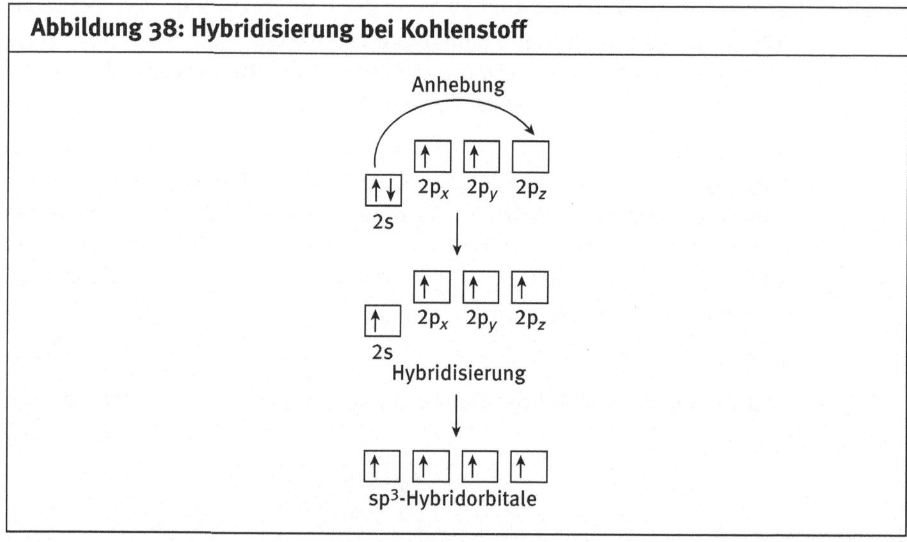

Abbildung 38: Hybridisierung bei Kohlenstoff

Die Peptidbindung (Seite 28)

Merksatz

Die Hybridisierung von Orbitalen tritt auf, wenn sich Atomorbitale eines Energieniveaus mischen bzw. hybridisieren und so energetisch identische Hybridorbitale bilden.

5.3 Die Vierbindigkeit von Kohlenstoff

Bei der Bildung kovalenter Bindungen wird Energie freigesetzt. Je energieärmer ein
Molekül ist, desto stabiler ist es. Atome sind immer bestrebt, so viele kovalente
Bindungen wie möglich einzugehen, damit sie einen möglichst stabilen Zustand
erreichen. Kohlenstoff ist dabei besonders erfolgreich, da er vier kovalente
Bindungen eingehen kann. Daher wird Kohlenstoff als **vierwertig** (vierbindig)
bezeichnet. Die Vierbindigkeit von Kohlenstoff ist ein wesentlicher Faktor für seine
Vielseitigkeit als Baustein biologischer Moleküle. Kovalente Kohlenstoff-Kohlen-
stoff-Bindungen werden leicht gebildet, wodurch vielfältige Ring- und Kettenstrukturen aus Kohlenstoffatomen möglich sind.

Die Anwesenheit von Kohlenstoff in Ringstrukturen wird grundsätzlich genauso
vorausgesetzt wie die Anwesenheit von Wasserstoffatomen, die an die Kohlenstoffatome gebunden sind. Daher wird Desoxyribose in Kurzform folgendermaßen
dargestellt:

Nur die funktionellen Gruppen werden angegeben, in diesem Fall also die
Hydroxylgruppen.

Es sind lange Kettenstrukturen wie die von Fettsäuren möglich. Auch in diesem
Palmitinsäuremolekül ist jedes Kohlenstoffatom vierbindig:

5.4 Die Gestalt von Molekülen

Wenn wir eine Struktur wie oben beschrieben zeichnen, dann sind wir an ein zweidimensionales Medium gebunden. Doch die meisten Moleküle sind nicht flach, sondern vielmehr dreidimensional. Die Gestalt biologischer Moleküle hängt in hohem Maße von der Vierbindigkeit des Kohlenstoffs ab. In einem sp^3-hybridisierten Kohlenstoffatom ordnen sich die vier Hybridatomorbitale so an, dass sie so weit wie möglich voneinander entfernt sind. Dabei zeigt jedes Hybridorbital in die Ecke eines regulären Tetraeders. Deshalb hat das Methanmolekül eine tetraedrische Struktur (Abbildung 39).

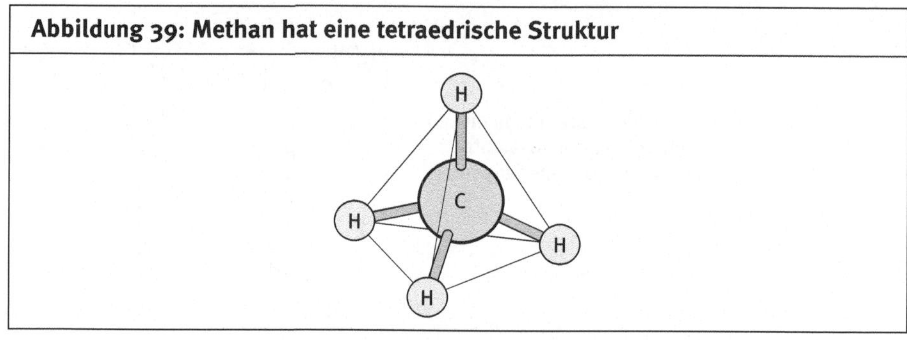

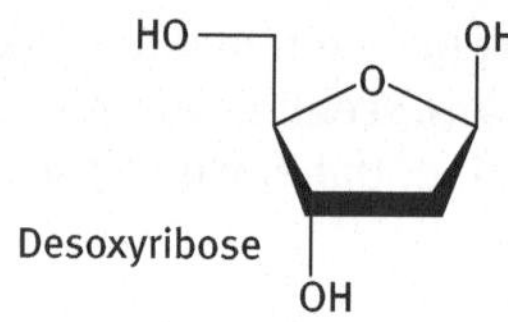

In dieser schematischen Abbildung von Desoxyribose ist der untere Teil des Rings gefettet dargestellt. Dies soll verdeutlichen, dass dieser Teil des Rings nach oben aus der Papierebene herausragt, d. h. der Ring ist nicht flach, sondern hat eine dreidimensionale Gestalt. Diese Gestalt ist eine Folge der Vierbindigkeit des Kohlenstoffs.

In ähnlicher Weise verwenden wir verschiedene Darstellungen, um die räumliche Ausrichtung kovalent gebundener Gruppen in einem Molekül zu verdeutlichen.

Eine normale Bindung verläuft in der Papierebene, eine keilförmige Bindung ragt nach oben aus der Papierebene heraus und eine schraffierte Bindung ragt aus der Papierebene nach unten heraus.

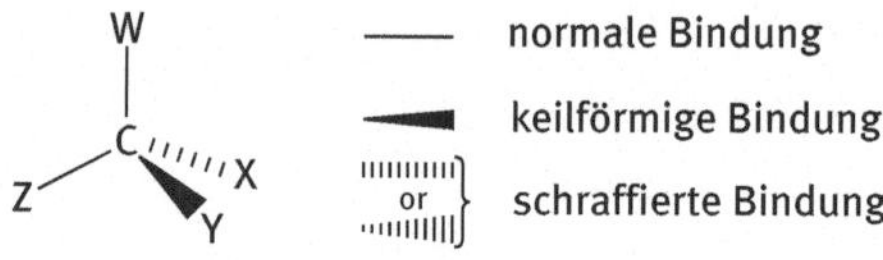

Ringstrukturen, deren Kohlenstoffatome an vier andere Atome gebunden sind, sind nicht planar, sondern nehmen sogenannte „Sessel-" oder „Wannen-"Konformationen ein, denn bei diesen Konformationen hat jedes sp^3-hybridisierte Kohlenstoffatom eine tetraedrische Geometrie.

> sp^3-Hybridisierung bedeutet, dass jedes Kohlenstoffatom vier kovalente Bindungen eingehen kann.

Für Glucose ist die Sesselkonformation die stabilste Struktur. In der Wannenkonformation herrscht sterische Hinderung zwischen den Hydroxylgruppen.

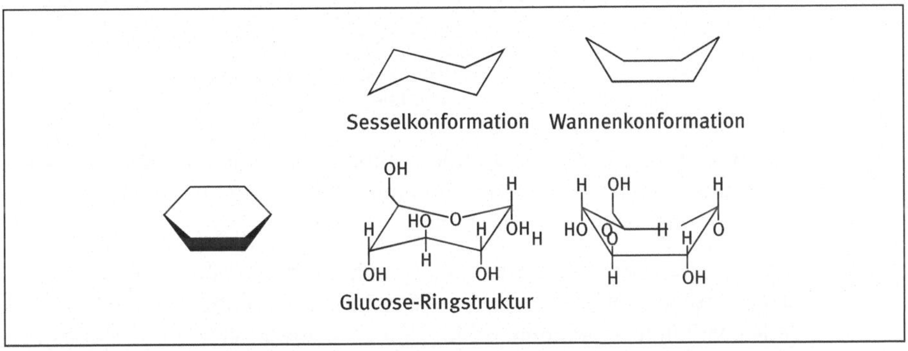

Bei größeren Molekülen sind viele Gestalten oder Konformationen möglich. Während Kohlenstoff diese Konformationen möglich macht, wird die endgültige dreidimensionale Gestalt solcher großen Moleküle durch die vielfältigen intermolekularen Wechselwirkungen zwischen den funktionellen Gruppen der Moleküle, die die Moleküle in bestimmte dreidimensionale Konformationen zwingen, bestimmt. Die strukturellen und funktionellen Eigenschaften der großen biologischen Makromoleküle werden durch deren dreidimensionale Form bestimmt.

Die molekulare Gestalt ist der entscheidende Faktor bei Bindungs- und Erkennungsprozessen in der Biologie. Das aktive Zentrum eines Enzyms muss der Form seines Substrats angepasst sein, welches wiederum eine hohe Spezifität dem Enzym gegenüber aufweist. In ähnlicher Weise erkennen Membranrezeptoren bestimmte Hormone oder befördern Transportproteine nur bestimmte Moleküle durch die Zellmembran. Mit der Form kommt die Spezifität, und die Spezifität führt zu Erkennung, Steuerung und Ordnung, also den Kennzeichen biologischer Systeme.

5.5 Kohlenstoff in Ketten und Ringen – die Delokalisierung von Elektronen

In den oben gezeigten Ringstrukturen ist jedes Kohlenstoffatom sp^3-hybridisiert und vier kovalente Bindungen eingegangen. Allerdings kann Kohlenstoff auch andere Hybridisierungszustände einnehmen.

In Verbindungen, die Doppelbindungen enthalten, ist Kohlenstoff sp^2-hybridisiert. Die sp^2-Orbitale werden in der gleichen Weise gebildet wie sp^3-Orbitale. Jedoch sind diesmal nur zwei der p-Orbitale hybridisiert, so dass ein p-Orbital unverändert bleibt.

$$\boxed{\uparrow}\ \boxed{\uparrow}\ \boxed{\uparrow}\qquad\qquad\boxed{\uparrow}$$

sp^2-hybridisierte Orbitale $\qquad$ p-Orbital

Die drei neuen sp^2-Hybridorbitale ordnen sich mit dem größtmöglichen Abstand zueinander an. Daher liegen sie in einer Ebene, jeweils um 120° von den Nachbarn entfernt. Das unveränderte p-Orbital steht senkrecht zur Ebene der sp^2-Orbitale.

Diese Bindungsart tritt in Ethen, C_2H_4, auf, das eine Doppelbindung zwischen den beiden Kohlenstoffatomen und vier C-H-Einfachbindungen enthält (Abbildung 40). Jedes der Kohlenstoffatome besitzt drei sp^2-hybridisierte Orbitale und ein p-Orbital. Jedes dieser Orbitale enthält ein Elektron. Eines der einfach besetzten sp^2-Hybridorbitale überlappt („Kopf an Kopf") mit dem einfach besetzten sp^2-Hybridorbital des zweiten Kohlenstoffatoms unter Bildung einer C-C-sigma-Bindung. Die anderen beiden sp^2-Hybridorbitale jedes Kohlenstoffatoms überlappen mit je einem 1s-Orbital des Wasserstoffs und bilden so C-H-Einfachbindungen. Alle sechs Atome befinden sich in einer Ebene. Ethen ist ein planares Molekül. Die unveränderten 2p-Orbitale jedes C-Atoms bilden durch seitliche Überlappung eine pi-Bindung. Weil die seitliche Überlappung nur zu einem geringeren Ausmaß möglich ist als die frontale, ist die pi-Bindung schwächer als die sigma-Bindung.

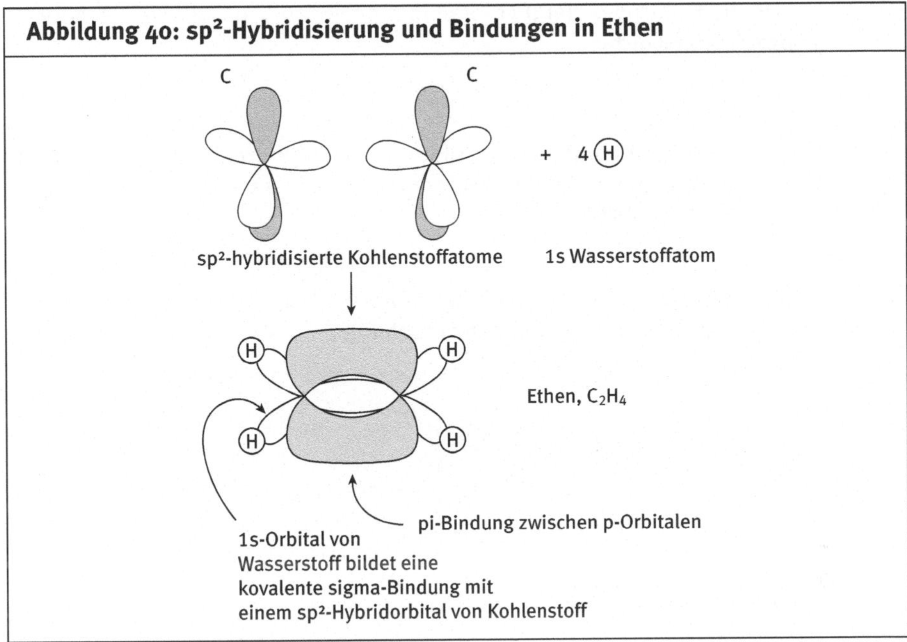

Abbildung 40: sp²-Hybridisierung und Bindungen in Ethen

Das klassische Beispiel einer sp²-Hybridisierung bei Kohlenstoff ist Benzol, C_6H_6 (Abbildung 41).

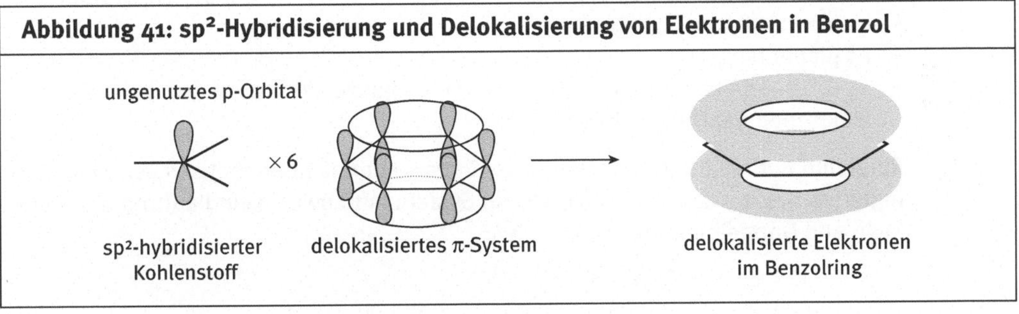

Abbildung 41: sp²-Hybridisierung und Delokalisierung von Elektronen in Benzol

Das Benzolmolekül besteht aus einem Ring aus sechs Kohlenstoffatomen, von denen jedes an ein Wasserstoffatom gebunden ist. Jedes Kohlenstoffatom in Benzol ist sp²-hybridisiert. Die sp²-Hybridorbitale des Kohlenstoffs werden für die Bildung dreier sigma-Bindungen eingesetzt: zwei sigma-Bindungen bestehen zu den beiden benachbarten C-Atomen und eine zu einem Wasserstoffatom. Die jeweils sechs Kohlenstoff- und Wasserstoffatome liegen in einer Ebene. Die sechs p-Orbitale, die sich senkrecht zu dieser Ebene ober- und unterhalb von ihr erstrecken, sind nahe genug beieinander, um zu überlappen und drei pi-Orbitale zu bilden. Diese Anordnung führt zu einer durchgängigen kreisförmigen Überlappung der sechs p-Orbitale. Innerhalb des kreisförmigen Überlappungsbereichs können sich die Elektronen der p-Orbitale frei bewegen, weshalb sie als **delokalisiert** bezeichnet werden.

> **Merksatz**
>
> Bei der sp^2-Hybridisierung bildet Kohlenstoff drei äquivalente Hybridorbitale, während ein p-Orbital unverändert bleibt. Das unveränderte p-Orbital ist häufig an pi-Bindungen beteiligt.

Die folgenden schematischen Strukturabbildungen zeigen drei korrekte Möglichkeiten zur Darstellung des Benzolmoleküls.

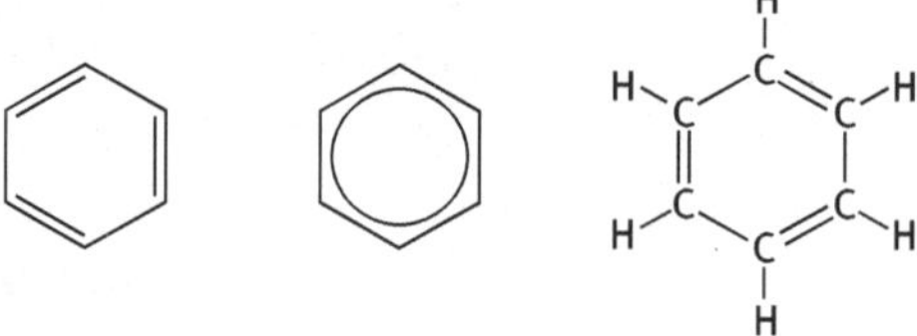

5.6 Aromatizität

Die Delokalisierung der Elektronen führt zu erhöhter Stabilität. Benzol ist eine relativ unreaktive Verbindung mit einer planaren Ringstruktur und ist eine aromatische Verbindung. Ein Molekül ist dann aromatisch, d. h. es zeigt **Aromatizität**, wenn:

* es durchgehend **konjugiert** ist (d. h. jedes Atom im Ring hat ein 2p-Orbital)
* es eine zyklische Struktur hat
* es planar ist
* es 6, 10, 14 etc. (d. h. $4n + 2$, wobei n eine ganze Zahl ist) delokalisierte Elektronen hat (Hückel-Regel).

Ring- und Kettenstrukturen können konjugiert aber nicht aromatisch sein. Ein konjugiertes System kann man sich als ein System mit abwechselnd auftretenden Einfach- und Doppelbindungen vorstellen:

$$- C = C - C = C - C = C -$$

In derartigen Systemen besteht die Konjugation in der Wechselwirkung eines p-Orbitals mit einem anderen über eine dazwischen liegende sigma-Bindung. Die Ringstruktur (ein Porphyrin-Ring) im Häm-Molekül (Abbildung 42) ist eine konjugierte Ringstruktur. Sie enthält ein System aus sich abwechselnden Einfach- und Doppel-C-C-Bindungen über die gesamte Ausdehnung des Rings.

Abbildung 42: Ein konjugierter Porphyrin-Ring

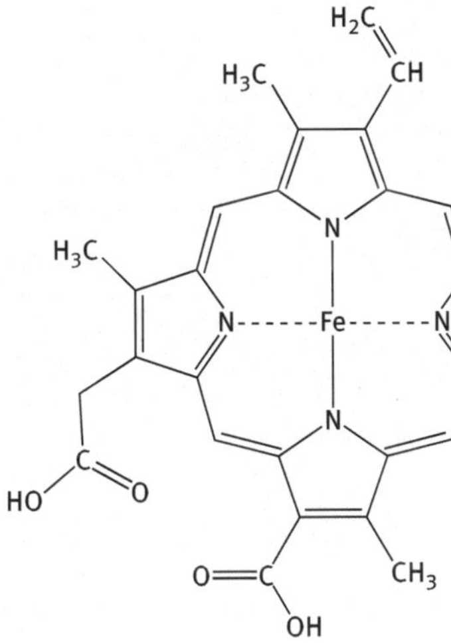

5.7 Zusammenfassung

1. Vor der Bildung kovalenter Bindungen durchläuft Kohlenstoff eine Hybridisierung, in der die Elektronen des 2s-Atomorbitals auf das Energieniveau der Elektronen der 2p-Atomorbitale angehoben werden.

2. Die sp^3-Hybridisierung führt zur Bildung von vier Hybridatomorbitalen, von denen jedes ein ungepaartes Elektron enthält. Dadurch ist Kohlenstoff in der Lage, vier kovalente Bindungen einzugehen.

3. Kohlenstoff geht bereitwillig Bindungen mit sich selbst ein. Dadurch kommt es zu einer Vielzahl möglicher Strukturen, zu denen Ring- und Kettenstrukturen gehören.

4. Die Vierbindigkeit von Kohlenstoff ist ein entscheidender Faktor für die Festlegung der Gestalt biologischer Moleküle.

5.8 Testen Sie Ihr Wissen

Die Lösungen finden Sie auf Seite 161.

Aufgabe 5.1
Erklären Sie den Unterschied zwischen einem sp^3-hybridisierten und einem sp^2-hybridisierten Kohlenstoffatom.

Aufgabe 5.2
Wie erklären Sie die dreidimensionale Gestalt des Methanmoleküls (CH_4)?

Aufgabe 5.3
Welcher der folgenden Kohlenwasserstoffe besitzt eine Kohlenstoff-Kohlenstoff-Doppelbindung?
(a) C_3H_8
(b) C_2H_6
(c) C_2H_4
(d) CH_4

Aufgabe 5.4
Welche dieser Ringstrukturen enthalten sp^2-hybridisierte Kohlenstoffatome?

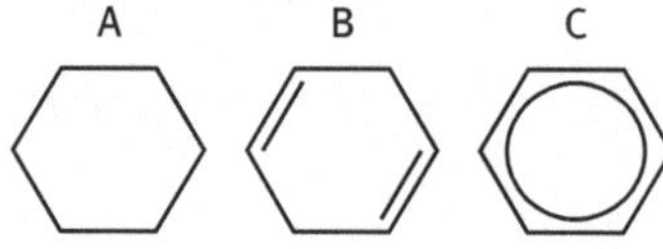

Zur Vertiefung

5.9 Kohlenstoffstrukturen

Die Vierbindigkeit des Kohlenstoffs und seine verschiedenen Hybridisierungszustände ermöglichen eine Vielzahl unterschiedlicher Molekülformen. Kohlenstoff geht leicht Verbindungen mit anderen Elementen ein, hat aber auch eine Neigung, sich mit sich selbst zu verbinden, wodurch es zu Ring- und Kettenstrukturen kommt. Es sind drei verschiedene Erscheinungsformen (Modifikationen) von reinem Kohlenstoff bekannt, von denen jede über einige bemerkenswerte Eigenschaften verfügt. **Graphit** und **Diamant** sind die natürlich vorkommenden Modifikationen. **Fullerenstrukturen wurden erst im Jahre 1985 entdeckt**. Die unterschiedlichen Erscheinungsformen des gleichen Elements werden als **allotrope Formen** bezeichnet.

Die Struktur von Graphit

Natürlich vorkommender Graphit wird als β-Graphit bezeichnet. Er hat eine hexagonale Kristallstruktur (Abbildung 43). Bei der hexagonalen Form des Graphits sind die Kohlenstoffatome in einem regelmäßigen Sechseck angeordnet. Die planaren Kohlenstoff-Sechsecke sind zu Ebenen kondensiert. Jedes Kohlenstoffatom in einem Sechseck ist mit drei weiteren Kohlenstoffatomen verbunden. In Graphit ist Kohlenstoff sp^2-hybridisiert. Die unhybridisierten p-Orbitale aller C-Atome sind parallel zueinander und senkrecht zu den Graphitebenen orientiert. So erzeugen sie ein Meer aus delokalisierten pi-Elektronen, das sich über die gesamte planere Ringstruktur erstreckt. Die blattartige Struktur mit schwachen

Kräften zwischen den Ebenen macht Graphit zu einer sehr weichen Substanz. Die Schichten lassen sich leicht gegeneinander verschieben, weshalb Graphit als Schmiermittel verwendet wird.

Abbildung 43: Die hexagonale Graphitstruktur

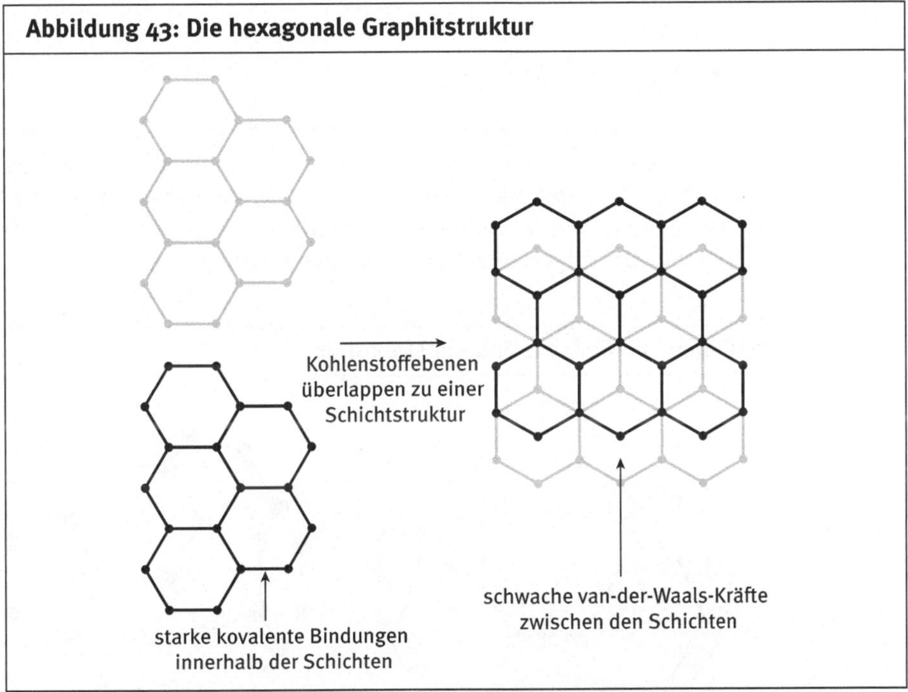

Die Struktur von Diamant

In Diamant ist jedes Kohlenstoffatom sp^3-hybridisiert. Daher bildet jedes Kohlenstoffatom in der Diamantstruktur das Zentrum eines Tetraeders und der Diamant ist so ein dreidimensionales kristallines Gitter (Abbildung 44).

Abbildung 44: Die Diamantstruktur

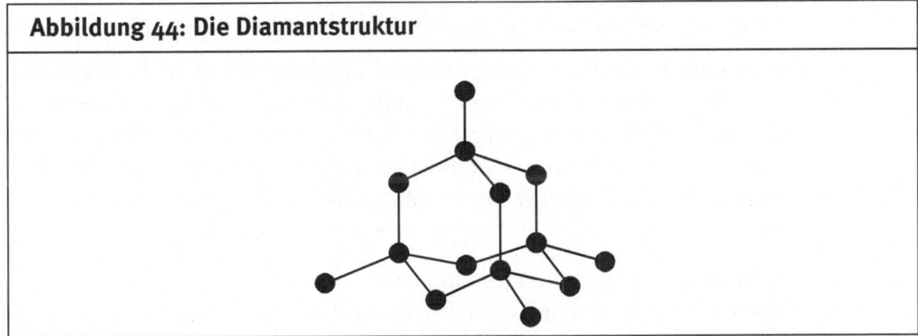

Jedes Kohlenstoffatom ist kovalent an vier andere Kohlenstoffatome gebunden. Die sigma-Bindungen zwischen den C-Atomen werden durch maximal überlappte sp^3-Hybridorbitale gebildet. Diese stabilen Bindungen führen zu einer äußerst starren Struktur. Daher ist der Diamant eine der härtesten natürlich vorkommenden Substanzen.

Die Struktur von Fullerenen

Das einfachste Fulleren besteht aus 60 Kohlenstoffatomen, die in der Form miteinander verknüpfter Sechs- und Fünfecke angeordnet sind, so dass sich eine „fußballartige" Struktur ergibt. Von den Entdeckern Curl, Kroto und Smalley, die dafür 1996 den Nobelpreis erhielten, wurden diese Fullerene auch mit der Bezeichnung „Buckyballs" versehen (Abbildung 45).

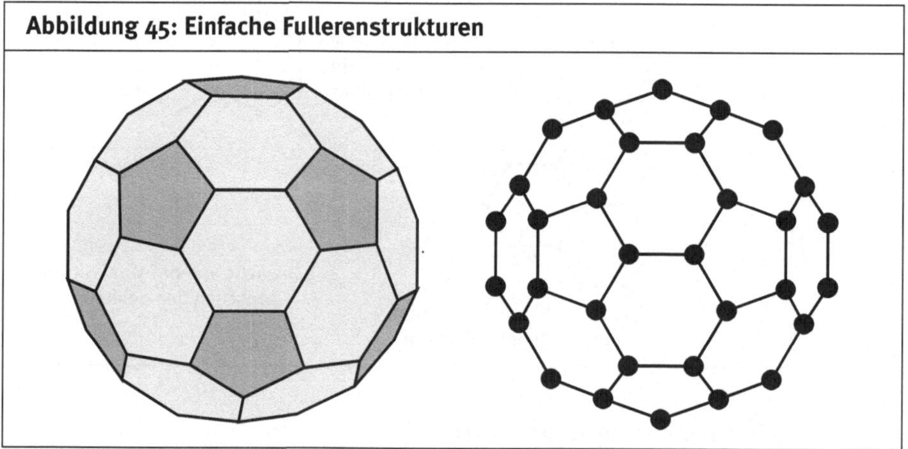

Abbildung 45: Einfache Fullerenstrukturen

Fullerene sind die einzigen bekannten Moleküle, bei denen Atome eines einzigen Elements eine hohle Kugelstruktur bilden.

Die fünfeckigen Ringstrukturen, die nicht im Graphit und im Diamant vorkommen, ermöglichen die Bildung der gewölbten Fullerenstrukturen.

Die Strukturen der Fullerene führten zu interessanten Ideen in der Biologie. Die hohle Beschaffenheit dieser Struktur bietet die Möglichkeit diese zu füllen, etwa um die Fullerene als neuartiges System zur Versorgung des Körpers mit Medikamenten einzusetzen. Medikamente könnten auch an der Oberfläche der „Buckyballs" angelagert werden. Man vermutet, dass die kugelförmige Struktur leichten Zugang zu aktiven Zentren von Enzymen findet!

Ein C60-Fulleren hat einen Durchmesser von etwa einem Nanometer (10^{-9} m), ungefähr die Größe vieler kleiner pharmazeutischer Moleküle (zum Vergleich: ein menschliches Haar ist etwa so breit wie 50 000 Buckyballs). Die einzigartige Struktur der Fullerene könnte auch als Gerüst für die Bildung von Arzneimittelmolekülen nützlich sein.

Ein wichtiges Nebenprodukt der Fullerenforschung sind die sogenannten **Nanotubes** (Nanoröhren), die auf Kohlenstoff und auch anderen Elementen basieren (Abbildung 46). Diese Systeme bestehen aus Graphitschichten, die nahtlos zu Zylindern gewickelt sind. Sie haben lediglich einen Durchmesser von einigen Nanometern, können aber bis zu einem Millimeter lang sein. Zu den Highlights der aktuellen Nanotube-Forschung gehört die Entdeckung, dass die Nanotubes geöffnet und mit einer Vielzahl von Materialien, einschließlich biologischer Moleküle, gefüllt werden können.

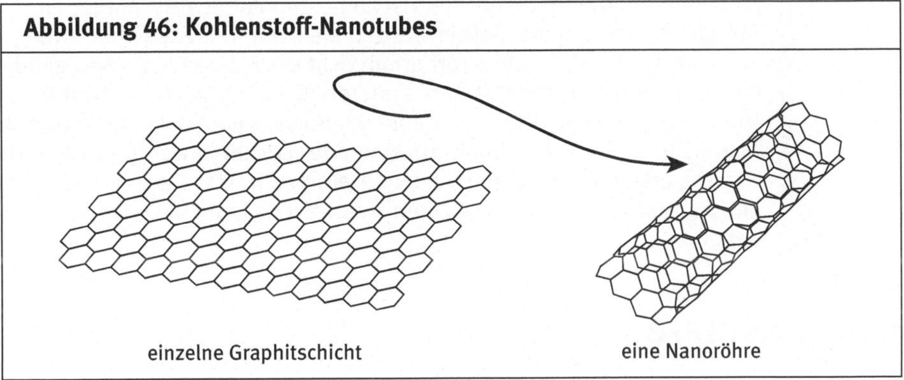

Abbildung 46: Kohlenstoff-Nanotubes

Abdruck der Abbildung mit Erlaubnis der Copyright-Inhaber: Professor Charles M. Lieber Research Group

Die **Nanowissenschaft** bzw. **Nanotechnologie** ist ein relativ neuer Wissenschaftszweig. Sie verspricht aufregende neue Entwicklungen. Mithilfe der Nanowissenschaft werden neue Leistungsgeräte, Sensoren, neue Methoden zu Datensicherung, molekulare elektronische Bauteile und Nanotube-Antriebe für Mikromaschinen entwickelt – und dies ist nur ein kleiner Vorgeschmack des Kommenden!

Das gleiche Molekül – eine andere Gestalt

> **Grundbegriffe:**
> Moleküle mit der gleichen chemischen Formel aber verschiedenen Strukturen und Eigenschaften werden als Isomere bezeichnet. Die Vierbindigkeit von Kohlenstoff ermöglicht die Existenz von Spiegelbild-Isomeren, sogenannten Stereoisomeren. Grundsätzlich herrscht in Organismen eine „chirale Umgebung". So verwenden wir ausschließlich Aminosäuren in ihrer L-Konfiguration oder Zucker in der D-Konfiguration. Enzyme erkennen normalerweise nur ein bestimmtes Isomer. Die Einführung eines „falschen" Isomers in einen Organismus kann katastrophale Folgen haben.

6.1 Isomere

In der Chemie definieren wir Isomere als „zwei oder mehr verschiedene Verbindungen mit der gleichen chemischen Formel, aber unterschiedlichen Strukturen und Eigenschaften".

Es gibt verschiedene Arten von Isomerie. Jedoch werden zwei Hauptkategorien unterschieden: **Strukturisomerie** und **Stereoisomerie**.

Bei der **Strukturisomerie** sind die Atome und funktionellen Gruppen in unterschiedlicher Weise aneinander gebunden. Beispielsweise haben die völlig unterschiedlichen Verbindungen Ethanol und Dimethylether (CH_3OCH_3) die gleiche Summenformel C_2H_6O. Beide sind aus den gleichen Elementen im gleichen Mengenverhältnis zusammengesetzt, doch es sind unterschiedliche Stoffe. Es sind Strukturisomere.

Bei **Stereoisomeren** gleichen sich auch die Bindungsstrukturen, doch es unterscheiden sich die geometrischen Anordnungen der Atome und funktionellen Gruppen im Raum. Zu dieser Kategorie gehören auch die **optische Isomerie**, bei der Isomere sich zueinander wie Spiegelbilder verhalten, und die **geometrische Isomerie (E-Z-Isomerie, *cis-trans*-Isomerie)**, die entsteht, wenn die freie Drehbarkeit um eine C-C-Bindung aufgehoben ist, z. B. bei unterschiedlicher Anordnung von Atomen oder funktionellen Gruppen an den beiden C-Atomen einer C-C-Doppelbindung.

6.2 Optische Isomerie

Wie wir zuvor gesehen haben, ist Kohlenstoff ein vierbindiges Atom mit der Fähigkeit, vier kovalente Bindungen einzugehen. Die vier Bindungen sind auf das Zentrum eines Tetraeders gerichtet.

Die tetraedrische Struktur des vierbindigen Kohlenstoff führt zur Existenz von **Spiegelbild-Isomeren**. Wenn Kohlenstoff vier Einfachbindungen mit vier verschiedenen Gruppen eingeht, so ist die Existenz von nicht-deckungsgleichen, spiegelbildlichen Molekülen (**Enantiomeren**) möglich (Abbildung 47).

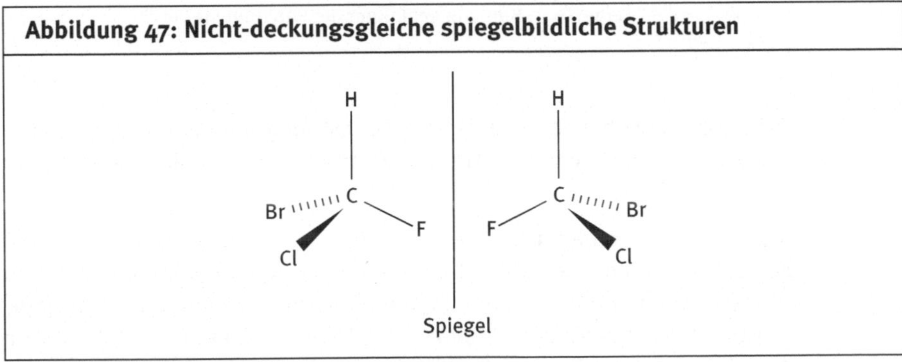

Abbildung 47: Nicht-deckungsgleiche spiegelbildliche Strukturen

Der Begriff Enantiomer wurde aus dem Griechischen abgeleitet und bedeutet „Gegenteil". Enantiomere sind nicht-deckungsgleiche, spiegelbildliche Strukturen.

In der Biologie sind **Enantiomere** von besonderer Bedeutung. Ein Molekül, das ein **asymmetrisches** oder **chirales** Kohlenstoffatom enthält, kann zwei Strukturen haben. Ein asymmetrisches Kohlenstoffatom ist an vier unterschiedliche Atome oder Gruppen gebunden. Die Aminosäure-Strukturen in Abbildung 48 verhalten sich zueinander wie Spiegelbilder. Im Wesentlichen haben sie identische chemische und physikalische Eigenschaften. Physikalisch können sie jedoch anhand ihrer Fähigkeit unterschieden werden, die Polarisierungsebene von linear polarisiertem Licht um den gleichen Betrag, aber in entgegengesetzter Richtung zu drehen (daher die D- und L-Nomenklatur). Die Lösung eines D-Isomers dreht die Polarisationsebene des Lichts nach rechts (rechtsdrehend = im Uhrzeigersinn). Die Lösung eines L-Isomers dreht die Polarisierungsebene hingegen nach links (linksdrehend = gegen den Uhrzeigersinn). Eine Lösung gleicher Mengen beider Enantiomere ist nicht optisch aktiv, d. h. sie führt zu keiner Drehung der Polarisierungsebene von linear polarisiertem Licht. Eine solche Lösung wird als **racemisches Gemisch** (Racemat) bezeichnet.

Abbildung 48: D- und L-Alanin sind Enantiomere

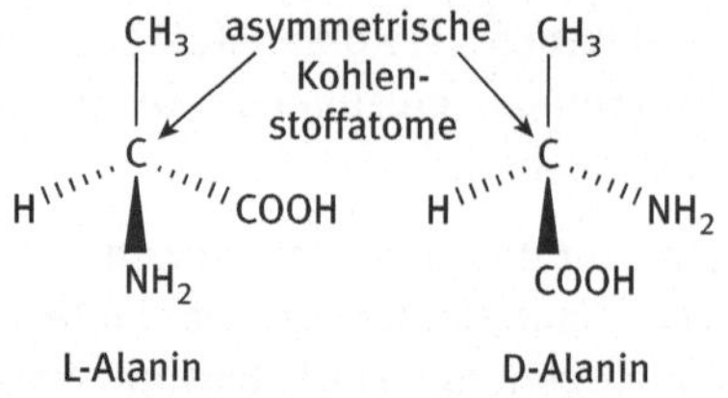

eine ▬-Bindung ragt aus der Papierebene nach oben heraus
eine ⋯-Bindung geht unter die Papierebene

Zucker können ebenso in der D- und der L-Konfiguration auftreten. Der einfachste Zucker mit drei C-Atomen ist Glycerinaldehyd, der in Abbildung 49 in seiner D- und L-Form gezeigt ist.

Diese Struktur enthält nur ein asymmetrisches (chirales) Kohlenstoffatom. Betrachten wir das Molekül mit der Aldehydgruppe (-CHO) am oberen Ende und „am weitesten entfernt", dann liegt die D-Form vor, wenn die OH-Gruppe sich rechts vom asymmetrischen Kohlenstoff befindet. Liegt sie auf der linken Seite, dann handelt es sich um die L-Form.

Abbildung 49: D- und L-Glycerinaldehyd sind Enantiomere

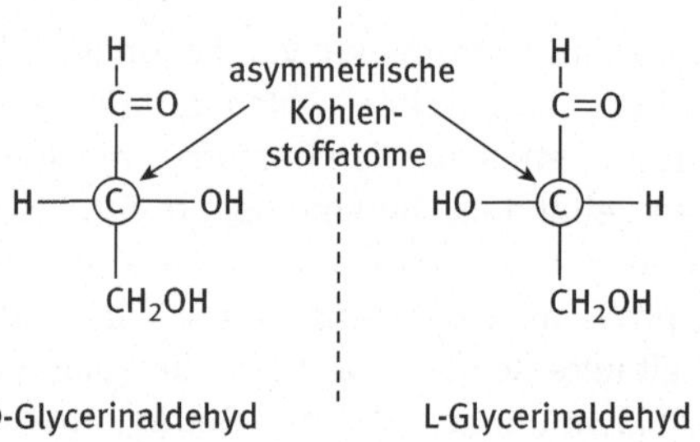

In komplexeren Zuckermolekülen steigt die Zahl der chiralen C-Atome und damit auch die Zahl der möglichen Isomere. Tatsächlich gibt es in einem Molekül 2^n mögliche Stereoisomere für jedes chirale Zentrum (n).

D-Glucose und L-Glucose sind Enantiomere, verhalten sich also zueinander wie Bild und Spiegelbild. Das Glucosemolekül enthält vier chirale Zentren (die C-Atome 2, 3, 4 und 5 in Abbildung 50). Ob die D- oder die L-Form vorliegt, hängt nur von dem chiralen C-Atom ab, das „am weitesten" von der Aldehydgruppe entfernt ist (C-Atom 5 in Abbildung 50). In der D-Glucose ist die Position jeder Gruppe an

jedem chiralen C-Atom im Vergleich zur L-Glucose „umgekehrt", weshalb D- und
L-Glucose sich zueinander wie Spiegelbilder verhalten.

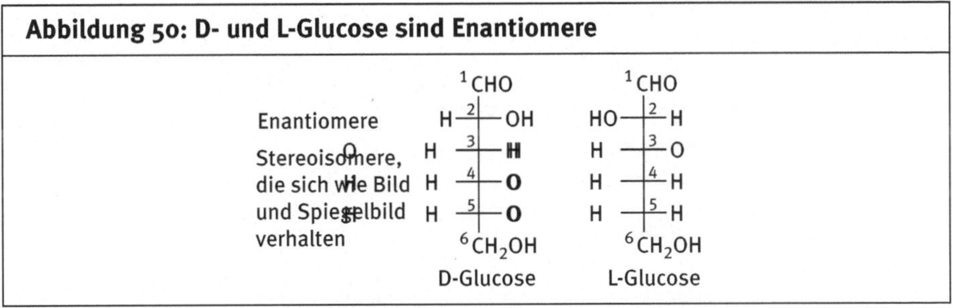

Abbildung 50: D- und L-Glucose sind Enantiomere

Auf der anderen Seite sind D-Glucose und D-Galactose sogenannte **Diastereomere**.
Sie sind Stereoisomere, die sich nicht wie Bild und Spiegelbild zueinander ver-
halten. In Abbildung 51 werden die D- und die L-Formen wie bisher anhand der
Position der OH-Gruppe am chiralen C-Atom unterschieden, das am weitesten von
Kohlenstoffatom 1 entfernt ist. So sind sowohl die Glucose- als auch die
Galactosestrukturen in ihren D-Formen dargestellt (die OH-Gruppe liegt auf der
rechten Seite an C-Atom 5). Allerdings sind D-Glucose und D-Galactose eindeutig
keine Spiegelbilder voneinander.

Abbildung 51: D-Glucose und D-Galactose sind Diastereomere

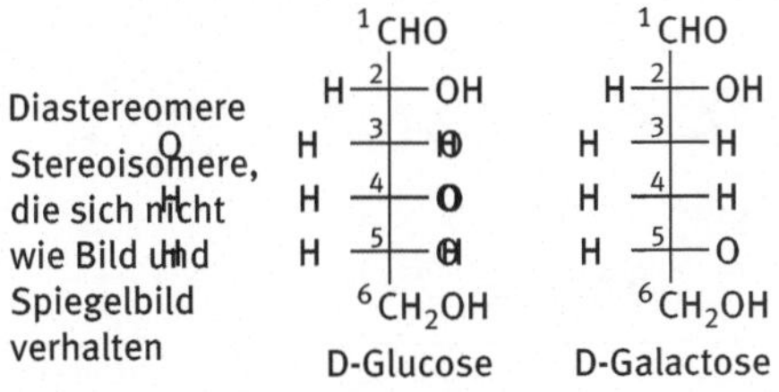

Berücksichtigen wir die Ringstruktur der Glucose, dann wird ein weiterer Typ von
Stereoisomeren offensichtlich: **Anomere**. Hier beruht der Unterschied auf der Kon-
figuration der Gruppen in der Nachbarschaft eines Kohlenstoffatoms, in diesem
Fall das C-Atom 1. In Lösung durchläuft Glucose einen als **Mutarotation** bezeichne-
ten Prozess. Über die Bildung einer Halbacetal-Bindung liegt die offene „Sessel"-
Form der Glucose im Gleichgewicht mit der Ringstruktur vor (Abbildung 52).

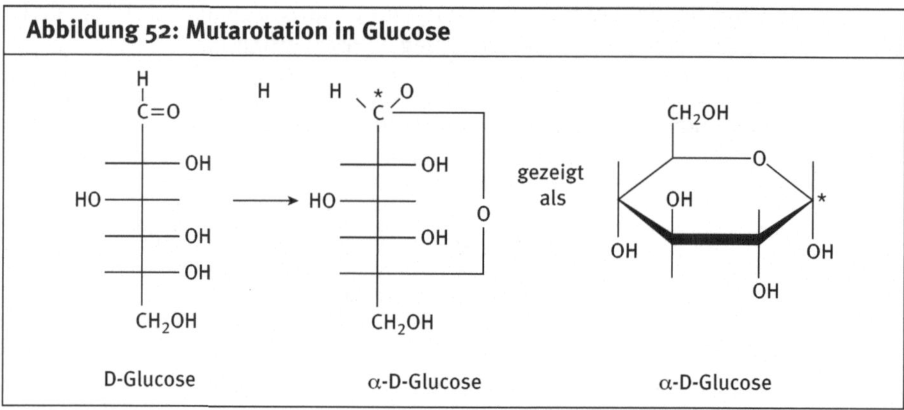

Abbildung 52: Mutarotation in Glucose

In Abbildung 52 cyclisiert die D-Glucose zu α-D-Glucose, in der die Hydroxylgruppe am anomeren C-Atom (angezeigt mit *) nach unten zeigt. Würde die Hydroxylgruppe nach oben zeigen, dann würde die β-D-Glucose vorliegen. Die Ringkonfiguration der Glucose hat also im Vergleich zur offenen Kettenkonfiguration ein zusätzliches chirales Zentrum.

In Lösung stellt sich über die offene Kettenkonfiguration ein Gleichgewicht zwischen der α- und der β-Ringkonformation ein (Abbildung 53).

Abbildung 53: Gleichgewichtseinstellung zwischen den Glucose-Anomeren

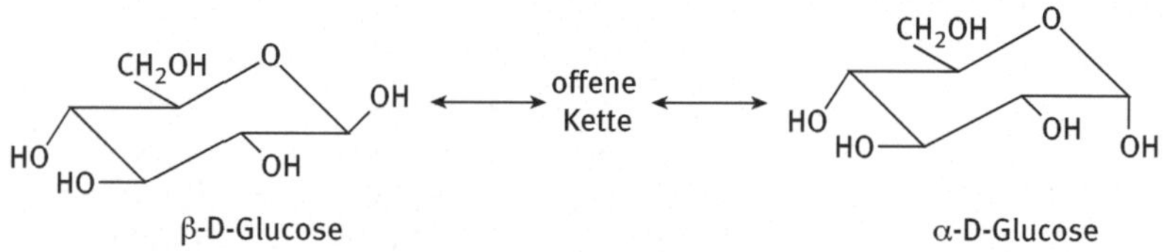

In Lösung und im Gleichgewichtszustand überwiegt die β-Ring-Konfiguration, denn in dieser Konfiguration liegen die Hydroxylgruppen weiter auseinander, wodurch deren sterische Hinderung verringert ist.

6.3 Geometrische Isomerie

Es gibt verschiedene Arten geometrischer Isomerie. Eine verbreitete Form ist die sogenannte *cis-trans*-**Isomerie**. Wenn zwei Stereoisomere eine C-C-Doppelbindung enthalten, dann ist es möglich, eine *cis*- oder *trans*- Anordnung der Substituenten an beiden Enden der Doppelbindung zu erhalten. Diese werden als *cis-trans*-**Isomere** bezeichnet. Ein einfaches Beispiel hierfür ist das Buten.

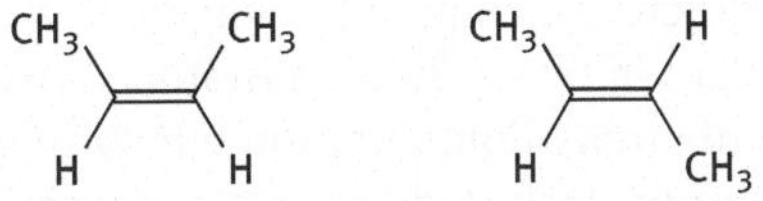

cis-Buten   trans-Buten

Befinden sich beide Methylgruppen (CH_3) auf der gleichen Seite der Doppelbindung, so handelt es sich um das *cis*-Isomer. Beim *trans*-Isomer liegen die Methylgruppen auf entgegengesetzten Seiten der Doppelbindung.

Durch die C-C-Doppelbindung sind die daran gebundenen Atome oder Gruppen wirksam fixiert und können nicht um die Bindung rotieren (Erinnern Sie sich: Es gibt keine Rotation um eine Doppelbindung).

Bei ungesättigten Fettsäuren (also solchen mit C-C-Doppelbindungen) können die der Doppelbindung benachbarten Gruppen in der *cis*- oder der *trans*-Konfiguration vorliegen.

cis-Konfiguration   *trans*-Konfiguration

Die *cis*-Konfiguration verursacht einen Knick oder eine Biegung in der Kohlenstoffkette. Dagegen führt die *trans*-Konfiguration zu einer geraden Kette (Abbildung 54).

Abbildung 54: Geometrische *cis*- und *trans*- Isomere der Ölsäure

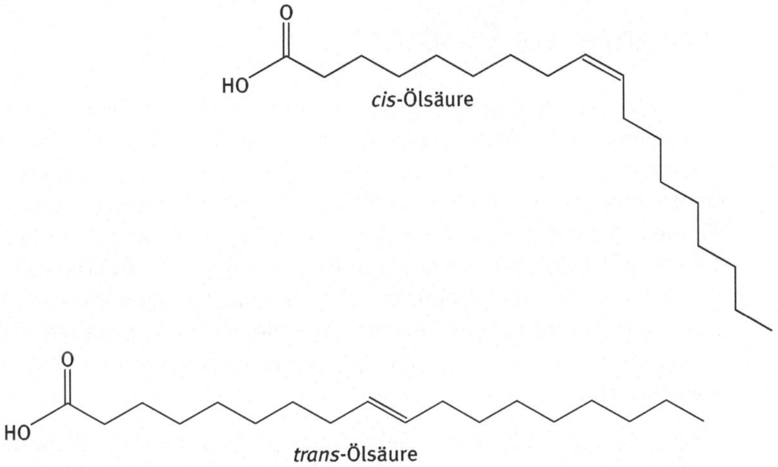

cis-Ölsäure

trans-Ölsäure

Nahezu alle natürlich vorkommenden ungesättigten Pflanzenöle haben eine *cis*-Konfiguration. Werden diese Öle zum Braten verwendet, so tritt eine teilweise Umwandlung in die *trans*-Konfiguration ein. Wird das Öl mehrfach wiederverwendet, dann werden nach und nach immer mehr *cis*-Bindungen in die *trans*-Form umgewandelt, bis ein signifikanter Anteil von Fettsäuren mit *trans*-Anteil entstanden ist. Dies ist ein gesundheitliches Problem, da erwiesen ist, dass Fettsäuren mit *trans*-Bindungen den Gesamtcholesterinspiegel des Blutes erhöhen, wodurch sich das Risiko von Herzkrankheiten erhöht. Zudem wurde entdeckt, dass sie karzinogen, d. h. krebserregend sind.

Dennoch gibt es einige eindrucksvolle Beispiele aus der Biologie, wo die Konversion zwischen Isomeren von zentraler Bedeutung ist. Im Säugetierauge bildet 11-*cis*-Retinal (ein Oxidationsprodukt von Vitamin A) einen Teil des Lichtrezeptor-Apparats („11" bezieht sich auf das elfte C-Atom der Kette). Unter Einwirkung von Licht isomerisiert das 11-*cis*-Retinal zum all-*trans*-Retinal und löst damit eine Serie von Reaktionen aus, die Teil des biochemischen Sehvorgangs sind (Abbildung 55).

Abbildung 55: Die Strukturen von 11-*cis*-Retinal und all-*trans*-Retinal

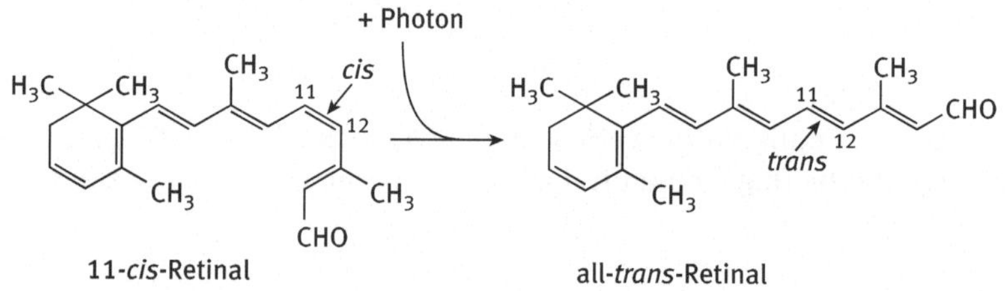

6.4   Isomere als Problem

Lebewesen können Isomere aufgrund ihrer unterschiedlichen Gestalt unterscheiden. Normalerweise ist nur ein Isomer biologisch aktiv, während andere biologisch inaktiv sind. Unsere Zellen haben eine **chirale Umgebung** geschaffen, mit anderen Worten: nur bestimmte Isomere werden erkannt und aufgenommen. Für die Proteinsynthese verwenden wir nur L-Aminosäuren, und an unserem Kohlenhydratstoffwechsel sind nur D-Zucker beteiligt. Bei Fettsäuren bevorzugen wir *cis*-Isomere und in Proteinen *trans*-Peptidbindungen. Diese molekulare Erkennung beruht auf den Enzymen, die diese Prozesse steuern. Allerdings kann es zu Problemen kommen, wenn ein unpassendes Isomer in eine solche Umgebung eingeführt wird.

In den 60er-Jahren brachten viele Frauen, die während der Schwangerschaft **Thalidomid** genommen hatten, behinderte Babys zur Welt. Eines der Enantiomere, Isomer Typ 1, wirkte wie beabsichtigt als Beruhigungsmittel, das andere Isomer, Typ 2, verursachte Geburtsfehler. Abbildung 56 zeigt die beiden Isomere von

Thalidomid, die sich in der absoluten Konfiguration an dem mit * markierten Kohlenstoff unterscheiden.

Abbildung 56: Zwei Isomere von Thalidomid

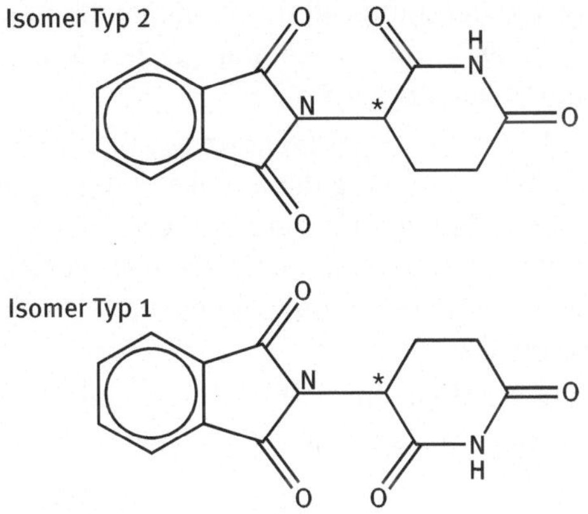

Das frei verkäufliche Schmerz- und Fiebermittel **Ibuprofen** ist eine Mischung zweier nicht-deckungsgleicher, spiegelbildlicher Enantiomere (Abbildung 57). Nur das Isomer vom Typ 2 weist therapeutische Aktivität auf.

Abbildung 57: Zwei Isomere von Ibuprofen

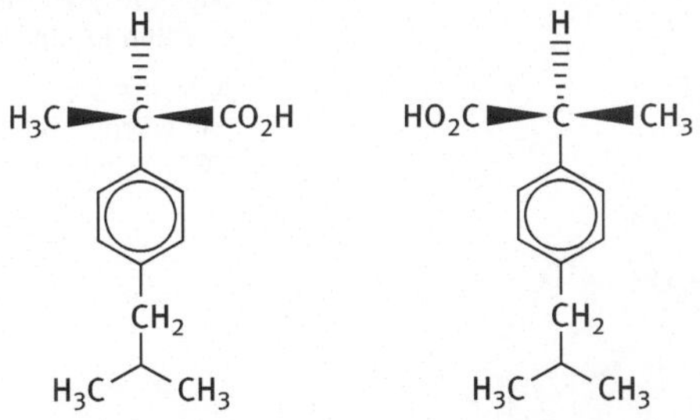

Isomer Typ 1 Isomer Typ 2

Der heutigen pharmazeutischen Industrie schreibt die Gesetzgebung vor, dass die Entwicklung neuer Medikamente zur Herstellung nur einer isomeren Variante führen muss, damit das Medikament vermarktet werden kann. Investitionen in neue Methoden der chiralen Synthese und der Isomerentrennung führten zu wirksameren und sichereren Medikamenten.

6.5 Zusammenfassung

1. Isomere sind definiert als „zwei oder mehr verschiedene Verbindungen mit der gleichen chemischen Formel, aber unterschiedlichen Strukturen und Eigenschaften".

2. Aufgrund der Vierbindigkeit des Kohlenstoffs existieren Stereoisomere (spiegelbildliche Moleküle) bei vielen biologischen Molekülen, einschließlich Aminosäuren und Zuckern.

3. Moleküle können ein oder mehrere asymmetrische (chirale) Kohlenstoffatome enthalten. Die Anordnung der an diese Atome gebundenen Gruppen führt zur Existenz verschiedener Isomere, zu denen Enantiomere (nicht-deckungsgleiche Spiegelbilder), Diastereomere (die keine Spiegelbilder sind) und Anomere (die hinsichtlich der Konfiguration einer Gruppe an einem asymmetrischen C-Atom variieren) gehören.

4. Lebewesen schaffen eine chirale Umgebung, in der nur bestimmte Isomere toleriert werden, beispielsweise L-Aminosäuren und D-Zucker.

6.6 Testen Sie Ihr Wissen

Die Lösungen finden Sie auf Seite 161 und 162.

Aufgabe 6.1
Welche der folgenden Behauptungen beschreibt die Beziehung zwischen den Molekülen A und B in korrekter Weise?
(i)   Sie sind Strukturisomere.
(ii) Sie sind geometrische Isomere.
(iii) Sie sind Enantiomere.
(iv) Sie sind Isotope.

Aufgabe 6.2
Welche Unterschiede bestehen zwischen Molekülen, die Enantiomere bzw. Diastereomere sind?

Aufgabe 6.3
Was verstehen Sie unter einem chiralen Zentrum?

Aufgabe 6.4
Wieviele Stereoisomere eines Moleküls mit sechs chiralen Kohlenstoffatomen sind möglich?

Aufgabe 6.5
Wie würden Sie zwei separate Lösungen von D- und L-Glucose unterscheiden?

7 Wasser – Lösungsmittel des Lebens

Grundbegriffe:
Wasser ist die Hauptkomponente lebender Zellen und trägt etwa 70% zur Gesamtmasse einer Zelle bei. Die Menge des in biologischen Systemen vorhandenen Wassers bestimmt das Verhalten der biologischen Moleküle, mit denen es wechselwirkt. Wasser kann sowohl als Säure als auch als Base reagieren. Die Autoionisierung (Autoprotolyse) des Wassers ist ein wesentlicher Faktor für das Verständnis des Säure-Base-Verhaltens biologischer Moleküle und der pH-Abhängigkeit biologischer Vorgänge.

In Kapitel 3 haben wir kurz einige besondere Eigenschaften von Wasser vorgestellt, etwa die Fähigkeit der Wassermoleküle, untereinander Wasserstoffbrückenbindungen auszubilden. Wasserstoffbrückenbindungen zwischen Wassermolekülen sind eine Folge der Ladungsverteilung im Wassermolekül. Diese Ladungsverteilung wiederum beruht auf der im Vergleich zu den beiden Wasserstoffatomen relativ hohen Elektronegativität des Sauerstoffatoms. Die Verteilung der Ladungen und die gewinkelte Geometrie des Moleküls verursachen ein **Dipolmoment** im Wassermolekül (Abbildung 58).

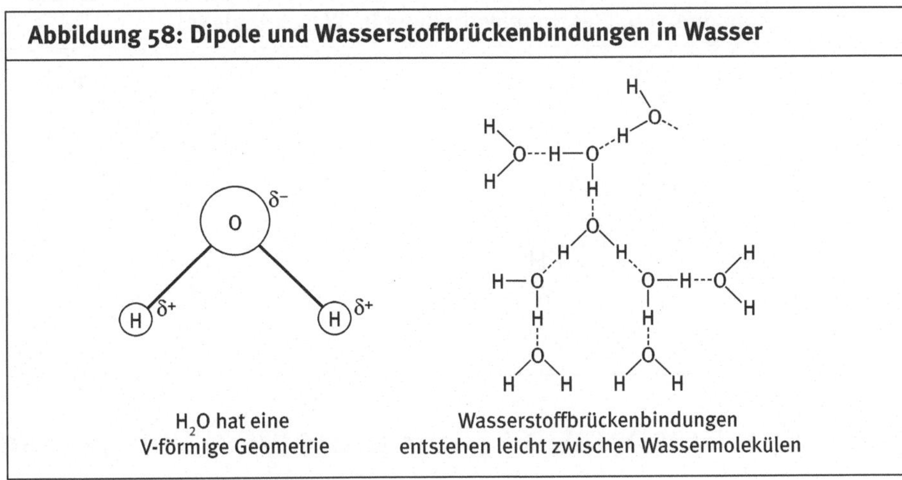

Abbildung 58: Dipole und Wasserstoffbrückenbindungen in Wasser

7.1 Bindungen im Wassermolekül

Sauerstoff hat die Elektronenkonfiguration $1s^2 2s^2 2p^4$. Bei der Bildung kovalenter Bindungen mit Wasserstoff geht Sauerstoff eine sp^3-Hybridisierung ein. Lässt man die 1s-Elektronen außer Acht, dann kann die Elektronenkonfiguration von Sauerstoff mit der „Elektron im Kästchen"-Schreibweise folgendermaßen dargestellt werden:

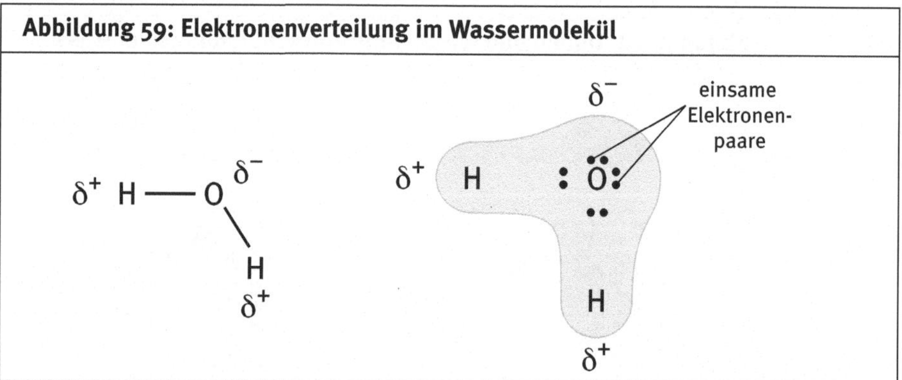

Nach der Hybridisierung der 2s- und 2p-Orbitale stehen zwei ungepaarte Elektronen für die Bindungen zum Wasserstoff zur Verfügung, während sich zwei einsame Elektronenpaare in sp³-hybridisierten Orbitalen am Sauerstoff befinden (Abbildung 59). Daher bildet das Sauerstoffatom durch Überlappung der halbgefüllten sp³-Orbitale mit den 1s-Orbitalen der Wasserstoffatome zwei kovalente Bindungen mit Wasserstoff. Tatsächlich hat jedes Wassermolekül die Möglichkeit, maximal vier Wasserstoffbrückenbindungen zu anderen Wassermolekülen auszubilden. Die zwei Wasserstoffatome können Wasserstoffbrückenbindungen mit jeweils einem Sauerstoffatom eines benachbarten Wassermoleküls eingehen. Das Sauerstoffatom kann dies mithilfe seiner beiden einsamen Elektronenpaare mit Wasserstoffatomen benachbarter Wassermoleküle tun.

> **Merksatz**
>
> Wasserstoffbrückenbindungen können immer dann entstehen, wenn sich stark elektronegative Atome (O, N oder F) einem Wasserstoffatom eines in der Nähe befindlichen Moleküls nähern, das kovalent an ein zweites stark elektronegatives Atom gebunden ist.

Abbildung 59: Elektronenverteilung im Wassermolekül

7.2 Die Dissoziation (Autoprotolyse) von Wasser

Atome in Molekülen sind ständig in Bewegung. Eine der Bewegungsarten dieser Atome ist die Schwingung. Die Schwingung ist das Strecken und Verkürzen einer Bindung, während sich die Atome aufeinander zu und dann voneinander weg bewegen. In flüssigem Wasser kann sich das Wasserstoffatom einer Wasserstoffbrückenbindung in einem beliebigen Moment näher am Sauerstoffatom eines benachbarten Wassermoleküls als am Sauerstoffatom des eigenen Moleküls befinden (Abbildung 60a). Die kovalente O-H-Bindung im H_2O-Molekül wird gestreckt, und gleichzeitig wird die Wasserstoffbrückenbindung zwischen den Molekülen gestaucht (Abbildung 60b). Schließlich wird die kovalente O-H-Bindung so weit gestreckt, dass sie bricht, und es entsteht eine neue O-H-Bindung mit dem Nachbarmolekül (Abbildung 60c). Dabei bleiben die Elektronen des Wasserstoffatoms zurück, während das ursprüngliche einsame Elektronenpaar des sp^3-Orbitals am benachbarten Sauerstoffatom für eine dative kovalente Bindung zum Wasserstoffatom verwendet wird. Dieser Vorgang führt zu zwei neuen Spezies, von denen jede eine volle elektrische Ladung trägt: das **Hydroniumion** (Oxoniumion, H_3O^+) und das **Hydroxidion** (OH^-).

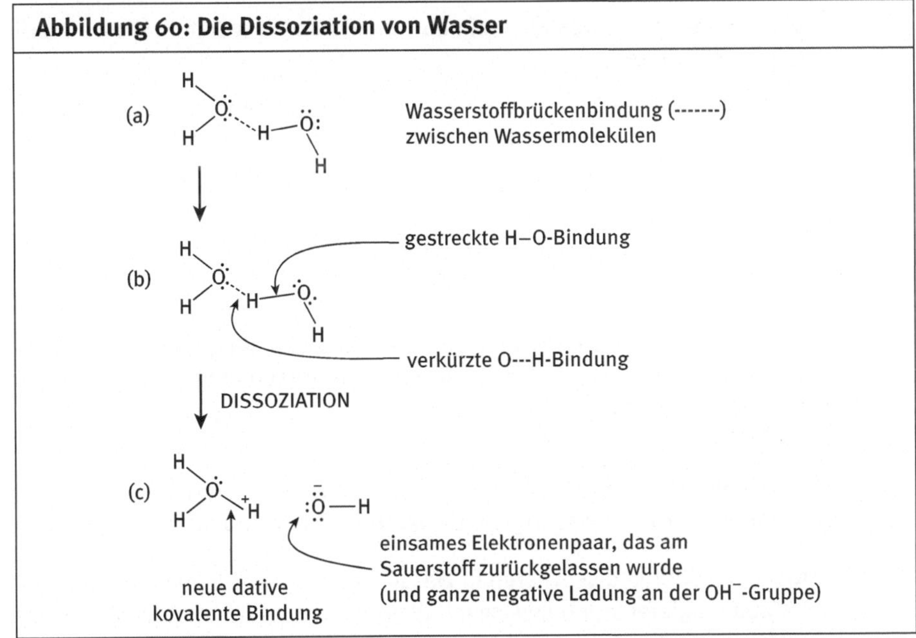

Abbildung 60: Die Dissoziation von Wasser

Diese Reaktion wird als **Dissoziation** (oder Autoionisation bzw. Autoprotolyse) von Wasser bezeichnet. Schema 1 in Abbildung 61 verdeutlicht diesen Vorgang. Schema 2 zeigt eine übliche verkürzte Darstellung der Reaktion. In reinem Wasser bei Raumtemperatur reagiert nur etwa eines von einer Milliarde Wassermolekülen in dieser Weise. In den Reaktionsschemata 1 und 2 wird das Symbol ⇌ verwendet, um anzudeuten, dass nicht alle Moleküle dissoziieren. Das Symbol ⇌ wird für chemische Reaktionen verwendet, die nicht vollständig in einer Richtung ablaufen, sondern bei denen sich ein Gleichgewicht einstellt. Bei Reaktionen, die ein Gleichgewicht erreichen, wird nur ein bestimmter Anteil der Reaktanten (der Ausgangsstoffe auf der linken Seite der Gleichung) zum Produkt umgesetzt. Genauer gesagt: Im Gleichgewichtszustand laufen die Hinreaktion (Bildung der Produktmoleküle) und die Rückreaktion (Bildung der Ausgangstoffe) mit der gleichen Geschwindigkeit ab.

Abbildung 61: Gleichungen zur Darstellung der Autoprotolyse von Wasser

Schema 1

$$H_2O + H_2O \rightleftharpoons H_3O^+ + OH^-$$

Schema 2

$$H_2O \rightleftharpoons H^+ + OH^-$$

7.3 Säuren und Basen

Das Verhalten des Wassers liefert die Basis für das Verständnis des Konzepts von Säuren und Basen.

Eine **Säure** ist als Substanz definiert, die durch Dissoziation Wasserstoffionen (Protonen: H^+) bildet.

Wenn man beispielsweise Chlorwasserstoff (Hydrogenchlorid, $HCl(g)$), in Wasser einleitet, so findet man statt HCl-Molekülen nur H_3O^+- und Cl^--Ionen. Jedes HCl-Molekül reagiert mit Wasser zu Oxonium- und Chloridionen. Diese Reaktion kann mit der Gleichung:

$$HCl(g) + H_2O(l) \longrightarrow H_3O^+(aq) + Cl^-(aq)$$

beschrieben werden.

HCl ist eine starke Säure, denn sie dissoziiert vollständig in Wasser unter Bildung von Salzsäure. Es ist die Säure, die von den Drüsen in unseren Magenwänden abgesondert wird.

> **Merksatz**
>
> Die physikalischen Zustände von Stoffen werden mit den Symbolen (g) = gasförmig, (aq) = in wässriger Lösung, (l) = flüssig und (s) = fest gekennzeichnet.

Nicht alle Säuren dissoziieren in Wasser vollständig. Die meisten Organischen Säuren reagieren nur teilweise mit Wasser, so dass nur geringe Konzentrationen an Hydroniumionen gebildet werden, während ein großer Teil der Säuremoleküle undissoziiert vorliegt. Solche Säuren werden als **schwache Säuren** bezeichnet. Auch hier zeigt das Symbol $\rightleftharpoons$ dass sich ein Gleichgewichtszustand eingestellt hat. Ethansäure (Essigsäure), die Säure im Weinessig, ist ein Beispiel für eine schwache Säure.

$$CH_3COOH(l) + H_2O(l) \rightleftharpoons CH_3COO^-(aq) + H_3O^+(aq)$$
(Essigsäure)

Basen sind als Substanzen definiert, die ein Proton (H^+) aufnehmen können. Sie sind Protonenakzeptoren. Häufig nehmen sie Protonen aus dem Wasser auf, wobei Hydroxidionen (OH^-) entstehen.

Hydroxidionen können direkt durch Dissoziation von Basen entstehen. Dies geschieht beispielsweise nach der Zugabe von Kaliumhydroxid in Wasser:

$$KOH(s) + aq \longrightarrow K^+(aq) + OH^-(aq)$$

Im Zusammenhang mit dem pH-Wert wird oft die Wasserstoffionenkonzentration angesprochen, obwohl freie Wasserstoffionen in wässriger Lösung praktisch nicht existieren. Allerdings dissoziieren Hydroniumionen in den Fällen, in denen Protonen theoretisch auftauchen, um ein Proton zur Verfügung zu stellen. Das Ergebnis ist also das gleiche.

Basen, die wie KOH in Wasser vollständig dissoziieren, werden als **starke Basen** bezeichnet.

Andere Basen reagieren mit Wasser, indem sie ein Proton aufnehmen, wobei ein Hydroxidion entsteht. Ammoniak (NH_3) gehört zu den Basen, die in dieser Weise reagieren. Da Ammoniak nur unvollständig mit Wasser reagiert und deshalb nur eine relativ kleine Menge an Hydroxidionen entsteht, ist Ammoniak eine **schwache Base**.

$$NH_3(g) + H_2O(l) \rightleftharpoons NH_4^+(aq) + OH^-(aq)$$

Säuren erzeugen durch Dissoziation H^+-Ionen, Basen nehmen Protonen aus dem Wasser auf und erzeugen dadurch OH^- oder sie dissoziieren selbst unter Freisetzung von OH^-.

7.4 Der pH-Wert als Maß für den Säuregrad

Der Säuregrad einer Lösung wird anhand der Stoffmengenkonzentration der Hydroniumionen bestimmt. Diese Konzentration kann sehr klein (etwa in basischen Lösungen) oder sehr groß sein (in sauren Lösungen). Die Konzentration der Hydroniumionen liegt üblicherweise zwischen 1 M und 1×10^{-14} M. Um diese sehr kleinen Zahlen in eine praktischere Form zu überführen, wurde die pH-Skala eingeführt. Es handelt sich um eine logarithmische Skala, gemäß der der pH-Wert definiert ist als:

$$pH = -\log_{10}[H^+]$$

wobei $[H^+]$ die Wasserstoffionenkonzentration in mol dm^{-3} oder mol l^{-1} ist. Eine weitere Möglichkeit zur Anzeige der Konzentrationen mol dm^{-3} oder mol l^{-1} ist die Einheit M.

Eckige Klammern [ ] bedeuten „Konzentration von".

$\log_{10}[H^+]$ bedeutet Logarithmus der Wasserstoffionenkonzentration zur Basis 10. Bei den meisten Taschenrechnern erhält man diesen Wert durch Betätigen der „log"-Taste. Ab hier verwenden wir log X, um $\log_{10} X$ anzuzeigen.

Berechnung des pH-Werts einer starken Säure

0,1 M Salzsäure hat eine H^+-Konzentration von 0,1 M. Den pH-Wert dieser Lösung erhält man durch: pH = −log [0,1]. Der Wert von log [0,1] ist gleich −1.

Also ist der pH-Wert: pH = −(−1) = +1. Der pH-Wert dieser Salzsäure ist demnach gleich 1.

Die pH-Skala reicht von 0 (stark sauer) bis +14 (sehr alkalisch). Eine neutrale Lösung hat den pH-Wert 7,0 (Abbildung 62).

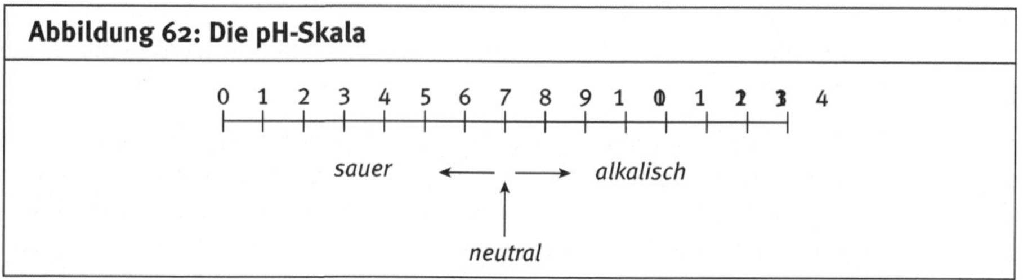

Abbildung 62: Die pH-Skala

7.5 Berechnung des pH-Werts von Wasser

Wasser dissoziiert nur zu einem geringen Teil. Wasserstoffionen (H^+) verbinden sich mit Wassermolekülen zu H_3O^+ (dem Hydroniumion).

$$H_2O + H_2O \rightleftharpoons H_3O^+ + OH^-$$

Der **Dissoziationsgrad** wird durch die Gleichgewichtskonstante gemessen. Diese ist das Verhältnis der Konzentration der dissoziierten Ionen zur Konzentration der undissoziierten Moleküle. Die Gleichgewichtskonstante (K_{eq}) für die Dissoziation ist definiert als:

$$K_{eq} = \frac{[H^+]\,[OH^-]}{[H_2O]}$$

Weil die Konzentration des Wassers, $[H_2O]$, praktisch konstant und einfach äquivalent zur Dichte ist, vereinfacht sich die Gleichung zu:

$$K_w = [H^+]\,[OH^-]$$

mit K_w als Dissoziationskonstante von Wasser.

Ein H_2O-Molekül dissoziiert zu einem H^+-Ion und einem OH^--Ion.

Die Konzentration der Wasserstoffionen (Hydroniumionen) muss gleich der Konzentration der Hydroxidionen sein. Der experimentell bestimmte Wert liegt bei $1,0 \times 10^{-7}$ M bei 25 °C.

Daher können wir schreiben: $[H^+] = [OH^-] = 1,0 \times 10^{-7}$ mol

Setzen wir diese Werte in die Gleichung für K_w ein, so erhalten wir:

$$K_w = [H^+]\,[OH^-] = 1,0 \times 10^{-7} M \times 1,0 \times 10^{-7} M = 1,0 \times 10^{-14}\,M^2$$

Dies zeigt uns, dass nur ein sehr geringer Anteil von reinem Wasser in Form seiner Ionen vorliegt. Außerdem wird deutlich, dass – weil K_w bei einer bestimmten Temperatur eine Konstante ist – bei ansteigender Konzentration von H_3O^+, die Konzentration von OH^- um den gleichen Betrag sinken muss und umgekehrt.

Wenn wir die Konzentration an H_3O^+ in reinem Wasser kennen, dann können wir den pH-Wert folgendermaßen berechnen:

$$pH = -\log [H^+]$$

Wenn $[H^+]$ gleich $1,0 \times 10^{-7}$ M

$$pH = -\log(1,0 \times 10^{-7}\ M) = -(-7) = 7$$

Also ist der pH-Wert von reinem Wasser gleich 7.

7.6 Die Dissoziation schwacher Säuren und schwacher Basen in Wasser

Schwache Säuren sind Substanzen, die nur teilweise in wässriger Lösung unter Bildung von Hydroxoniumionen dissoziieren. Eine schwache Base reagiert nur teilweise mit H_2O unter Freisetzung von Hydroxidionen.

Wie bei Wasser kann das Ausmaß der Dissoziation schwacher Säuren und Basen mittels einer **Dissoziationskonstanten** ausgedrückt werden. Die Dissoziationskonstante ist die Gleichgewichtskonstante für die Spaltung einer Verbindung in ihre Komponenten.

Die **Säuredissoziationskonstante (K_S)**, ist die Gleichgewichtskonstante für die Reaktion, bei der sich in wässriger Lösung ein Gleichgewicht zwischen einer schwachen Säure und ihrer konjugierten Base sowie dem Hydroxoniumion einstellt. Entsprechend ist die **Basendissoziationskonstante (K_B)**, die Gleichgewichtskonstante, die für das Gleichgewicht der Dissoziation einer Base zu ihrer konjugierten Säure und dem Hydroxidion in wässriger Lösung gilt. („Konjugiert" bedeutet hier „paarweise zusammengelagert". In der Chemie wird ein Teilchen als konjugiert bezeichnet, das sich von seiner Säure oder Base durch ein Proton unterscheidet.)

Das untere Beispiel zeigt die Dissoziation von Essigsäure (Ethansäure). Beachten Sie, dass in der Gleichgewichtsgleichung die Konzentration des Wassers nicht enthalten ist. Das beruht darauf, dass Wasser in erheblichem Überschuss vorliegt und deshalb der Wert für $[H_2O]$ als konstant angesehen werden kann.

$$CH_3COOH(aq) + H_2O(l) \rightleftharpoons CH_3COO^-(aq) + H_3O^+(aq)$$
$$\text{(schwache Säure)} \qquad \text{(konjugierte Base)}$$

Die Gleichgewichtskonstante für diese Dissoziation entspricht der Säuredissoziationskonstanten der Essigsäure (K_S) und kann folgendermaßen ausgedrückt werden:

$$K_S = \frac{[CH_3COO^-{}_{(aq)}]\,[H_3O^+{}_{(aq)}]}{[CH_3COOH_{(aq)}]}$$

Der K_S-Wert von Essigsäure beträgt bei 25°C $1,8 \times 10^{-5}$ M, worin sich erneut zeigt, dass es sich um eine schwache Säure handelt (die also in Lösung nicht vollständig dissoziiert).

Je größer der Wert für K_S ist, desto stärker ist die Säure. Ähnlich wie $[H^+]$-Werte sind auch die Werte für K_S oft sehr klein. Deshalb wird dieser Wert häufig als Logarithmus seines Kehrwerts bzw. als negativer Logarithmus ausgedrückt. Das ist der **pK_S**-Wert. Also:

$$\mathbf{pK_S = -\log K_S}$$

Je kleiner der pK_S-Wert ist, desto stärker ist die Säure. Für Essigsäure gilt: $pK_S = -\log (1,8 \times 10^{-5}\text{ M}) = -(-4,74) = 4,74$.

Analog dazu gilt für die Dissoziation einer schwachen Base, die zur Erzeugung von Hydroxidionen führt, die Basendissoziationskonstante K_B. Betrachten Sie die Reaktion von Ammoniak mit Wasser:

$$NH_3(aq) + H_2O(l) \rightleftharpoons NH_4{}^+(aq) + OH^-(aq)$$
$$\text{(schwache Base)} \qquad \text{(konjugierte Säure)}$$

Die Dissoziationskonstante ist:

$$K_B = \frac{[NH_4{}^+{}_{(aq)}]\,[OH^-{}_{(aq)}]}{[NH_{3(aq)}]}$$

Der Wert von K_B ist für Ammoniak $1,75 \times 10^{-5}$ M.

Wieder gilt: **$pK_B = -\log K_B$**.

Für den pK_B-Wert von Ammoniak folgt $= -\log(1,75 \times 10^{-5}\text{ M}) = -(-4,76) = 4,76$.

> **Merksatz**
>
> Dissoziiert eine schwache Säure HA in Wasser, so gilt allgemein:
>
> $$HA(aq) \rightleftharpoons H^+(aq) + A^-(aq)$$
>
> Die Säuredissoziationskonstante K_S ergibt sich aus:
>
> $$K_S = \frac{[A^-]\,[H^+]}{[HA]}$$

7.7 Puffer und gepufferte Lösungen

Die Stoffwechselaktivität von Zellen führt zur Produktion von Säuren. So wird beispielsweise im Muskelgewebe Milchsäure gebildet. Damit Proteine und Enzyme funktionieren können, ist ein konstanter pH-Wert erforderlich. Insbesondere der pH-Wert von Blut muss innerhalb enger Grenzen konstant gehalten werden, denn selbst eine kleine Änderung kann fatal sein. Glücklicherweise laufen im Körper

Mechanismen ab, durch die Änderungen des pH-Werts minimiert werden. Dies sind die sogenannten **Puffersysteme.**

Eine Pufferlösung ist eine Lösung, die Änderungen im pH-Wert nach der Zugabe von Hydronium- oder Hydroxidionen widersteht. Pufferlösungen sind Gemische aus schwachen Säuren oder Basen und ihren Salzen. Kohlensäure (H_2CO_3) und Natriumhydrogencarbonat ($NaHCO_3$) oder Ammoniak (NH_3) und Ammoniumchlorid (NH_4Cl) sind hierfür Beispiele. Solche Kombinationen von Säuren oder Basen und ihren Salzen werden als konjugierte **Säure-Base-Paare** bezeichnet. Konjugierte Säure-Base-Paare sind durch die Aufnahme und die Abgabe eines Protons (oder Hydroxidions) miteinander verbunden.

So besteht bei Kohlensäure und dem Hydrogencarbonation (H_2CO_3/HCO_3^-) die Beziehung

$$H_2CO_3(aq) \;+\; H_2O(l) \rightleftharpoons HCO_3^-(aq) \;+\; H_3O^+(aq)$$
(konjugierte Säure)(Base)   (konjugierte Base)   (Säure)

und bei Ammoniak und dem Ammoniumion, NH_3/NH_4^+

$$NH_3(aq) \;+\; H_2O(l) \rightleftharpoons NH_4^+(aq) \;+\; OH^-(aq)$$
(konjugierte Base)   (Säure)   (konjugierte Säure)   (Base)

Beachten Sie, dass bei jeder dieser Dissoziationsreaktionen das Wassermolekül und das gebildete Hydroxoniumion auch ein konjugiertes Säure-Base-Paar bilden.

Ein Puffersystem enthält nahezu gleiche Konzentrationen an konjugierter Säure oder Base.

Biologische Puffer (Seite 98)

Ein saurer Puffer hält einen pH-Wert unter 7 aufrecht. Wenn eine kleine Menge einer Base in Form des Hydroxidions (OH^-) zu einem solchen Puffer gegeben wird, dann reagiert die konjugierte Säure mit den Hydroxidionen und verhindert damit einen Anstieg des pH-Werts (hin zu alkalischeren Bedingungen). Wird eine kleine Menge einer Säure in Form des Hydroxoniumions (H_3O^+) zu diesem Puffer gegeben, dann reagiert die konjugierte Base mit den H_3O^+-Ionen und verhindert so ein Absinken des pH-Werts (hin zu saureren Bedingungen). Solch ein Puffersystem kann einen nahezu konstanten pH-Wert aufrechterhalten, bis die konjugierte Säure oder Base verbraucht ist. Daher gilt: Je höher die Konzentrationen an konjugierter Säure oder Base sind, desto größer ist die Pufferkapazität des Puffers.

7.8 Berechnen des pH-Werts von Puffersystemen mit der Henderson-Hasselbalch-Gleichung

Jedes Puffersystem, das aus einem bestimmten konjugierten Säure-Base-Paar zusammengesetzt ist, hat einen bestimmten pH-Wert, den es durch seine Pufferwirkung aufrecht erhalten kann. Daher verwendet man für verschiedene biologische oder chemische Systeme unterschiedliche Puffer. Der pH-Wert eines speziellen Puffersystems lässt sich mit der **Henderson–Hasselbalch-Gleichung** berechnen.

Die folgende Berechnungsmethode gilt allgemein für ein konjugiertes Säure-Base-Paar HA/A⁻.

Stellen Sie sich die Dissoziation der schwachen Säure HA in Wasser zu ihrer konjugierten Base A⁻ vor:

$$HA(aq) + H_2O(l) \rightleftharpoons A^-(aq) + H_3O^+(aq)$$

Die Säuredissoziationskonstante für die schwache Säure ist definiert als:

$$K_S = \frac{[A^-]\,[H_3O^+]}{[HA]}$$

Um das Gleichgewichtsverhältnis der konjugierten Base zur Säure zu zeigen, kann man die Gleichung folgendermaßen schreiben:

$$K_S = [H_3O^+] \times \frac{[A^-]}{[HA]}$$

Nehmen wir nun den dekadischen Logarithmus aller Komponenten dieser Gleichung, damit wir die „pK_S"-Schreibweise verwenden können, so erhalten wir:

$$\log K_S = \log [H_3O^+] + \log [A^-] - \log [HA]$$

Nach Multiplikation mit Minus-Eins (−1) folgt:

$$-\log K_S = -\log [H_3O^+] - \log [A^-] + \log [HA]$$

Substituieren wir $pK_S = -\log K_S$ und $pH = -\log [H_3O^+]$ ergibt sich:

$$pK_S = pH - \log [A^-] + \log [HA]$$

das folgendermaßen umgestellt werden kann:

$$pH = pK_S + \log \frac{[A^-]}{[HA]}$$

Eine zweckmäßigere Schreibweise dieser Gleichung ist:

$$\textbf{pH} = \textbf{p}K_S + \textbf{log}\,\frac{[\textbf{Base}]}{[\textbf{Säure}]} \quad \text{oder} \quad \textbf{pH} = \textbf{p}K_S + \textbf{log}\,\frac{[\textbf{Protonenakzeptor}]}{[\textbf{Protonendonor}]}$$

Dies ist die sogenannte **Henderson-Hasselbalch-Gleichung**.

Indem wir pK_S-Werte verwenden, können wir die Stärke einer Säure (d. h. ihre Neigung zur Dissoziation) in Bezug auf die pH-Skala ausdrücken.

7.9 Leben im Wasser

Die Löslichkeit von Substanzen in Wasser wird durch deren Struktur bestimmt. Feststoffe, die sich leicht in Wasser lösen und Ionen bilden, tun dies wegen der Wechselwirkungen der geladenen Ionen mit den polaren Wassermolekülen. Ebenso ist ein organisches Molekül wasserlöslich, wenn es polare kovalente Bindungen (etwa die O-H-Bindungen in Alkoholen und Carbonsäuren) enthält.

Löslichkeit in Wasser (Seite 42)

Zu den häufig auftretenden funktionellen Gruppen biologischer Moleküle gehören die Hydroxylgruppe, die Carboxylgruppe und die Aminogruppe.

Die **Hydroxylgruppe (OH)** besteht ganz einfach aus einem Wasserstoffatom, das an ein Sauerstoffatom gebunden ist, welches seinerseits an ein Kohlenstoffatom gebunden ist. Die Bindung zwischen dem Wasserstoff und dem Sauerstoff ist stark polar, weshalb diese funktionelle Gruppe Wassermoleküle stark anzieht und mit diesen Wasserstoffbrückenbindungen bildet. Die hohe Löslichkeit von Zucker lässt sich beispielsweise auf die Anwesenheit von Hydroxylgruppen zurückführen. Organische Moleküle die ausschließlich Hydroxylgruppen als funktionelle Gruppen enthalten, werden als **Alkohole** bezeichnet. Unter normalen biologischen Bedingungen findet keine Dissoziation der Hydroxylgruppe statt.

Die **Carboxylgruppe (COOH)** besteht aus einem Kohlenstoffatom, das über eine Doppelbindung an ein Sauerstoffatom (wie in der Carbonylgruppe) und zusätzlich an eine Hydroxylgruppe gebunden ist. Moleküle, die ausschließlich Carboxylgruppen als funktionelle Gruppen enthalten, werden als **Carbonsäuren** bezeichnet. Ein Beispiel ist die aus Weinessig bekannte Essigsäure. Der saure Charakter der Carboxylgruppe (also ihre Neigung als Protonendonor zu fungieren) ist durch die hohe Polarität der Bindung zwischen dem Sauerstoff und dem Wasserstoff der Hydroxylgruppe begründet. Diese Polarität wird durch die Nachbarschaft zur Kohlenstoff-Sauerstoff-Doppelbindung soweit verstärkt, dass der Wasserstoff dazu neigt, als freies H^+-Ion vom Molekül abzudissoziieren, um mit Wasser ein Hydroxoniumion zu bilden (Abbildung 63).

Abbildung 63: Die Dissoziation einer Carboxylgruppe

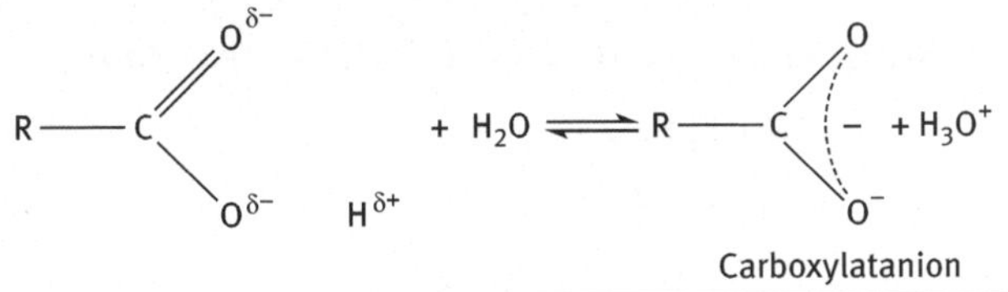

Die Dissoziationskonstante K_S, für die Carboxylgruppe, kann folgendermaßen ausgedrückt werden:

$$K_S = \frac{[RCOO^-][H_3O^+]}{[RCOOH]}$$

RCOOH reagiert als schwache Säure und Wasser als Base. Das Carboxylatanion kann als Base (d. h. als Protonenakzeptor) und mit Wasser als Säure reagieren.

Mit Stickstoff wird die **Aminogruppe (–NH₂)** gebildet. Stickstoff hat die Ordnungszahl 7 und damit die Elektronenkonfiguration $1s^2 2s^2 2p^3$. Nach der sp^3-Hybridisierung hat Stickstoff drei Valenzelektronen (drei sp^3-Hybridorbitale) und ein einsames Elektronenpaar.

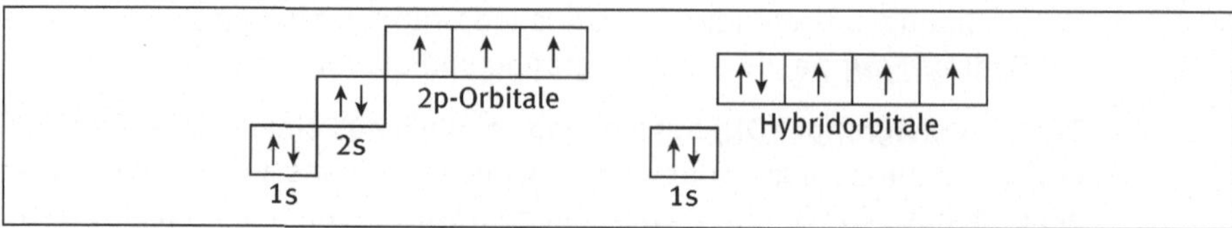

Daher besitzt Stickstoff in der Aminogruppe ein einsames Elektronenpaar. Dieses kann leicht ein Proton aus dem Wasser anlagern und $-NH_3^+$ bilden. Letzteres kann anschließend wieder dissoziieren (Abbildung 64). Die NH_2-Gruppe reagiert also als Base, und Wasser reagiert als Säure. Die gebildete $-NH_3^+$-Gruppe reagiert wiederum als Säure, indem sie dissoziiert und ein Proton an das Wasser abgibt, wobei das Wasser als Base ein Proton aufnimmt.

Abbildung 64: Protonierung der Aminogruppe

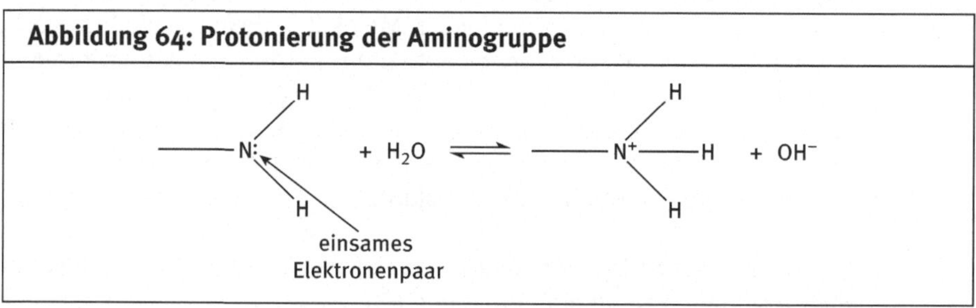

Die Dissoziation eines Protons aus der protonierten Form der Aminogruppe eines Amins kann mit Bezug auf ihren K_S-Wert beschrieben werden:

$$RNH_3^+ \,(aq) + H_2O \,(l) \rightleftharpoons RNH_2 \,(aq) + H_3O^+ \,(aq)$$

$$K_S = \frac{[RNH_2]\,[H_3O^+]}{[RNH_3^+]}$$

7.10 Aminosäuren

Die Peptidbindung (Seite 28)

Abbildung 65 zeigt die Grundstruktur von Aminosäuren. Alle Aminosäuren besitzen eine Aminogruppe und eine Carboxylgruppe. Beide Gruppen sind bei physiologischem pH-Wert (pH 7) geladen. Allerdings sind die Aminosäuren in Proteinen über Peptidbindungen miteinander verbunden, so dass diese geladenen Gruppen gewissermaßen „verloren" sind. Die organischen Reste „R–" sind jedoch für eine bestimmte Aminosäure spezifisch und enthalten polare, saure, basische und unpolare (hydrophobe) Gruppen. Die R-Gruppen der Aminosäuren und damit der Proteine sind für die Natur der intramolekularen Wechselwirkungen in Proteinmolekülen (die deren dreidimensionale Struktur bestimmen) und für die intermolekularen Wechselwirkungen zwischen Proteinmolekülen und anderen Molekülen in der Zelle (etwa zwischen Enzymen und ihren Substraten) von zentraler Bedeutung.

Abbildung 65: Grundstruktur einer Aminosäure bei physiologischem pH-Wert

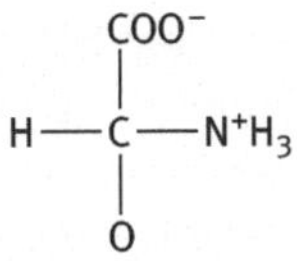

$$H - \underset{O}{\overset{COO^-}{\underset{|}{\overset{|}{C}}}} - N^+H_3$$

Carboxyl- und Aminogruppen kommen häufig in den Seitenketten der Aminosäuren vor. Die pK_S-Werte dieser Gruppen sind so, dass Proteine unter
physiologischen Bedingungen (pH-Wert 7) Carboxylatgruppen (COO^-) und pro-
tonierte Aminogruppen (NH_3^+) enthalten.

Glutaminsäure enthält zum Beispiel eine Carboxylseitengruppe (R-Gruppe). Diese
hat den pK_S-Wert 4,07 und ist daher bei einem physiologischen pH-Wert im dissoziierten Zustand und trägt eine negative Ladung.

Glutaminsäure

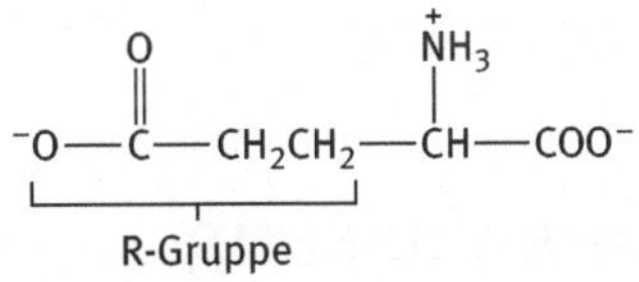

$$^-O-\overset{O}{\overset{||}{C}}-CH_2CH_2-\overset{\overset{+}{N}H_3}{\overset{|}{CH}}-COO^-$$

R-Gruppe

Lysin besitzt eine Aminoseitengruppe (R-Gruppe) mit einem pK_S-Wert von 10,53.
Diese wird bei einem physiologischen pH-Wert protoniert und trägt eine positive
Ladung.

Lysin

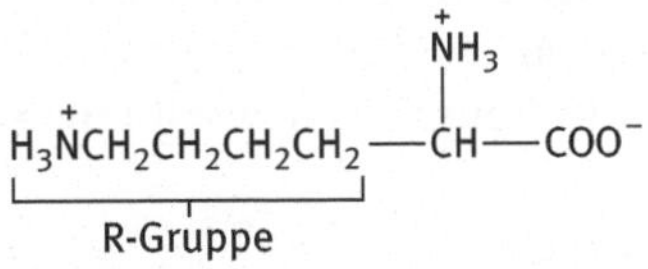

$$H_3\overset{+}{N}CH_2CH_2CH_2CH_2-\overset{\overset{+}{N}H_3}{\overset{|}{CH}}-COO^-$$

R-Gruppe

Merksatz

Wie man den pK_S-Wert „liest". Ist der pH-Wert niedriger als der pK_S-Wert einer
dissoziierbaren Gruppe, dann ist diese Gruppe überwiegend protoniert. Beim
physiologischen pH-Wert 7 ist die Carboxylgruppe (COO^-) dissoziiert und die
Aminogruppe (NH_3^+) protoniert.

7.11 Kontrolle des zellulären pH-Werts

Biologische Puffer (Seite 98)

Der physiologische pH-Wert liegt bei etwa 7,4, ist also nahezu neutral. Änderungen im pH-Wert können drastische Auswirkungen auf die Struktur und Aktivität biologischer Moleküle haben. Offensichtlich ist es wichtig, dass ein Organismus seinen internen pH-Wert kontrolliert. Er benötigt ein Puffersystem gegen pH-Wert-Änderungen.

Eine Anmerkung zu Logarithmen

Die pH-Skala ist eine logarithmische Skala zur Darstellung der Konzentration der H^+-Ionen in einer Lösung. Erinnern Sie sich aus der Algebra, dass wir einen Bruch als einen negativen Exponenten schreiben können, so dass $1/10$ zu 10^{-1} wird. Ebenso lässt sich $1/100$ als 10^{-2} schreiben oder $1/1000$ wird zu 10^{-3} usw. Logarithmen sind Exponenten, mit denen eine Zahl (gewöhnlich 10) potenziert wurde. Beispielsweise ist $\log 10$ (gesprochen „der log von 10") $= 1$ (denn 10 kann geschrieben werden als 10^1). $\log 1/10$ (oder 10^{-1}) $= -1$. Der pH-Wert, also das Maß für die Konzentration der H^+-Ionen, ist der negative dekadische Logarithmus der H^+-Ionen-Konzentration. Wenn der pH-Wert von Wasser 7 beträgt, dann ist die Konzentration der H^+-Ionen 10^{-7} M, oder $1/10\,000\,000$ M. Bei starken Säuren wie Salzsäure (HCl) ist $[H^+]$ gleich 10^{-1} M, und damit der pH-Wert 1.

7.12 Zusammenfassung

1. Wasser ist ein dipolares Molekül, das bereitwillig Wasserstoffbrückenbindungen mit anderen Wassermolekülen eingeht.

2. Bei der Dissoziation oder Autoprotolyse von Wasser werden das Hydroxoniumion (H_3O^+) und das Hydroxidion (OH^-) gebildet.

3. Der Dissoziationsgrad von Wasser wird durch die Gleichgewichtskonstante angegeben. Die Gleichgewichtskonstante ist das Verhältnis des Produkts der Konzentrationen dissoziierter Ionen zu den Konzentrationen der undissoziierten Moleküle.

   $$K_w = [H^+]\,[OH^-]$$

4. Eine Säure ist als Substanz definiert, die durch Dissoziation Wasserstoffionen (Protonen) freisetzt (H^+). Basen sind als Substanzen definiert, die ein Proton, H^+, aus dem Lösungsmittel Wasser aufnehmen können und so ein Hydroxidion, OH^- erzeugen.

5. Die pH-Skala ist eine logarithmische Skala, in der der pH-Wert einer Lösung in folgender Weise definiert ist:

   $$pH = -\log [H^+]$$

6. Schwache Säuren sind Substanzen, die nur zu einem Teil mit Wasser reagieren, um in Lösung Hydroxoniumionen freizusetzen. Eine schwache Base reagiert nur teilweise mit H_2O in Lösung unter Bildung von OH^--Ionen.

7. Für schwache Säuren hat die Dissoziationskonstante K_S, einen sehr kleinen Betrag. Daher wird sie häufig als pK_S-Wert (–log der Dissoziationskonstanten) angegeben.

$$pK_S = -\log K_S$$

8. $$pH = pK_S + \log \frac{[Base]}{[Säure]}$$

Dies ist die Henderson-Hasselbalch-Gleichung. Sie erlaubt uns die Ermittlung des pH-Werts von Pufferlösungen oder die Berechnung der pK_S-Werte konjugierter Säure-Base-Paare bei einem bestimmten pH-Wert.

9. Carboxyl- und Aminogruppen treten häufig als funktionelle Gruppen in biologischen Molekülen auf. Bei einem physiologischen pH-Wert sind sie jeweils dissoziiert bzw. protoniert.

7.13   Testen Sie Ihr Wissen

Die Lösungen finden Sie auf Seite 162.

Aufgabe 7.1
Warum ist es unwahrscheinlich, dass sich zwei Wassermoleküle in dieser Weise anordnen?

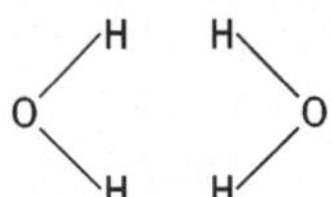

Aufgabe 7.2
(a) Definieren Sie in einfacher Weise eine Säure.
(b) Worin besteht der Unterschied zwischen einer starken und einer schwachen Säure?
(c) Zu welcher Art Skalen gehört die pH-Skala?
(d) Wieviel mehr Wasserstoffionen hat eine saure Lösung mit pH 4 im Vergleich zu einer alkalischen Lösung mit pH 9 bei gleichem Volumen?

Aufgabe 7.3
(a) Welchen pH-Wert hat eine 0,05 M Lösung der starken Säure HCl?
(b) Welchen Wert hat [H^+] bei einer Lösung mit dem pH-Wert 6,2?

Aufgabe 7.4
Für die Dissoziation von Essigsäure wurde eine Gleichgewichtskonstante von $K_S = 1,8 \times 10^{-5}$ M ermittelt. Wie groß ist pK_S für Essigsäure?

Aufgabe 7.5
Ein Puffersystem aus Essigsäure und Natriumacetat enthält 0,10 M Säure und 0,05 M der Base. Der pK_S-Wert von Essigsäure beträgt 4,75. Welchen pH-Wert hat dieses System?

Aufgabe 7.6
Tris ist eine schwache Base, die häufig zum Ansetzen von biologischen Puffern verwendet wird. Es hat einen pK_S-Wert von 8,08. Der pH-Wert der alkalischen Tris-Lösung wird durch Zugabe von HCl eingestellt. Welchen pH-Wert hat ein Tris-Puffer der 0,186 M der Tris-Base und 0,14 M HCl enthält?

Aufgabe 7.7
Die Moleküle X, Y and Z haben die pK_S-Werte 4,2, 6,8 und 8,2. Welche Substanz ist die stärkste Säure, und welchen Wert hätte [H^+] in den entsprechenden Fällen, wenn die drei Lösungen von X, Y und Z jeweils eine Konzentration von 1 M hätten?

▶ Zur Vertiefung

7.14   Biologische Puffer

Viele chemische Reaktionen werden durch den Säuregrad der Lösung beeinflusst, in der sie stattfinden. Damit eine bestimmte Reaktion stattfinden, oder mit hinreichender Geschwindigkeit ablaufen kann, muss der pH-Wert kontrolliert werden. Insbesondere biochemische Reaktionen sind vom pH-Wert abhängig. Viele biologische Moleküle enthalten Gruppen, die in Abhängigkeit vom pH-Wert geladen oder ungeladen sein können. Die biologische Aktivität dieser Moleküle kann wiederum stark davon abhängen, ob die Gruppen neutral oder geladen sind.

In allen vielzelligen Organismen haben die Körperflüssigkeiten in den Zellen und in deren Umgebung einen charakteristischen und nahezu konstanten pH-Wert. Das Blut einer gesunden Person hat beispielsweise einen pH-Wert, der innerhalb der bemerkenswert engen Grenzen zwischen 7,35 und 7,45 bleibt. Dies ist möglich, da das Blut eine Reihe von Puffern enthält, die es vor pH-Änderungen schützen, welche etwa durch saure oder alkalische Metabolite verursacht werden könnten. Aus physiologischer Sicht, ist eine Änderung um +0,3 oder −0,3 pH-Einheiten extrem.

Dieser pH-Wert wird durch verschiedene Mechanismen sichergestellt, von denen der wichtigste in den Puffersystemen besteht. Im Labor werden Puffer normalerweise durch Kombination der Lösung einer schwachen Säure mit einer Lösung ihres Salzes hergestellt. Nehmen wir zum Beispiel das Puffersystem aus Essigsäure und Natriumacetat. In Lösung ionisiert Natriumacetat ($CH_3COO^-Na^+$) unter Bildung der konjugierten Base der Essigsäure (CH_3COO^-).

Die Gleichung der in der Lösung ablaufenden reversiblen Reaktion ist:

$$CH_3COO^- + H_3O^+ \rightleftharpoons CH_3COOH + H_2O$$

Puffer wirken, indem sie H_3O^+ (H^+)- oder OH^--Ionen direkt nach deren Zugabe aus der Lösung entfernen.

Ein Puffersystem gehorcht dem Prinzip von Le Chatelier („Prinzip des kleinsten Zwangs"). Es besagt:

„Wird auf ein im Gleichgewicht befindliches System ein Zwang ausgeübt, dann passt sich das System an, um den Zwang zu verringern."

Aus diesem Grund verbinden sich zugeführte Wasserstoffionen mit der Base unter Bildung der konjugierten schwachen Säure:

$$H_3O^+ + CH_3COO^- \rightleftharpoons CH_3COOH + H_2O \qquad \text{(das obere}$$

Gleichgewicht
wird auf die rechte
Seite gedrängt)

Werden Hydroxidionen zugesetzt, so dissoziiert die schwache Säure und stellt so H^+-Ionen zur Verfügung, die sich mit OH^- zu H_2O verbinden:

$$CH_3COOH + OH^- \rightleftharpoons CH_3COO^- + H_2O \qquad \text{(das obere}$$

Gleichgewicht
wird auf die linke
Seite gedrängt)

In beiden Fällen findet keine drastische Änderung des pH-Werts statt, da sich weder die Konzentration der H^+-Ionen noch die der OH^--Ionen nennenswert ändert. Deshalb kann ein Puffer wesentlichen pH-Wert-Änderungen entgegenwirken.

Es gibt zwei bedeutende biologische Puffersysteme: das Dihydrogenphosphat-System und das Kohlensäure-System.

1. **Das Dihydrogenphosphat/Hydrogenphosphat-System** arbeitet in der inneren Zellflüssigkeit aller Zellen. Das Puffersystem besteht aus Dihydrogenphosphationen ($H_2PO_4^-$) als Protonendonor (Säure) und Hydrogenphosphationen (HPO_4^{2-}) als Protonenakzeptor (Base). Gemäß der folgenden Reaktionsgleichung befinden sich beide Ionenarten im chemischen Gleichgewicht:

$$H_2PO_4^- + H_2O \rightleftharpoons H_3O^+ + HPO_4^{2-}$$

Dringen zusätzliche Wasserstoffionen in die Zellflüssigkeit ein, dann werden sie durch die Reaktion mit HPO_4^{2-} verbraucht und das Gleichgewicht verschiebt sich nach links. Wenn zusätzliche Hydroxidionen in die Zellflüssigkeit eintreten, dann reagieren sie mit $H_2PO_4^-$ unter Bildung von HPO_4^{2-}, so dass sich das Gleichgewicht nach rechts verschiebt.

Daran können wir sehen, wie das System als Puffer gegen pH-Wert-Änderungen wirkt. Doch warum funktioniert es so gut bei einem neutralen pH-Wert?

Die Fähigkeit einer Verbindung bei einem bestimmten pH-Wert als Puffer zu wirken, hängt davon ab, wie stark ihre Neigung ist, bei diesem pH-Wert Protonen (H^+) aufzunehmen oder abzugeben. Aus diesem Grund ist jede Substanz, die bei einem bestimmten pH-Wert viele Protonen aufnehmen oder abgeben kann, bei diesem pH-Wert ein ausgezeichneter Puffer.

Für die Gleichgewichtskonstante dieser Gleichgewichtsreaktion gilt:

$$K_S = \frac{[H_3O^+]\,[HPO_4^{2-}]}{[H_2PO_4^-]}$$

Für den pK_S-Wert der Dissoziation von $H_2PO_4^-$ wurde ein Wert von 7,21 gemessen. Demnach ist die Pufferwirkung des Systems beim pH-Wert 7,21 am stärksten. Pufferlösungen erhalten den pH-Wert am effektivsten aufrecht, wenn dieser nahe beim pK_S-Wert liegt. In Säugetieren hat die Zellflüssigkeit einen pH-Wert im Bereich von 6,9 bis 7,4. In diesem Bereich ist das Dihydrogenphosphat-System also ein wirkungsvoller Puffer

2. **Das Kohlensäure/Hydrogencarbonat-System:** Eine weitere biologische Flüssigkeit, in der ein Puffer eine wichtige Rolle zur Aufrechterhaltung eines bestimmten pH-Werts spielt, ist das Blutplasma. Im Blutplasma wird der pH-Wert durch das Kohlensäure/Hydrogencarbonat-Gleichgewicht gepuffert. Bei diesem Puffer wirkt die Kohlensäure (H_2CO_3) als Protonendonor (Säure) während das Hydrogencarbonation (HCO_3^-) als Protonenakzeptor (Base) fungiert.

$$H_2CO_3 + H_2O \rightleftharpoons H_3O^+ + HCO_3^-$$

Dieser Puffer arbeitet nach dem gleichen Prinzip wie der Phosphatpuffer. Zusätzliches H^+ wird durch die Reaktion mit HCO_3^- verbraucht und zusätzliches OH^- bei der Reaktion mit H_2CO_3. Die Gleichgewichtskonstante K_S für dieses Gleichgewicht hat bei Körpertemperatur den Wert $7,9 \times 10^{-7}$ mol l^{-1}, was einem pK_S-Wert von 6,1 entspricht. Im Blutplasma ist die Konzentration an Hydrogencarbonationen etwa 20-mal höher als die Konzentration der Kohlensäure, wodurch eine ausreichende Pufferkapazität zum Schutz vor übermäßigen Änderungen des pH-Werts gewährleistet ist [der pH-Wert von Blutplasma schwankt zwischen 7,32 und 7,45].

Wie wir zuvor gesehen haben, enthalten biologische Moleküle eine Reihe funktioneller Gruppen, die die Fähigkeit besitzen, zu dissoziieren, insbesondere Carboxyl- und Aminogruppen. Also können wir vermuten, dass auch Proteine (die ja Polymere von Aminosäuren sind) als Puffer agieren können, und sie können dies in der Tat. Tatsächlich stellen Albumin (im Plasma) und Hämoglobin (in den roten Blutkörperchen) die größten „Reservoirs" an Puffern im Körper dar. Wie wir schon angemerkt hatten, agieren Verbindungen bei pH-Werten in der Nähe ihrer pK_S-Werte als gute Puffer. So würde man von Proteinen erwarten, dass sie bei pH-Werten nahe den pK_S-Werten ihrer dissoziierbaren Aminosäureseitenketten, die hauptsächlich aus Carbonyl- und Aminogruppen bestehen, als Puffer wirken. Unter normalen physiologischen Bedingungen und bei einem pH-Wert nahe 7 ist die Pufferkapazität solcher Gruppen allerdings vernachlässigbar. Ein Blick auf die untere Tabelle zeigt, dass der pK_S-Wert der Seitenketten-Carboxylgruppen bei etwa 4,0 (für Asparagin- und Glutaminsäure) und für Aminogruppen bei etwa 10 bis 13 (für Lysin, Arginin und Asparagin) liegt. Allerdings gibt es eine Aminosäure, deren Seitenkette einen pK_S-Wert nahe der Neutralität hat, nämlich Histidin.

Aminosäure	pK_S der R-Gruppe
Arginin	Amino – 13,2
Asparagin	Amino – 13,2
Asparaginsäure	Carboxyl – 3,65
Glutaminsäure	Carboxyl – 4,25
Histidin	5,97
Lysin	Amino – 10,28

Abbildung 66: Dissoziation am Stickstoff des Pyrrolrings von Histidin

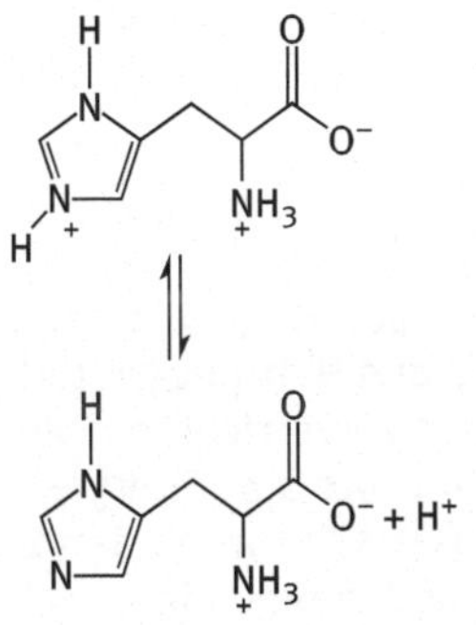

Bei neutralem pH-Wert befindet sich der Stickstoff des Pyrrolrings in der Histidinseitenkette im Gleichgewicht:

$$-N^+H \rightleftharpoons -N + H^+$$

Mit anderen Worten: Bei neutralem pH-Wert ist das Histidin in Proteinen wie Albumin oder Hämoglobin für deren Pufferwirkung verantwortlich.

8 Reaktionen und Energie

Grundbegriffe:
Energie ist ein zentraler Begriff in der Biologie. Zelluläre Vorgänge zielen darauf ab, Energie aus Nahrungsmitteln zu gewinnen und diese Energie einzusetzen, um Arbeit zu verrichten. Hier befassen wir uns damit, wie die Zelle Energie gewinnt und wie sie „Energiebarrieren" überwinden muss, damit Reaktionen ablaufen. Wir führen den Begriff der „freien Energie" und in die Gesetze der Thermodynamik ein.

Energie wird von Organismen für eine ganze Reihe biochemischer Vorgänge benötigt: Für den Transport von Molekülen, die Biosynthese von Molekülen, für die Aufrechterhaltung des pH-Werts und des osmotischen Drucks, für die Beweglichkeit der Zelle und für vieles mehr. Tiere sind chemotrop: Sie gewinnen Energie durch den Abbau von Molekülen (Katabolismus). Einen großen Teil dieser Energie verwenden sie für den Aufbau neuer Moleküle (Anabolismus). Letzteres beruht auf Ersterem und das „Managen" dieser Vorgänge ist der Schlüssel zu einem „nützlichen Stoffwechsel".

> **Merksatz**
>
> Sowohl **Kalorie** als auch **Joule** sind Energieeinheiten. Eine Kalorie ist die Energie- oder Wärmemenge, die nötig ist, um ein Gramm Wasser um $1°$ Celsius zu erwärmen. Eine Kalorie entspricht 4,186 Joule (J). Für die Kalorie in Nahrungsmitteln gilt: Cal = 1000 cal = 4,186 kJ.

8.1 Energie aus Molekülen

Wenn aus Atomen durch die Bildung kovalenter Bindungen Moleküle entstehen, dann wird Energie freigesetzt. Die Produktmoleküle sind demzufolge energieärmer als die Moleküle der Ausgangssubstanzen. Darin liegt der Grund für das Ausbilden kovalenter Bindungen zwischen Atomen: Der energieärmere Zustand ist der stabilere Zustand. Bei jeder einzelnen chemischen Bindung, etwa der kovalenten Bindung zwischen Wasserstoff und Sauerstoff ist die zur Spaltung der Bindung nötige Energiemenge genau gleich der Energiemenge, die bei der Entstehung der Bindung freigesetzt wird. Diese Energiemenge wird als Bindungsenergie (oder Bindungsdissoziationsenergie) bezeichnet. Die Bindungsenergie ist die Energie, die für die homolytische Spaltung (Spaltung in neutrale Fragmente) einer Bindung erforderlich ist. Bindungsenergien werden allgemein in der Einheit kcal mol^{-1} oder kJ mol^{-1} angegeben und üblicherweise als Bindungsdissoziationsenergie bezeichnet, sofern konkrete Bindungen gemeint sind. Bezieht man sich auf einen bestimmten Bindungstyp der bei vielen Verbindungen auftritt, so spricht man von mittleren Bindungsenergien.

> **Merksatz**
>
> Die mittlere Bindungsenergie, ΔH_B ist die durchschnittliche Energiedifferenz die für das Brechen von einem Mol eines bestimmten Typs einer chemischen Bindung nötig ist, z. B. ΔH_B (O-H) = 463 kJ mol^{-1}.

Betrachten wir folgende Reaktion, die Oxidation von Methan:

$$CH_4 + 2O_2 \longrightarrow CO_2 + 2H_2O + \textbf{Wärme}$$

Insgesamt setzt diese Reaktion Wärmeenergie frei, d. h. es ist eine **exotherme** Reaktion. Schauen wir uns beide Seiten der Reaktionsgleichung an. Bei den Substanzen auf der linken Seite der Gleichung werden kovalente Bindungen gebrochen und damit dies geschehen kann, muss notwendigerweise Energie zugeführt werden (zunächst etwa in Form eines Funkens oder einer Flamme). Dieser Teil der Reaktion ist daher **endotherm** (Energie wird absorbiert). Bei der Bildung der Substanzen auf der rechten Seite der Gleichung werden kovalente Bindungen gebildet und dabei wird Energie freigesetzt.

> **Merksatz**
>
> Kovalente Bindungen zwischen Atomen bilden sich, indem die Atome sich Elektronen teilen. Mit den geteilten Elektronen füllen die Atome ihre äußeren Energieniveaus und erreichen so einen energieärmeren und damit stabileren Zustand. Daraus folgt, dass bei der Bildung kovalenter Bindungen Energie freigesetzt und beim Brechen dieser Bindungen Energie aufgenommen wird.

Mithilfe veröffentlichter Bindungsenergietabellen können wir für diese Reaktion eine Energiebilanz aufstellen (ΔH_B = Bindungsenergie).

ENERGIEAUFNAHME				**ENERGIEABGABE**	
Energie zum Brechen von vier C-H-Bindungen	$4 \times \Delta H_B$ (C-H)	= +1648 kJ	Energie zur Bildung zweier C=O-Bindungen	$2 \times \Delta H_B$ (C=O)	= −1486 kJ
Energie zum Brechen zweier O=O-Bindungen	$2 \times \Delta H_B$ (O=O)	= +992 kJ	Energie zur Bildung von vier O-H-Bindungen	$4 \times \Delta H_B$ (O-H)	= −1852 kJ
		= +2640 kJ			= −3338 kJ
Energiebilanz =					= −698 kJ

Daher ist die Reaktion insgesamt exotherm und setzt pro Mol CH_4 698 kJ an Energie frei. Beachten Sie, dass das Pluszeichen die Energie anzeigt, die bei einer Reaktion zugeführt wird, während das Minuszeichen die bei einer Reaktion freigesetzte Energie anzeigt.

8.2 Starten einer Reaktion

Damit ein Molekül mit einem anderen reagieren kann, müssen beide zunächst zusammenstoßen. Die reagierenden Moleküle müssen genügend Energie haben, und sie müssen mit der richtigen Orientierung kollidieren, so dass eine oder mehrere kovalente Bindungen gebrochen werden. Die Energie, die benötigt wird, um die Reaktion zu initiieren (d. h. um eine oder mehrere kovalente Bindungen zu brechen), ist die sogenannte **Aktivierungsenergie, E_a**. Es ist die Energie, die mindestens nötig ist, damit eine Reaktion stattfindet.

> **Merksatz**
>
> Die Aktivierungsenergie (E_a) ist die Energie, die mindestens benötigt wird, damit eine Reaktion stattfindet. Sie ist reaktionsspezifisch, d. h. für eine bestimmte Reaktion hat sie immer den gleichen Wert.

Die Energie der reagierenden Moleküle muss bis zu einem „**Übergangszustand**" angehoben werden. Eine Möglichkeit den Energiegehalt der Reaktanten bis zum Übergangszustand anzuheben, besteht für den Chemiker darin, der Reaktion Wärmeenergie zuzuführen. Dadurch erhöht sich die Zahl erfolgreicher Kollisionen, so dass die Reaktionsgeschwindigkeit steigt. Eine andere Möglichkeit dies zu erreichen, liegt darin, einen alternativen Reaktionsweg mit geringerer Aktivierungsenergie zu ermöglichen. Dieser alternative Weg wird durch einen **Katalysator** ermöglicht.

> **Merksatz**
>
> Ein Katalysator ändert die Geschwindigkeit einer Reaktion, ohne selbst dabei verbraucht zu werden. Er erreicht dies, indem er einen alternativen Reaktionsmechanismus mit einer anderen Aktivierungsenergie, E_a, ermöglicht.

Wir können dies in einem „Energiediagramm" zusammenfassen (Abbildung 67).

Abbildung 67: Energiediagramm

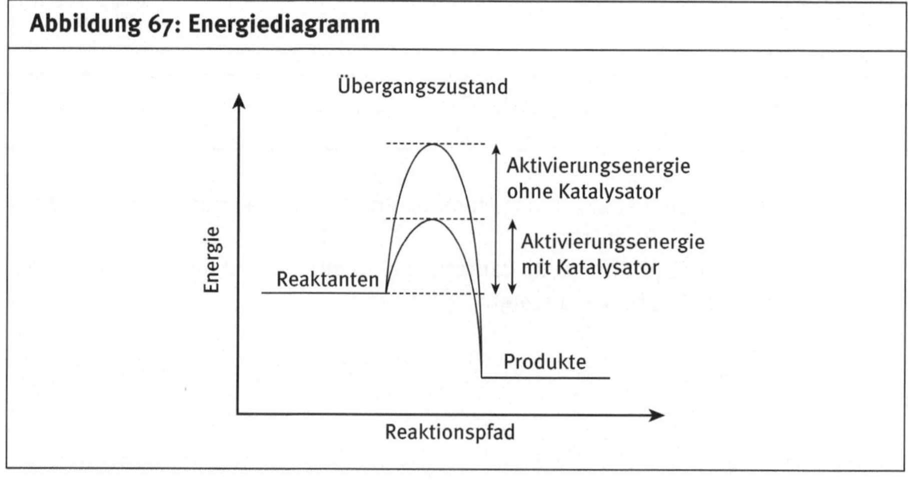

Um die Reaktion zu initiieren, muss die Energie der Edukte um einen Mindestbetrag, die Aktivierungsenergie, angehoben werden, so dass der Übergangszustand erreicht wird. Bei Anwesenheit eines Katalysators ist die Aktivierungsenergie geringer, und es wird weniger Energie benötigt, damit die Reaktion startet.

Jede Reaktion benötigt eine Aktivierungsenergie, unabhängig davon, ob sie exotherm oder endotherm ist. Die beiden Energiediagramme in Abbildung 68 zeigen eine exotherme (A) und eine endotherme Reaktion (B).

Abbildung 68: Energiediagramme einer exothermen und einer endothermen Reaktion

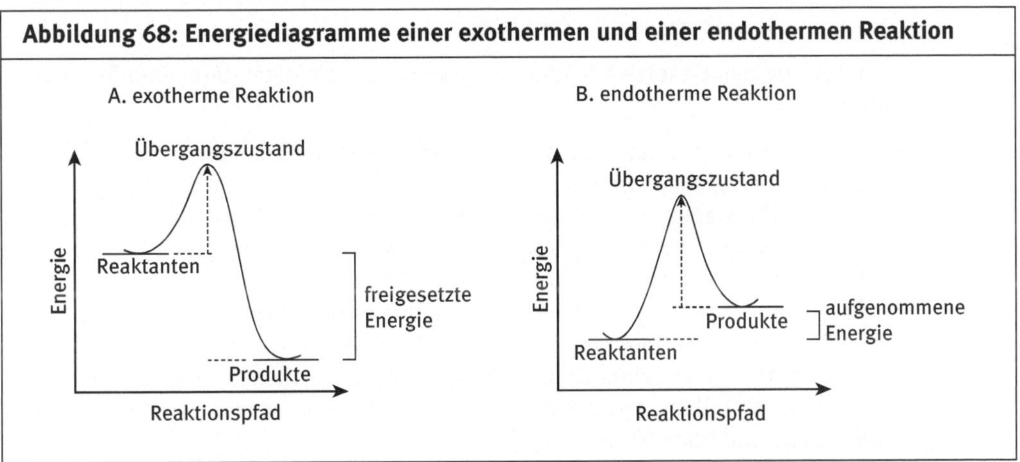

Bei Reaktion A haben die Produkte einen geringeren Energiegehalt als die Edukte. Bei dieser Reaktion muss Energie freigesetzt worden sein, die Reaktion ist also exotherm. Bei Reaktion B ist der Energiegehalt der Produkte höher als bei den Edukten. Bei dieser Reaktion muss also Energie aufgenommen worden sein, d. h. die Reaktion ist endotherm.

> **Merksatz**
>
> Bei einer exothermen Reaktion wird Wärmeenergie an die Umgebung abgegeben. Gewöhnlich erwärmt sich das Reaktionsgemisch. Bei einer endothermen Reaktion wird Wärmeenergie aus der Umgebung aufgenommen. Das Reaktionsgemisch kühlt sich gewöhnlich ab.

Biologische Enzyme senken wie Katalysatoren die Aktivierungsenergie einer Reaktion, indem sie einen alternativen Reaktionsweg ermöglichen.

8.3 Energie, Wärme und Arbeit: Einige Grundbegriffe der Thermodynamik

Alle lebenden Systeme brauchen einen kontinuierlichen Energiedurchsatz. Ihr Metabolismus wandelt die Energie letztlich in Wärme um, die an die Umgebung abgegeben wird. Ein großer Teil der biochemischen Ausstattung einer Zelle ist daher der Beschaffung und Nutzbarmachung von Energie gewidmet. Die **Thermodynamik** (griechisch: *therme* = Wärme und *dynamis* = Kraft) ist die Wissenschaft, die die Zusammenhänge zwischen den verschiedenen Energieformen beschreibt.

Obwohl biologische Systeme kompliziert sind, befolgen sie die grundlegenden Gesetze der Thermodynamik.

In der Thermodynamik unterscheiden wir zwischen dem „System" (das untersuchte Objekt) und seiner „Umgebung" (alles andere im Universum). Oftmals ist das System eine Zelle. Es kann aber auch ein biologisches Polymer oder ein Molekül sein. Die grundlegenden Gesetze der Thermodynamik gelten unabhängig davon, ob das System „lebt" oder nicht.

Die ersten beiden Gesetze der Thermodynamik können folgendermaßen formuliert werden:

- Das erste Gesetz besagt, dass die Gesamtenergie im Universum immer konstant ist. Energie kann in verschiedene Formen umgewandelt werden, doch Energie wird weder erzeugt noch vernichtet. Verliert ein System Energie, so muss sie von der Umgebung aufgenommen werden und umgekehrt.
- Das zweite Gesetz der Thermodynamik behandelt das Phänomen, dass das Universum einem Zustand maximaler Unordnung entgegenstrebt. Anders gesagt: Die Richtung jedes spontan ablaufenden Vorgangs ist so, dass die **Entropie** eines Systems und seiner Umgebung ansteigt. Dies spiegelt einfach unsere allgemeine Vorstellung wider, dass ein sich selbst überlassenes System nicht in einen Zustand höherer Ordnung übergeht!

> **Merksatz**
>
> Die **Entropie, *S***, ist ein Maß für die Ordnung in einem System.

Solche Gesetze mögen ziemlich abstrakt erscheinen, doch sie werden von jedem physikalischen, chemischen und biologischen System ohne Ausnahme befolgt. Wie nützlich sie in einem biologischen Kontext sind, hängt davon ab, wie wir sie anwenden! In der Biologie sind wir bestrebt, mithilfe der Thermodynamik herauszufinden, inwieweit ein bestimmter Prozess realisierbar ist, in welcher Richtung er wahrscheinlich ablaufen wird und welche energetischen Anforderungen bestehen. Veränderungen dieser Art messen wir unter Standardbedingungen (siehe Anhang 4).

8.4 Enthalpie

Die Wärmeänderung bei einer Reaktion unter konstantem Druck (wie es bei biologischen Prozessen der Fall ist) ist durch den Term delta H (ΔH), die **Reaktionsenthalpie**, gegeben. Wie wir oben gesehen haben, sind Reaktionen, bei denen Wärme freigesetzt wird, exotherme Prozesse. Bei ihnen hat ΔH einen negativen Wert (ein negativer Wert wird verwendet, um zu zeigen, dass das System Wärme „verliert"). ΔH kann uns bei der Beobachtung von energetischen Veränderungen helfen, und es ist nützlich, da es nur auf dem Anfangs- und dem Endzustand des Systems beruht. Doch es zeigt nicht die bevorzugte Richtung einer Reaktion an. Viele spontane Reaktionen sind exotherm, doch einige sind endotherm.

> **Merksatz**
>
> Die **Reaktionsenthalpie** ist äquivalent zur Wärmeänderung bei konstantem Druck. Sie wird in Joules pro Mol ($J\ mol^{-1}$) gemessen.

> **Merksatz**
>
> Der griechische Buchstabe „Delta" (Δ) wird verwendet, um eine Änderung anzuzeigen. Wir können keine absoluten Werte für die Enthalpie oder die Entropie messen, doch wir können ihre Veränderungen messen.

8.5 Entropie

Die **Entropie**, *S*, eines Systems ist ein Maß für die Unordnung des Systems. Ein Anstieg der Entropie wird durch einen positiven Wert für ΔS beschrieben. Dies ist eine Aussage des zweiten Gesetzes der Thermodynamik. Alle spontan ablaufenden Reaktionen führen zu einem Anstieg der Entropie. Die Entropie ist ein starker Indikator für die Richtung einer Reaktion. Allerdings ist sie in komplexen biologischen Systemen extrem schwierig zu messen.

Da lebende Systeme mit ihrer Umgebung Energie austauschen, kommt es sowohl zu Änderungen der Energie als auch der Entropie, und beide sind für die Richtung thermodynamisch begünstigter Reaktionen von großer Bedeutung. Alle lebenden Wesen sind offene Systeme und tauschen als solche auf zwei Wegen Energie mit ihrer Umgebung aus:

- durch Wärmeübertragung
- durch Verrichten von Arbeit an der Umgebung (oder indem die Umgebung Arbeit am System verrichtet).

8.6 Freie Energie (Gibbs-Energie) und Arbeit

Arbeit kann in verschiedenen Erscheinungsformen auftreten: Expansion (z. B. Ausdehnung der Lunge), elektrisch (z. B. Ionenbewegung, Nervenimpuls), Geißelbewegung, Muskelkontraktion usw. Wir brauchen eine thermodynamische Funktion, die sowohl die Energie als auch die Entropie enthält und die uns zeigt, wieviel Arbeit geleistet werden kann. Es gibt einige, doch in der Biologie ist besonders die **Gibbs Energie** von Bedeutung. Im Jahr 1878 entwickelte J. W. Gibbs eine Formel, die das erste und das zweite Gesetz der Thermodynamik verbindet. Damit wurde der Begriff der freien Energie eingeführt, der zu Ehren Gibbs' mit dem Symbol *G* abgekürzt wird.

> **Merksatz**
>
> Die freie Energie (**Gibbs Energie**), *G*, ist die in einem System vorhandene Menge an Energie, mit der bei konstanter Temperatur und konstantem Druck Arbeit verrichtet werden kann.

Sie ist definiert durch die Beziehung:

$$\Delta G = \Delta H - T\Delta S \qquad \text{mit } T \text{ als absoluter Temperatur.}$$

Biologen verwenden das Symbol $\Delta G^{\circ\prime}$ um die Änderung der freien Standardenergie unter biologischen Bedingungen zu kennzeichnen (siehe Anhang 4).

> **Merksatz**
>
> Die absolute Temperatur wird mit der Kelvin-Skala gemessen.
> 273 K = 0° C; −273°C = 0 K.

Prozesse mit einer negativen Reaktionsenthalpie (ΔH ist negativ – d. h. eine exotherme Reaktion) und/oder einem Anstieg der Entropie (ΔS ist positiv) sind typisch
für begünstigte Reaktionen und ergeben einen negativen ΔG-Wert.

Ein Prozess mit einem negativen ΔG ist ein **exergonischer** Prozess. Freie Energie
wird freigesetzt und steht für das Verrichten von Arbeit zur Verfügung.

Ein Prozess mit einem positiven ΔG ist ein **endergonischer** Prozess: Damit die
Reaktion abläuft, muss freie Energie zugeführt werden.

In der Biologie ist ΔG von fundamentaler Bedeutung:

- Sie zeigt an, ob ein Prozess stattfinden kann oder nicht
- Sie zeigt an, in welcher Richtung ein Prozess ablaufen wird
- Sie zeigt an, wie weit ein Prozess vom Gleichgewicht entfernt ist
- Sie zeigt an, wie viel nützliche Arbeit durch einen Prozess verfügbar ist.

Die folgenden drei Beispiele zeigen, wie die Enthalpie und/oder die Entropie zur
Richtung von chemischen Reaktionen beitragen. In jedem dieser Fälle ist der Wert
von ΔG negativ (die Reaktion ist exergonisch). Daraus können wir schließen, dass
die Reaktion in jedem Fall thermodynamisch möglich ist, in der angezeigten
Richtung ablaufen wird, und dass die freigesetzte freie Energie zum Verrichten von
Arbeit zur Verfügung steht.

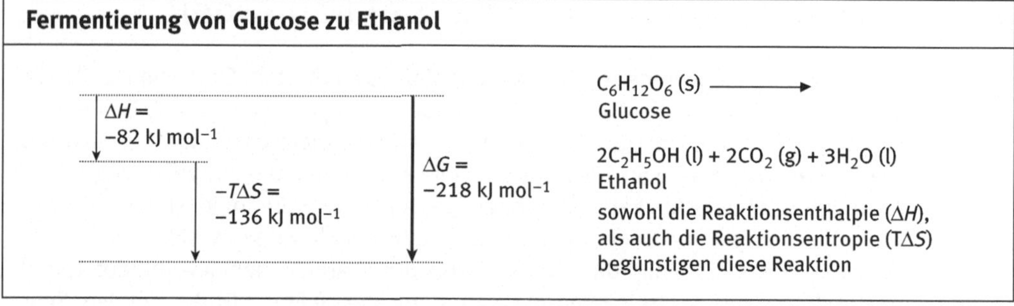

$$\Delta G = \Delta H - T\Delta S = (-82 - 136)\ \text{kJ mol}^{-1} = -218\ \text{kJ mol}^{-1}$$

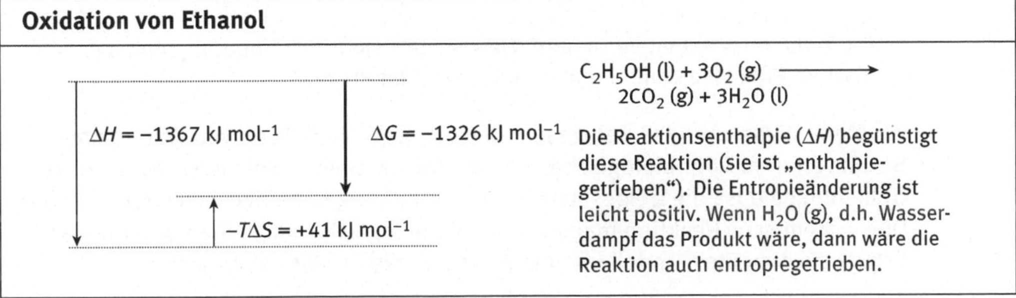

$$\Delta G = \Delta H - T\Delta S = (-1367 - (-41))\ \text{kJ mol}^{-1} = -1326\ \text{kJ mol}^{-1}$$

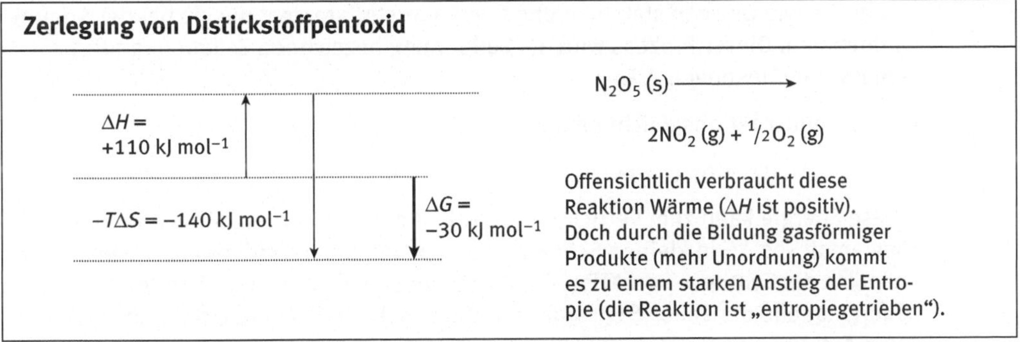

$$\Delta G = \Delta H - T\Delta S = (110 - 140)\ \text{kJ mol}^{-1} = -30\ \text{kJ mol}^{-1}$$

Biologische Prozesse mit einem positiven ΔG sind „energieverzehrend" oder endergonisch. Sie laufen nur ab, wenn sie an einen stark exergonischen Prozess **gekoppelt** sind. Damit ein Vorgang insgesamt exergonisch ist, muss die Zelle Arbeit verrichten. Solche Kopplungsmechanismen sind der Schlüssel für das Verständnis der vielen Stoffwechselvorgänge. Energie, die durch den Abbau von Biomolekülen freigesetzt wird, wird für die Biosynthese anderer eingesetzt. Wie wir am Beginn dieses Kapitels feststellten, beruht Anabolismus (Aufbaustoffwechsel) auf Katabolismus, und das Management des Stoffwechsels beruht auf der erfolgreichen Kombination beider.

8.7 Energieänderungen bei biologischen Reaktionen

Betrachten wir als Beispiel für eine deutlich exotherme Reaktion die Oxidation von Wasserstoff. Entzünden wir ein Gemisch aus Wasserstoff und Sauerstoff (der Funke sorgt für die nötige Aktivierungsenergie), dann kommt es zu einer dramatischen Explosion. Für diese chemische Reaktion gilt folgende Gleichung:

$$2H_2\ (g) + O_2(g) \rightarrow 2H_2O(l)$$

Und wie die Explosion vermuten lässt, wird Energie freigesetzt. Tatsächlich beträgt die Energieänderung -447 kJ mol^{-1}.

> **Merksatz**
>
> Die Zelle muss Arbeit verrichten. Dies schafft sie durch Kopplung eines exergonischen Prozesses mit einem endergonischen Prozess.

Wo bleibt diese Energie? Bei diesem Beispiel geht sie in Form von Wärme und Schall verloren. Aber biologische Systeme haben gelernt, solche Prozesse zu kontrollieren, so dass die freigesetzte Energie nutzbringend eingesetzt werden kann. Diese chemische Reaktion mag nicht sehr „biologisch" erscheinen. Aber tatsächlich ist sie ein gutes Modell für eine Reaktion, die für das Leben typisch ist.

Die subzellulären Organellen, die Mitochondrien, nutzen eine ganz ähnliche Reaktion wie die obige, um „freie Energie" zu erhalten. Die Mitochondrien synthetisieren Wasser aus den Wasserstoffatomen, die aus dem Abbau organischer Moleküle wie Glucose stammen und den Sauerstoffatomen, die sie bei der Atmung aufnehmen. Dieser Prozess wird als **Zellatmung** bezeichnet. Zellatmung führt zu einem stark negativen ΔG.

Die Gesamtreaktionsgleichung lautet:

$$C_6H_{12}O_6 + 6O_2 \rightarrow 6CO_2 + 6H_2O \qquad \text{unter Freisetzung von 2875 kJ mol}^{-1}$$

Diese Energie kann zum Verrichten von Arbeit genutzt werden. Mitochondrien setzen dieses ΔG in kleinen Schritten frei, um damit eine endergonische Reaktion, nämlich die Synthese von ATP (Adenosintriphosphat) voranzutreiben. ATP ist die Energiequelle der Zelle. Sein späterer Abbau setzt freie Energie frei, die wiederum zum Antreiben weiterer endergonischer Reaktionen verwendet werden kann. Dies ist eine bedeutende Strategie der Zelle, um freie Energie aus dem Katabolismus für den Antrieb thermodynamisch ungünstiger anabolischer Reaktionen einzusetzen. Der Erfolg der Mitochondrien beruht auf dem Umstand, dass freigesetzte freie Energie für Arbeit eingesetzt wird und nicht einfach als Wärme verloren geht, so wie es im Falle der oben beschriebenen äquivalenten Reaktion der Fall ist. Diese Strategie wird im Abschnitt „Zur Verfügung: Freie Energie und Stoffwechselwege", und in Kapitel 10 weiter ausgeführt.

Wir haben gesehen, dass für das Brechen kovalenter Bindungen Energie (Bindungsenergie) benötigt wird, dass einige Reaktionen insgesamt (netto) unter Freisetzung von Energie ablaufen (exotherme und exergonische Reaktionen), und dass ein Teil dieser freigesetzten Energie (freie Energie) zum Verrichten von Arbeit eingesetzt (gekoppelt) und zum Antrieb endergonischer Reaktionen verwendet werden kann. Die während der verschiedenen zellulären Prozesse auftretenden Energieänderungen zeigen an, wie wahrscheinlich (thermodynamisch möglich) solche Prozesse sind, in welche Richtung sie wahrscheinlich voranschreiten und ob sie eher Energie freisetzen oder benötigen. Diese Erkenntnisse erlauben uns allerdings nicht, anzugeben, wie schnell eine Reaktion ablaufen wird und ob sie vollständig ablaufen wird. Tatsächlich sagen uns diese Informationen recht wenig darüber, nach welchem molekularen Mechanismus eine Reaktion abläuft. Erkenntnisse darüber können wir durch die Untersuchung der Kinetik erhalten. Diese betrachten wir in Kapitel 9.

8.8   Zusammenfassung

1. Die Bindungsdissoziationsenergie ist die Energiemenge, die nötig ist, um eine kovalente Bindung zu spalten. Diese Menge an Energie muss zugeführt werden, damit eine Bindung aufgelöst werden kann. Wenn die gleiche kovalente Bindung gebildet wird, wird die gleiche Energiemenge freigesetzt.

2. Chemische Reaktionen können exotherm (Energie wird freigesetzt, ΔH ist negativ) oder endotherm (Energie wird aufgenommen, ΔH ist positiv) sein.

3. Damit Moleküle miteinander reagieren können, muss ihnen immer Energie zugeführt werden. Die benötigte Energiemenge wird als Aktivierungsenergie, E_a, bezeichnet.

4. Die Aktivierungsenergie bringt die reagierenden Moleküle in einen oder mehrere Übergangszustände.

5. Ein Katalysator ermöglicht einen alternativen Reaktionsweg mit einer anderen, gewöhnlich niedrigeren Aktivierungsenergie.

6. Alle biologischen Systeme befolgen die grundlegenden Gesetze der Thermodynamik: „Energie kann in verschiedene Formen umgewandelt, aber weder erschaffen noch vernichtet werden", und „spontan ablaufende Prozesse führen zu einem Anstieg der Unordnung".

7. Die Reaktionsenthalpie (ΔH) ist ein Maß für die Änderung der Wärme und die Entropieänderung (ΔS) ist ein Maß für die Änderung des Ordnungsgrades. Beide sind durch die Beziehung $\Delta G = \Delta H - T\Delta S$ mit der Gibbs-Energie (ΔG) verknüpft.

8. Reaktionen können enthalpie- und/oder entropiegetrieben sein.

9. ΔG ist in der Biologie von fundamentaler Bedeutung. Es zeigt an, ob eine Reaktion möglich ist, in welche Richtung und in welchem Umfang sie abläuft und ob sie für das Leisten von Arbeit verwendet werden kann.

10. Ein negatives ΔG weist auf eine exergonische Reaktion hin, die freie Energie zur Verfügung stellen kann, um Arbeit zu leisten. Ein positives ΔG weist auf eine endergonische Reaktion hin, für die Energie zur Verfügung gestellt werden muss, damit sie weiter voranschreitet.

11. Bei biologischen Reaktionen werden endergonische Reaktionen mit exergonischen gekoppelt, wobei freie Energie aus Letzteren für den Antrieb Ersterer eingesetzt wird.

8.9 Testen Sie Ihr Wissen

Die Lösungen finden Sie auf Seite 162.

Aufgabe 8.1
Welche der folgenden Antworten ist korrekt?
Zellen können Wärme nicht für Arbeit verwenden, weil:
(a) Wärme keine Energieform ist.
(b) Zellen nicht viel Wärme entwickeln.
(c) die Temperatur innerhalb einer Zelle gewöhnlich gleichmäßig ist.
(d) man Wärme nicht für Arbeit verwenden kann.
(e) Wärme zur Denaturierung von Enzymen führt.

Aufgabe 8.2
Welche der folgenden Reaktionen kann ohne einen Nettozufluss von Energie aus anderen Reaktionen ablaufen?
(a) $ADP + P_i \rightarrow ATP + H_2O$
(b) $C_6H_{12}O_6 + 6O_2 \rightarrow 6CO_2 + 6H_2O$
(c) $6CO_2 + 6H_2O \rightarrow C_6H_{12}O_6 + 6O_2$
(d) Aminosäuren → Proteine
(e) Glucose + Fructose → Saccharose

Aufgabe 8.3
Welche der folgenden Antworten ist richtig?
Ein Enzym beschleunigt eine Stoffwechselreaktion, indem es:

(a) die gesamte Änderung der freien Energie der Reaktion ändert.
(b) dafür sorgt, dass eine endergonische Reaktion spontan abläuft.
(c) die Aktivierungsenergie erniedrigt.
(d) die Reaktion vom Gleichgewichtszustand wegbewegt.
(e) die Stabilität des Substratmoleküls erniedrigt.

Aufgabe 8.4
Erklären Sie die Bedeutung der Begriffe exergonische und endergonische Reaktion.

Aufgabe 8.5
Bei der Oxidation von Glucose zu Kohlendioxid und Wasser (Glucose + Sauerstoff → Kohlendioxid und Wasser) wurde eine Reaktionsenthalpie ΔH von $-2807{,}8$ kJ mol^{-1} gemessen, und die Gibbs Energie ΔG der Reaktion beträgt $-3089{,}0$ kJ mol^{-1}.
(a) Berechnen Sie die Reaktionsentropie ΔS pro Mol Glucose bei 37°C.
(b) Beurteilen Sie die thermodynamische Durchführbarkeit dieser Reaktion.

▶ ## Zur Vertiefung

8.10 Freie Energie und Stoffwechselwege

Der Metabolismus eines Organismus ist darauf ausgerichtet, aus Nahrungsmitteln Energie zu gewinnen (Katabolismus) und mit dieser Energie Arbeit zu verrichten sowie Reaktionen anzutreiben, die sonst nicht ablaufen würden. Bei dieser Strategie ist das Molekül **ATP, Adenosintriphosphat,** von zentraler Bedeutung. Es ist die „Energiewährung" der Zelle. Auf der folgenden Seite ist die Struktur von ATP dargestellt. Zum Vergleich befindet sich darunter die Struktur von ADP.

ATP

Phosphatgruppen   Ribose   Adenin

ADP

Das ATP-Molekül ist aufgebaut aus einer Base, Adenin (die wir auch in DNA und RNA vorfinden), welche an einen Zucker, Ribose (auch in RNA vorhanden), gebunden ist, der seinerseits an eine Reihe von drei Phosphatgruppen gebunden ist. Die Anwesenheit der drei Phosphatgruppen ist entscheidend für die Rolle von ATP. Thermodynamisch betrachtet, ist ATP ein eher instabiles Molekül. Bei einem physiologischen pH-Wert tragen die drei Phosphatgruppen jeweils eine negative Ladung, und so kommt es zu einer starken Abstoßung zwischen gleichartigen Ladungen. Die Entfernung einer (oder zweier) Phosphatgruppen verringert die Abstoßung und führt so zu einem stabileren Molekül. Die enzymkatalysierte Hydrolyse von ATP (Hydrolyse ist die Addition von Wasser) führt nach Entfernung einer Phosphatgruppe zu ADP (Adenosindiphosphat).

$$ATP + H_2O \rightarrow ADP + P_i \text{ (anorganisches Phosphat)}$$

Diese Reaktion verläuft spontan und stark exergonisch und geht mit einer starken negativen Änderung der freien Energie einher. Die Änderung der freien Energie beträgt bei dieser Reaktion etwa 30,7 kJ mol^{-1}. Organismen **koppeln** die Hydrolyse von ATP an den Ablauf energieverbrauchender Reaktionen in der Zelle. ATP ist nicht das einzige Molekül in der Zelle, das diese Energie zur Verfügung stellen kann, doch es ist das wichtigste. Bei der Evolution wurden Enzyme bevorzugt, die ATP binden und dessen Hydrolyse für den Antrieb endergonischer Reaktionen nutzen können.

ATP treibt die am stärksten energieverbrauchenden Reaktionen der Zelle an	
Vorgang	**Beispiele**
anabolische Reaktionen	Synthese von Proteinen Synthese von Nucleinsäuren Synthese von Polysacchariden Synthese von Fetten
Aktiver Transport von Molekülen	Transport von Molekülen und Ionen durch biologische Membranen
Nervenimpulse Erhalt des Zellvolumens	Aufrechterhaltung osmotischer Gradienten
Addition von Phosphatgruppen an Moleküle	Phosphorylierung von Proteinen ändert ihre Aktivität
Muskelkontraktion Zellmotilität (Zellbeweglichkeit)	Bewegung von Zilien, Geißeln und Spermien
Biolumineszenz	

Stoffwechselwege

Alle Stoffwechselwege beinhalten eine Reihe nacheinander ablaufender Umwandlungen, beginnend mit Ausgangssubstanz(en) über Intermediat(e) bis zu(m) Endprodukt(en). Intermediate können ihrerseits Teil anderer Stoffwechselwege sein. Es existieren einige wichtige Konzepte, die klar werden, wenn wir uns die vielen verschiedenen Stoffwechselwege in einem Organismus vor Augen führen.

- Sämtliche Stoffwechselwege laufen in der gleichen Richtung ab. Es mag dabei einzelne Reaktionen geben, die eindeutig reversibel sind, aber im Ganzen laufen sie in einer Richtung ab und es kommt netto zur Bildung der Produkte.
- Die Gesamtänderung der freien Energie ist bei jedem Stoffwechselweg negativ. Mit anderen Worten: Alle Stoffwechselwege sind unter physiologischen Bedingungen thermodynamisch möglich und verlaufen in einer bestimmten Richtung.

Der letzte Punkt erfordert eine weitergehende Betrachtung. Katabolische Reaktionswege sind darauf ausgelegt, freie Energie aus Nahrungsmitteln zu gewinnen und verfügbar zu machen. Notwendigerweise sind sie mit einer großen negativen Änderung der freien Energie verbunden und per Definition thermodynamisch erlaubt und gleichlaufend. Doch wie ist es bei den anabolischen Reaktionswegen? Anabolische Reaktionen sind thermodynamisch ungünstig und verbrauchen Energie. Wie also kann ein anabolischer Reaktionsweg thermodynamisch günstig sein und in einer Richtung laufen? Die Antwort hierzu, die wir ausführlicher betrachten werden, erklärt sich durch die Kopplung stark exergonischer Reaktionen (z. B. der Hydrolyse von ATP) mit thermodynamisch ungünstigen endergonischen Reaktionen. Natürlich sind nicht alle Reaktionsfolgen eines anabolischen Weges endergonisch, und durch die Zufuhr freier Energie ist die

Gesamtsumme für den gesamten Stoffwechselweg negativ und somit thermodynamisch begünstigt.

Hierbei ist ein weiterer Punkt zu beachten.

- Obwohl einige Stoffwechselwege durch die gleichen Enzyme katalysiert werden, die sowohl die Hinreaktion (Abbau) als auch die Rückreaktion (Synthese) fördern, verwenden Organismen immer zwei getrennte nicht-reversible Wege, einen für den Abbau und einen anderen für die Biosynthese. Diese Strategie erlaubt es der Zelle, bezüglich des Stoffwechsels Kontrolle auszuüben und hinsichtlich ihrer energetischen Bedürfnisse eine Balance aufrecht zu erhalten.

Wir können diese Punkte genauer betrachten, indem wir uns zwei zelluläre Stoffwechselwege, nämlich die Glykolyse und die Gluconeogenese, detailliert anschauen.

Glykolyse und Gluconeogenese

Die Glykolyse ist die katabolische Reaktionsfolge, mit der der oxidative Abbau der Glucose beginnt. Der glykolytische Reaktionsweg verläuft in einer Richtung und ist stark exergonisch. Er führt zur Produktion von zwei Molekülen ATP aus jeweils einem abgebauten Glucosemolekül. Er ist eine wesentliche Komponente der gesamten Energieversorgung eines Organismus. So beziehen etwa die Skelettmuskeln den größten Teil ihrer Energie (in Form von ATP) aus der Glykolyse. Allerdings müssen Organismen auch Glucose synthetisieren, um diese einzulagern (als Glykogen), damit eine konstante Energieversorgung auch dann möglich ist, wenn der Körper keine Nahrungsmittel aufnimmt (das Gehirn braucht beispielsweise eine konstante Versorgung mit Glucose). Die Synthese der Glucose ist ein anabolischer Vorgang der über den Gluconeogenese-Weg abläuft (Gluconeogenese bedeutet wörtlich „Synthese neuer Glucose").

Glykolyse

Der Stoffwechselweg für die Glykolyse ist in Abbildung 69 dargestellt.

Zunächst und in Übereinstimmung mit den meisten katabolischen und anabolischen Stoffwechselwegen muss die Reaktionsfolge „angestoßen" werden. Bei der Glykolyse beinhaltet dies die Phosphorylierung der Glucose zu Glucose-6-phosphat. Diese Reaktion erfordert die Zuführung von Energie und ist deshalb an die Hydrolyse von ATP gekoppelt, d. h. freie Energie aus der Hydrolyse von ATP treibt diese Reaktion voran (ATP_{in}). Die Reaktion ist einseitig gerichtet und mit einer hohen negativen Änderung der freien Energie verbunden. Solche irreversiblen Reaktionen werden häufig als *„committed step"* bezeichnet. Eine weitere Energiezufuhr wird für die Umwandlung von Fructose-6-phosphat zu Fructose-1,6-diphosphat benötigt. Wieder verläuft die Reaktion in einer Richtung, und mit der Hydrolyse des ATP ist eine hohe negative Änderung der freien Energie verbunden. Stoffwechselwege wie die Glykolyse können wir uns in eine **Energieinvestitions-**

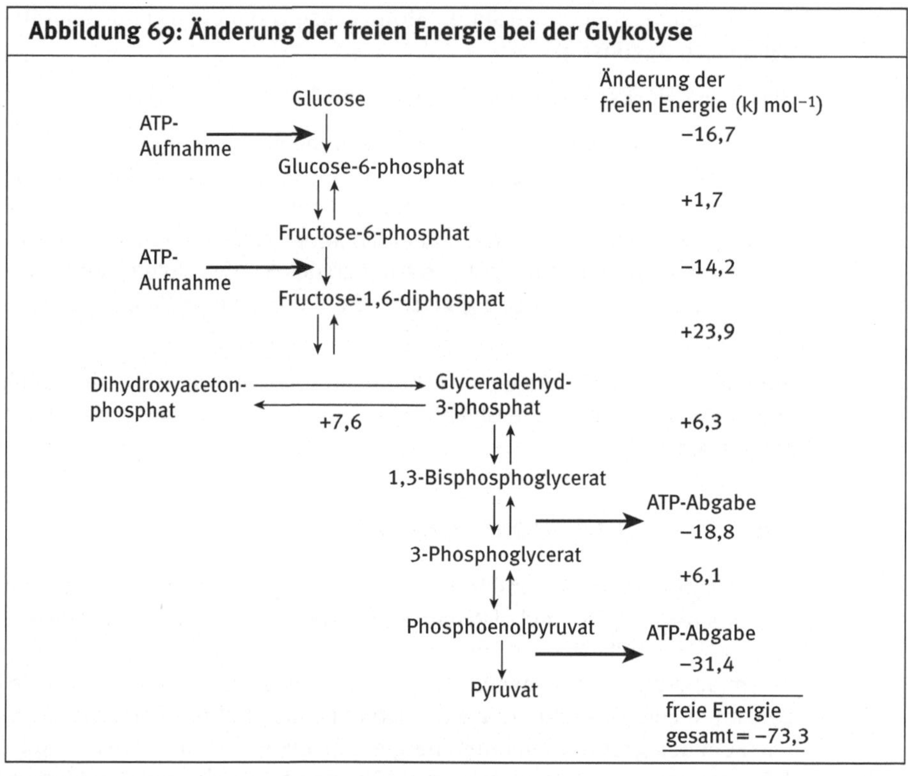

phase und eine **Energieauszahlungsphase** unterteilt vorstellen. Anders gesagt, es muss Energie bereitgestellt werden, um den Reaktionsweg anzustoßen, so dass anschließend Energie freigesetzt werden kann. Bei der Glykolyse werden zur Fortführung des Reaktionswegs pro Mol Glucose zwei Mol ATP benötigt, während durch zwei spätere exergonische Reaktionen vier Mole ATP gewonnen werden (ein Glucosemolekül versorgt zwei Moleküle Glycerinaldehyd-3-phosphat). Netto gibt es also einen Energiegewinn.

Obwohl die mehr exergonischen Reaktionen dieses Weges dazu neigen, eindeutig in einer Richtung abzulaufen, gibt es ganz offensichtlich eine Reihe von Reaktionen die im Wesentlichen reversibel sind. Jemand könnte fragen: „Warum stoppt die Reaktionsfolge nicht oder läuft in entgegengesetzter Richtung ab?" Die Reaktionsfolge kann sich wegen der exergonischen, einseitig gerichteten Reaktionen nicht oder zumindest nicht vollständig, umkehren. Zudem drängen die Enzyme durch rasche Entfernung der Produkte die reversiblen Reaktionen ständig vom Gleichgewicht weg und „ziehen" so die Reaktionen vorwärts.

Gluconeogenese

Der Stoffwechselweg der Gluconeogenese ist in Abbildung 70 dargestellt. Die Reaktionsfolge wird direkt neben der Glykolyse gezeigt. Der Vergleich der Gluconeogenese mit der Glykolyse zeigt, dass beide Reaktionswege viele Reaktionen gemeinsam haben (verdeutlicht durch das Symbol →), während bestimmte Reaktionen nur bei der Gluconeogenese auftreten (verdeutlicht durch das Symbol ●—).

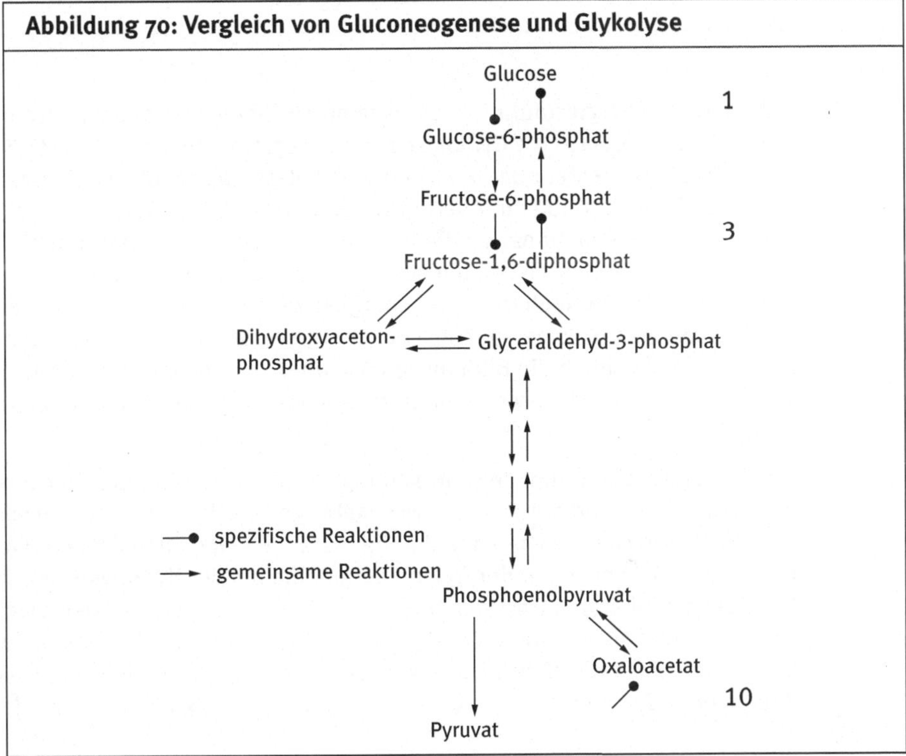

Die drei spezifischen Reaktionen der Gluconeogenese, **10**, **3** und **1** in Abbildung 70, die in Abbildung 71 durch die „Kreisläufe" hervorgehoben sind, entsprechen den stark exergonischen Schritten bei der Glykolyse. Diese drei Schritte der Glykolyse können nicht einfach umgekehrt werden und müssen daher durch andere Reaktionen „umgangen" (überbrückt) werden.

Bei der Gluconeogenese wird diese Überbrückung durch spezifische Reaktionen erreicht, von denen jede Energiezufuhr benötigt, damit sie exergonisch und einseitig verlaufen. Die anderen reversiblen Reaktionen laufen bei beiden Reaktionswegen ab, wenngleich beide Reaktionswege tatsächlich innerhalb der Zelle getrennt sind, da sie in unterschiedlichen Zellkompartimenten stattfinden.

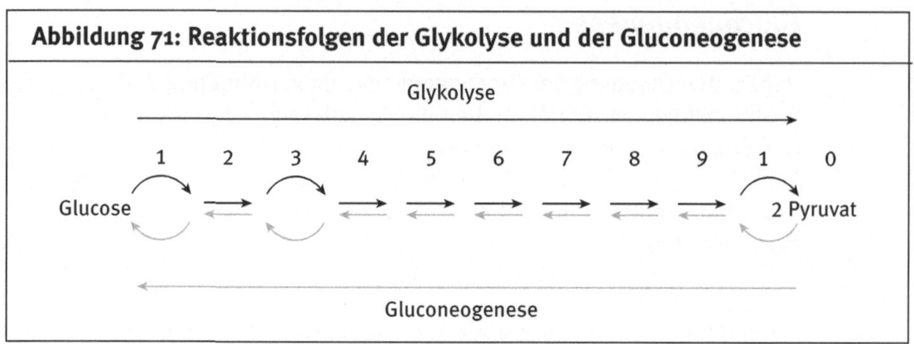

Aufgrund der Energiezufuhr ist das Gesamt-ΔG für die Gluconeogenese negativ ($-47{,}6$ kJ mol^{-1}). Auch die Glykolyse hat ein negatives Gesamt-ΔG ($-73{,}3$ kJ mol^{-1}). Der Unterschied besteht darin, dass die Glykolyse das negative ΔG erreicht, während sie gleichzeitig eine Netto-Produktion von ATP erzielt, wohingegen der biosynthetische Reaktionsweg der Gluconeogenese Energiezufuhr benötigt (teilweise mittels ATP-Hydrolyse), um sein negatives Gesamt-ΔG zu erlangen. Die Glykolyse ist ein katabolischer und energieerzeugender Reaktionsweg, während die Gluconeogenese eine anabolische, energieverbrauchende Reaktionsfolge ist. Die Energie, die durch die Bildung von ATP über katabolische Reaktionswege zur Verfügung gestellt wird, wird zum Antreiben anabolischer Reaktionswege verwendet.

Die Strategien die wir bei der Betrachtung der Glykolyse und der Gluconeogenese gesehen haben, sind auf alle Stoffwechselwege innerhalb der Zelle anwendbar. Die Zufuhr von Energie ist generell nötig, damit eine Reaktionsfolge abläuft. Dies geschieht gewöhnlich mit der freien Energie, die bei der Hydrolyse von ATP freigesetzt wird. Damit wird sichergestellt, dass das Gesamt-ΔG der Reaktionsfolge negativ ist und sie in einer Richtung abläuft. Bei reversiblen Reaktionen wird die Einstellung eines Gleichgewichts entweder durch die Entfernung von Reaktionsprodukten oder durch eine hohe Konzentration der Ausgangsstoffe vermieden.

9 Reagierende Moleküle und Kinetik

Grundbegriffe:
Das erfolgreiche Management und die Verflechtung der riesigen Menge verschiedener Stoffwechselreaktionen in der Zelle beruht zu einem großen Teil auf der Kontrolle und den Geschwindigkeiten der verschiedenen Reaktionen. Die Untersuchung der Kinetik ist ein wertvolles Hilfsmittel für das Verständnis der Mechanismen und der Kontrolle enzymkatalysierter Reaktionen. Hier betrachten wir Faktoren, die sich auf die Geschwindigkeit von Reaktionen auswirken, geschwindigkeitsbestimmende Schritte in Reaktionssystemen und Gleichgewichtszustände und deren Verhältnis zu Änderungen der freien Energie.

Die chemische Kinetik ist die Untersuchung der Geschwindigkeit chemischer Reaktionen und der Faktoren, die die Reaktionsgeschwindigkeit beeinflussen. Für Lebewesen ist die Reaktionsgeschwindigkeit äußerst wichtig. Ein erfolgreicher Stoffwechselweg setzt voraus, dass jede einzelne Reaktion mit einer optimalen Geschwindigkeit ablaufen kann. Drei Faktoren sind für die Einstellung der Reaktionsgeschwindigkeit wichtig.

1. **Temperatur.** Je höher die Temperatur ist, desto stärker ist die kinetische Bewegung der Moleküle, desto energiereicher sind ihre Zusammenstöße und desto wahrscheinlicher ist es daher, dass die Aktivierungsenergie erreicht oder überschritten wird und eine Reaktion eintritt. Höhere Organismen kontrollieren ihre Temperatur, wodurch eine direkte Auswirkung der äußeren Temperatur auf biochemische Reaktionen von geringerer Bedeutung ist.

2. **Katalysatoren.** Katalysatoren erhöhen (oder senken) Reaktionsgeschwindigkeiten, während sie selbst unverändert bleiben. Enzyme sind biologische Katalysatoren. Die physiologische Temperatur höherer Organismen beruht auf einem Kompromiss: Einerseits erhöht eine höhere Temperatur die Reaktionsgeschwindigkeit und die Umsetzbarkeit der enzymkatalysierten Reaktion, während sie andererseits nicht so hoch sein darf, dass die empfindlichen Proteinstrukturen der Enzymmoleküle übermäßigen Schaden annehmen.

3. **Konzentration.** Je mehr Moleküle der Reaktionspartner vorhanden sind, desto höher ist die Zahl der Zusammenstöße in einem bestimmten Zeitraum, und desto höher ist deshalb die Reaktionsgeschwindigkeit (desto mehr Produktmoleküle werden gebildet). Bei biochemischen Reaktionswegen sind die Konzentrationen der Edukte und Produkte besonders wichtig, da die katalytische Wirkung vieler Enzyme durch die Konzentrationslevel bestimmter Metabolite dieser Reaktionswege aktiviert oder gehemmt werden kann (Feedback-Inhibierung).

Die Geschwindigkeit von Reaktionen wird üblicherweise als Änderung der Konzentration (der Edukte oder der Produkte) mit der Zeit ausgedrückt. Beispielsweise können wir die Reaktionsgeschwindigkeit in Bezug auf die Änderung der Produktstoffmenge pro Sekunde (mol s^{-1}) oder als Änderung der Stoffmengenkonzentration des Produkts pro Sekunde (mol dm^{-3} s^{-1}) ausdrücken.

Ein Ausdruck zur Berechnung der Reaktionsgeschwindigkeit ist

$$\text{Geschwindigkeit} = \frac{-\Delta[\text{R}]}{\Delta t}$$

wobei Δ für „Differenz" und [R] für die Stoffmengenkonzentration der Edukte steht. Natürlich kann die Konzentration der Edukte mit der Zeit nur sinken, und da die Geschwindigkeit nur positiv sein kann, enthält die Gleichung ein Minuszeichen.

Wenn das Produkt einer Reaktion das Molekül P ist, dann können wir die Geschwindigkeit der Reaktion auch als Änderung der Produktkonzentration pro Sekunde angeben. In diesem Fall wird die Reaktionsgeschwindigkeit als

$$\text{Geschwindigkeit} = \frac{\Delta[\text{P}]}{\Delta t}$$

ausgedrückt. Da die Produktkonzentration mit der Zeit ansteigt, enthält die Gleichung in diesem Fall kein Minus-Zeichen.

> **Merksatz**
>
> Reaktionsgeschwindigkeiten werden allgemein als Änderung der Konzentration mit der Zeit angegeben.

9.1 Geschwindigkeitsgleichungen

Betrachten wir die Reaktion A + B → C + D. Für die Geschwindigkeit, mit der die Konzentration der Reaktanten sinkt, können wir folgende Geschwindigkeitsgleichung schreiben:

$$\text{Geschwindigkeit} = -k[\text{A}]^x[\text{B}]^y$$

Entsprechend können wir für die Geschwindigkeit des Anstiegs der Produktkonzentration schreiben:

$$\text{Geschwindigkeit} = k[\text{C}]^w[\text{D}]^z$$

k ist die **Geschwindigkeitskonstante** der Reaktion. Die Geschwindigkeitskonstante ist eigentlich keine echte Konstante, denn ihr Wert ist temperaturabhängig und sie ändert sich nach Zufügen eines Katalysators. Die Geschwindigkeitskonstante ist nur dann eine Konstante für eine bestimmte Reaktion, wenn die einzigen sich verändernden Parameter die Konzentrationen der Reaktionspartner sind. Bei diesen Gleichungen sind die Exponenten x und y die **Reaktionsordnungen** bezüglich der Edukte A und B. Gewöhnlich sind die Reaktionsordnungen kleine ganze Zahlen: 0, 1 oder 2. Die **Gesamtordnung der Reaktion** ist die Summe der Exponenten: $x + y$.

Eine Geschwindigkeitskonstante ist nur dann eine echte Konstante, wenn die Konzentrationen der Reaktionspartner die einzigen sich ändernden Parameter sind.

Bei einer **Reaktion nullter Ordnung** hängt die Reaktionsgeschwindigkeit nicht von den Konzentrationen der Reaktanten ab; die Reaktionsordnung ist also Null. Jede mit dem Exponenten Null potenzierte Zahl ergibt den Wert 1, so dass sich für eine solche Reaktion die Geschwindigkeit ganz einfach durch:

$$\text{Geschwindigkeit} = -k$$

ergibt. Reaktionen nullter Ordnung sind in der Biologie weit verbreitet. Wo ein Enzym mit Substrat gewissermaßen gesättigt ist und mit seiner maximalen Geschwindigkeit arbeitet, wirkt es sich kaum auf die Reaktionsgeschwindigkeit aus, wenn die Konzentration des reagierenden Substrats leicht ansteigt oder absinkt. Die Geschwindigkeit wird nur durch die Effizienz des Enzyms bestimmt.

Bei einer **Reaktion erster Ordnung** hängt die Reaktionsgeschwindigkeit nur von der Kontentration eines Reaktionspartners ab. In diesem Fall schreiben wir:

Geschwindigkeit $= -k[A]$, wenn die Reaktion erster Ordnung in Bezug auf A ist.

Würden wir also die Konzentration von A verdoppeln, dann würde sich auch die Reaktionsgeschwindigkeit verdoppeln.

Bei einer **Reaktion zweiter Ordnung** sind zwei Möglichkeiten zu berücksichtigen. Im ersten Fall hängt die Reaktionsgeschwindigkeit vom Quadrat der Konzentration nur eines Reaktionspartners ab (Exponent 2). Würde in diesem Fall dessen Konzentration verdoppelt, dann würde sich die Reaktionsgeschwindigkeit vervierfachen. Die Geschwindigkeitsgleichung einer Reaktion zweiter Ordnung in Bezug auf A kann in folgender Weise geschrieben werden:

$$\text{Geschwindigkeit} = -k[A]^2 \tag{a}$$

Wird nun [A] zu [2A] verdoppelt, ergibt sich die neue Geschwindigkeit, Geschwindigkeit" als:

$$\text{Geschwindigkeit"} = -k[2A]^2 = -k4[A]^2$$

Vergleichen wie die neue Geschwindigkeit, Geschwindigkeit", mit der alten, Geschwindigkeit', indem wir die eine durch die andere dividieren:

$$\frac{\text{Geschwindigkeit"}}{\text{Geschwindigkeit'}} = \frac{-4k[A]^2}{-k[A]^2} = 4$$

So sehen wir, dass die neue Geschwindigkeit nach der Verdopplung der Konzentration von Edukt A viermal so hoch ist wie die alte Geschwindigkeit.

Im zweiten Fall (b), hängt die Geschwindigkeit von den Konzentrationen zweier Reaktanten ab. Gemäß der Geschwindigkeitsgleichung:

$$\text{Geschwindigkeit} = -k[A][B] \tag{b}$$

führt die Verdopplung der Konzentration von A oder B zu einer Verdopplung der Geschwindigkeit, und die Verdopplung beider Konzentrationen zu ihrer Vervierfachung.

Bei diesen Geschwindigkeitsgleichungen gilt:

- Geschwindigkeit = $k[A]^1$ zeigt, dass die Reaktion erster Ordnung in Bezug auf A ist (Der Exponent „1" wird normalerweise nicht geschrieben).

- Geschwindigkeit = $k[A]^2$ zeigt, dass die Reaktion zweiter Ordnung in Bezug auf A ist.

- Geschwindigkeit = $k[A][B]$ zeigt, dass die Reaktion erster Ordnung bezüglich A und B und insgesamt zweiter Ordnung ist.

Die Reaktionsordnung lässt sich nur experimentell ermitteln. Die Ordnung einer chemischen Reaktion gibt darüber Aufschluss, welche Konzentrationen sich auf die Reaktionsgeschwindigkeit auswirken. Mann kann sich nicht einfach eine Reaktionsgleichung ansehen und daraus ableiten, welcher Ordnung diese Reaktion sein wird. Man muss ein praktisches Experiment durchführen! Nachdem man die Ordnung einer Reaktion experimentell ermittelt hat, kann man möglicherweise Vorschläge zum Weg oder Mechanismus der Reaktion entwickeln, zumindest in einfachen Fällen.

> **Merksatz**
>
> Die Reaktionsordnung gibt darüber Aufschluss, wie die Reaktionsgeschwindigkeit von den Konzentrationen der Reaktionspartner beeinflusst wird.

9.2   Reaktionswege und Mechanismen

Bei jeder chemischen Veränderung werden einige Bindungen aufgelöst und neue gebildet. Sehr häufig erfolgen solche Veränderungen nicht in einem einzigen Schritt. Stattdessen beinhaltet die Reaktion eine Reihe kleiner Schritte, die nacheinander ablaufen. Dies trifft insbesondere auf enzymkatalysierte Reaktionen zu. Ein Reaktionsmechanismus beschreibt, in welcher Weise die einzelnen Bindungen bei dem einen oder anderen Schritt, der zu einer Reaktion gehört, aufgelöst und neu gebildet werden.

9.3   Der geschwindigkeitsbestimmende Schritt

Da viele Reaktionen in mehreren Schritten ablaufen, muss die Geschwindigkeit jedes einzelnen Schrittes gemessen werden. Einer der Reaktionsschritte ist immer der langsamste. Dies ist der **geschwindigkeitsbestimmende Schritt**, denn die Gesamtgeschwindigkeit einer Reaktion wird durch den langsamsten Schritt festgelegt. Misst man also die Geschwindigkeit einer gesamten Reaktion, so misst man tatsächlich die Geschwindigkeit des geschwindigkeitsbestimmenden Schrittes.

9.4 Berücksichtigung der Aktivierungsenergie

In Abschnitt 8.2 haben wir gesehen, dass die reagierenden Moleküle energetisch angeregt werden müssen (um den Betrag der Aktivierungsenergie), so dass sie einen Übergangszustand erreichen, in dem kovalente Bindungen aufgelöst werden können und die Reaktion voranschreiten kann. Im Diagramm der Reaktion A (Abbildung 72) gibt es offensichtlich nur einen Übergangszustand, und mechanistisch betrachtet können wir die Reaktion als relativ einfach ansehen.

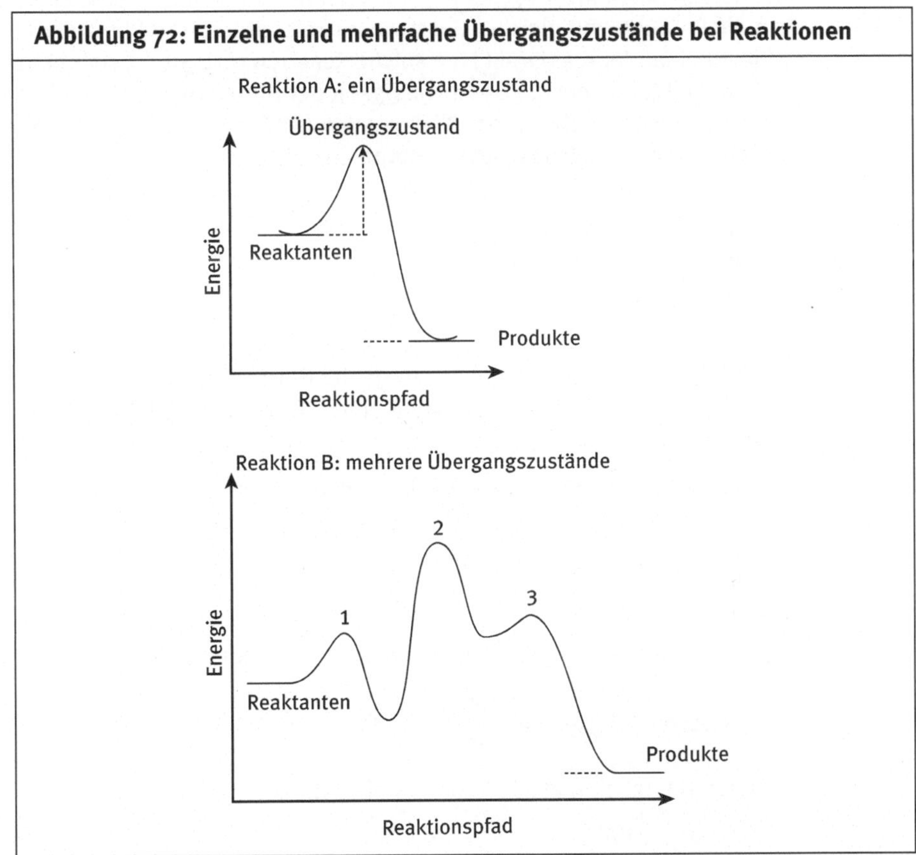

Allerdings ist es im Allgemeinen wahrscheinlicher, dass die reagierenden Moleküle eine Anzahl von Umlagerungen eingehen, wobei kovalente Bindungen aufgelöst und gebildet werden. Jede dieser Umlagerungen (Übergänge) hat eine charakteristische Aktivierungsenergie. Das Diagramm zu Reaktion B (Abbildung 72) zeigt drei Übergangszustände. Übergangszustand 2 hat die höchste Aktivierungsenergie und entspricht daher dem geschwindigkeitsbestimmenden Schritt der Reaktion.

> **Merksatz**
>
> Der geschwindigkeitsbestimmende Schritt einer enzymkatalysierten Reaktion entspricht der Bildung des Übergangszustands mit der höchsten Aktivierungsenergie.

9.5 Gleichgewicht

Die meisten chemischen Reaktionen und sicherlich der größte Teil biochemischer Reaktionen laufen nicht vollständig ab. Stattdessen wird ein Punkt erreicht, an dem die Produkte mit gleicher Geschwindigkeit unter Rückbildung der Ausgangsstoffe miteinander reagieren! Eine solche Reaktion wird als **reversibel** bezeichnet. An dem Punkt, an dem die Geschwindigkeit der Hinreaktion (Bildung der Produkte) gleich der Geschwindigkeit der Rückreaktion (Bildung der Ausgangsstoffe) ist, hat die Reaktion den **Gleichgewichtszustand** erreicht.

Bei einer einfachen Reaktion etwa der Umwandlung von A zu B können wir die Reaktion folgendermaßen darstellen:

$$A \underset{k^{-1}}{\overset{k^1}{\rightleftharpoons}} B$$

wobei k^1 die Geschwindigkeitskonstante der Hinreaktion (Bildung des Produkts) und k^{-1} die Geschwindigkeitskonstante der Rückreaktion (Bildung der Ausgangsstoffe) ist.

Die Geschwindigkeit der Hinreaktion (h, Bildung der Produkte) kann also ausgedrückt werden als:

$$\text{Geschwindigkeit h} = \frac{\Delta[B]}{\Delta t} = k^1[A]$$

Und für die Geschwindigkeit der Rückreaktion (r, Bildung der Ausgangsstoffe) gilt:

$$\text{Geschwindigkeit r} = \frac{\Delta[A]}{\Delta t} = k^{-1}[B]$$

Da Geschwindigkeit h gleich Geschwindigkeit r sein muss,

$$\frac{\Delta[B]}{\Delta t} = \frac{\Delta[A]}{\Delta t}$$

gilt: $k^1[A] = k^{-1}[B]$

und damit: $\dfrac{k^1}{k^{-1}} = \dfrac{[B]}{[A]} = K_c$

mit K_c als Gleichgewichtskonstante.

> **Merksatz**
>
> Im Gleichgewichtszustand ist die Geschwindigkeit der Hinreaktion gleich der Geschwindigkeit der Rückreaktion.

In Abhängigkeit vom betrachteten Gleichgewicht können die Gleichgewichtskonstanten, K, viele verschiedene Schreibweisen haben (K_W ist beispielsweise die Gleichgewichtskonstante für die Ionisierung von Wasser). Das Zeichen K_c gibt nur an, dass die Gleichgewichtskonstante eine nominelle Einheit haben soll. Die verbreitetste Konzentrationseinheit ist Mol pro Liter oder $mol\ l^{-1}$. Biologen verwenden häufig K_{eq} für die Gleichgewichtskonstanten enzymkatalysierter Reaktionen.

Die Gleichgewichtskonstante K_{eq} für die Reduktion von Pyruvat, welches in den Skelettmuskeln vorkommt, zu Lactat

$$Pyruvat + NADH + H^+ \rightleftharpoons Lactat + NAD^+$$

kann in folgender Weise ausgedrückt werden:

$$K_{eq} = \frac{[Lactat][NAD^+]}{[Pyruvat][NADH][H^+]}$$

Wenn K_{eq} sehr klein ist, dann liegt das Gleichgewicht auf der linken Seite und es wurde nur wenig Produkt gebildet.

Um die Menge einer jeden Verbindung zu bestimmen, die im Gleichgewichtszustand vorhanden ist, muss man die Gleichgewichtskonstante kennen. Um die Gleichgewichtskonstante ermitteln zu können, muss man zunächst das Gleichgewicht einer Reaktion einstellen. Stellen Sie sich die allgemeine Reaktion

$$aA + bB \rightleftharpoons cC + dD$$

vor. Die Großbuchstaben stellen die Edukte und Produkte dar, die Kleinbuchstaben sind die Koeffizienten, die die Gleichung ausgleichen.

Für die Gleichgewichtskonstante, K_{eq}, der allgemeinen Reaktion gilt:

$$\frac{[A]^a\,[B]^b}{[C]^c\,[D]^d}$$

Nehmen wir als Beispiel die Bildung von Ammoniak aus Stickstoff und Wasserstoff:

$$N_2(g) + H_2(g) \rightleftharpoons NH_3(g)$$

Die Gleichung folgt in dieser Form nicht dem Gesetz der Massenerhaltung, sie ist nicht „ausgeglichen", weil auf beiden Seiten der Gleichung unterschiedliche Zahlen für jede Atomsorte angegeben sind. So stehen auf der linken Seite zwei Stickstoffatome und auf der rechten eines. Auf der linken Seite sind zwei Wasserstoffatome angegeben, auf der rechten Seite drei. Zum Abgleichen dieser Gleichungen verwenden wir „stöchiometrische Koeffizienten", d. h. Zahlen die sich jeweils vor einer Formel befinden und angeben, wie viele „Einheiten" oder Moleküle an der Reaktion teilnehmen.

Das Abgleichen der Gleichung führt zu:

$$N_2(g) + 3H_2(g) \rightleftharpoons 2NH_3(g)$$

In dieser Form folgt die Gleichung dem Gesetz der Massenerhaltung, denn auf beiden Seiten der Gleichung befindet sich für jedes Element genau die gleiche Anzahl an Atomen. Die **Stöchiometrie** gilt für alle quantitativen Aspekte chemischer Synthesen und Reaktionen. Der Ausdruck für das Gleichgewicht dieser Reaktion kann also in der Form

$$K_c = \frac{[NH_3]^2}{[N_2][H_2]^3}$$

geschrieben werden. Würde man beispielsweise in einem Liter des Reaktionsgemischs 1,60 mol NH_3, 1,20 mol H_2 und 0,80 mol N_2 finden, dann ergäbe sich eine Gleichgewichtskonstante von:

$$K_c = \frac{(1,60\ M)^2}{(0,8\ M)(1,20\ M)^3} = 1,67\ M^{-2}$$

Die Einheit von K hängt von den Konzentrationseinheiten ab, die in der Gleichung verwendet werden. Im obigen Beispiel sind die Einheiten in der Form M (mol l^{-1}) angegeben, so dass sich für K die Einheit $M^{2-(4)} = M^{-2}$ ergibt.

Wir können qualitativ betrachten, wie weit ein Gleichgewicht auf der rechten Seite (der Seite der Produkte) oder auf der linken Seite (der Seite der Edukte) liegt. Die Größenordnung der Gleichgewichtskonstante ermöglicht uns eine allgemeine Abschätzung, ob das Gleichgewicht eher auf der Produkt- oder auf der Eduktseite liegt. Werden die Edukte bevorzugt, dann ist der Nenner des Gleichgewichtsausdrucks größer als der Zähler und die Gleichgewichtskonstante ist < 1. Wird die Produktseite bevorzugt, dann ist der Zähler größer als der Nenner, und die Gleichgewichtskonstante ist > 1.

9.6 Die Lage des Gleichgewichts kann sich ändern

Durch Einwirkung eines Zwangs kann ein Gleichgewicht in jede Richtung, sowohl in Richtung der Edukte, als auch in Richtung der Produkte, verschoben werden. Dieser Zwang kann in einem Anstieg der Menge eines Produkts oder Ausgangsstoffes, in einer Änderung des Volumens oder des Drucks bei einer Gasphase oder in der Änderung der Temperatur eines zunächst im Gleichgewicht befindlichen Systems bestehen. Die Richtung in der das Gleichgewicht verschoben wird, kann mithilfe des **Prinzips von Le Chatelier** vorhergesagt werden. Dieses Prinzip besagt, dass ein System auf das ein Zwang ausgeübt wird, sein Gleichgewicht so verschiebt, dass der Zwang verringert wird. Bei der folgenden Reaktion, die die Umwandlung von Pyruvat zu Lactat im Muskel darstellt, liegt das Gleichgewicht beispielsweise weit auf der rechten Seite. Es wird also bevorzugt das Produkt Lactat gebildet.

$$Pyruvat + NADH + H^+ \rightleftharpoons Lactat + NAD^+$$

Wir können die Reaktion auf die linke Seite (Bildung von Pyruvat) zwingen, indem wir eine hohe Konzentration von Lactat oder natürlich NAD^+ einstellen. Im Muskel wird diese Reaktion durch das Enzym Lactatdehydrogenase katalysiert. Die Struktur des Enzyms ist darauf ausgelegt, eine hohe Lactatkonzentration zu bevorzugen (es hat eine geringe Affinität zu Lactat). Das Lactat aus den Muskeln wird an die Leber abgegeben, wo es wieder zu Pyruvat umgewandelt wird. Hier fördert eine anders strukturierte Lactatdehydrogenase die Bildung von Pyruvat (Dieses Enzym hat eine höhere Affinität zu Lactat). Diese Strategie ist in der Biologie weit verbreitet. Strukturell verschiedene Formen eines Enzyms (**Isoenzyme**) begünstigen unterschiedliche Gleichgewichtslagen. Allerdings ist es wichtig, anzumerken, dass, obwohl eine Reaktion eine praktisch unbegrenzte Zahl an Gleichgewichtslagen haben kann, bei einer bestimmten Temperatur nur ein Wert für die Gleichgewichtskonstante existiert. Die spezifische Lage des Gleichgewichts einer Reaktion beruht auf den Anfangskonzentrationen. Die unten zusammengestellten Daten verdeutlichen diese Tatsache.

Die Tabelle enthält die Ergebnisse aus drei Experimenten zu der Reaktion

$$N_2(g) + 3H_2(g) \rightleftharpoons 2NH_3(g)$$

Experiment	Anfangskonzentration	Gleichgewichtskonzentration	K_{eq}
1	N_2 = 1,00 M	0,921 M	
	H_2 = 1,00 M	0,763 M	
	NH_3 = 0	0,157 M	$6,02 \times 10^{-2}$ M^{-2}
2	N_2 = 0	0,399 M	
	H_2 = 0	1,197 M	
	NH_3 = 1,00 M	0,203 M	$6,02 \times 10^{-2}$ M^{-2}
3	N_2 = 2,00 M	2,59 M	
	H_2 = 1,00 M	2,77 M	
	NH_3 = 3,00 M	1,82 M	$6,02 \times 10^{-2}$ M^{-2}

Die Gleichgewichtskonzentrationen wurden für N_2, H_2 und NH_3 bestimmt, wobei mit drei Gruppen von Anfangskonzentrationen begonnen wurde. Die Berechnung von K_{eq} mit der Gleichung

$$k_{eq} = \frac{[NH_3]^2}{[N_2][H_2]^3}$$

ergab in allen drei Fällen den gleichen Wert.

9.7 Die freie Energie und das Gleichgewicht

In Kapitel 8 führten wir den Begriff der freien Energie ein. Solche Begriffe mögen ein wenig abstrakt erscheinen. Allerdings können wir durch eine mathematische Kombination der Gleichungen für die Gleichgewichtskonstante und die freie Energie folgende Gleichung herleiten:

$$\Delta G^{\circ\prime} = -RT \ln K_{eq} \qquad (R \text{ ist die universelle Gaskonstante und } T \text{ ist die absolute Temperatur})$$

Merksatz

Die Lage des Gleichgewichts kann sich ändern, doch die Gleichgewichtskonstante hat für eine konstante Temperatur einen festen Wert.

Anders gesagt, die Änderung der freien Energie einer Reaktion steht in Beziehung zur Gleichgewichtskonstanten dieser Reaktion. Wenn wir die Gleichgewichtskonstante einer biochemischen Reaktionen messen können (dies ist ein recht unkompliziertes Verfahren), dann sind wir in der Lage, die Änderung der freien Energie zu berechnen (und umgekehrt). Dies kann einige nützliche Informationen liefern, etwa, ob eine Reaktion möglich ist (wahrscheinlich ablaufen wird), in welcher Richtung sie ablaufen wird, und wie weit sie voranschreiten wird. Dies sind hilfreiche Informationen beim Versuch, die Feinheiten und Zusammenhänge bei zelluläreren Vorgängen zu entschlüsseln.

9.8   Im Gleichgewicht ist die Änderung der freien Energie gleich Null

Nur wenn sich eine Reaktion auf den Gleichgewichtszustand hinbewegt, kann es eine Änderung der freien Energie geben. Beispielsweise kann für die Reaktion $A \rightleftharpoons B$, ein negatives ΔG auftreten, während das Produkt B gebildet wird (die Reaktion ist exergonisch) oder ΔG kann positiv sein, wenn die Reaktion endergonisch ist (und der Reaktion Energie zugeführt werden muss, um sie anzutreiben). Sobald die Reaktion jedoch ihr Gleichgewicht erreicht,

$$A \underset{k^{-1}}{\overset{k^1}{\rightleftharpoons}} B$$

Freie Energie und Stoffwechselwege (Seite 112)

und die Geschwindigkeit der Bildung von B gleich der Geschwindigkeit der Bildung von A durch die Rückreaktion ist, dann muss definitionsgemäß die Änderung der freien Energie gleich Null sein. Zelluläre Reaktionen, die exergonisch sind und eine negative Änderung der freien Energie beinhalten, laufen allgemein nur in einer Richtung ab und werden durch die Entfernung der Produkte vom Gleichgewicht ferngehalten.

> **Merksatz**
>
> Im Gleichgewicht gilt, Geschwindigkeit k^1 = Geschwindigkeit k^{-1}, und ΔG ist Null.

Wenn die metabolischen Vorgänge in der Zelle ihr Gleichgewicht erreichen, dann ist diese Zelle gewissermaßen „tot"! Es wird keine freie Energie erzeugt, mit der Arbeit verrichtet werden kann, und es kann nicht zu einer **Netto**-Produktion von Produkten kommen. Dies ist ganz analog zu einer Batterie die ihr Gleichgewicht erreicht hat, d. h. einer „leeren" Batterie. Eine Batterie, die sich im Gleichgewicht befindet, kann keine elektromotorische Kraft freisetzen und es kann kein Strom fließen.

9.9   Zusammenfassung

1. Die Geschwindigkeiten von chemischen Reaktionen werden durch die Temperatur (bei biologischen Reaktionen von geringerer Bedeutung), Katalysatoren (Enzyme sind biologische Katalysatoren) und Konzentrationen der Reaktionspartner beeinflusst. Bei enzymkatalysierten Reaktionen sind die Konzentrationen sowohl der Edukte als auch der Produkte wichtig, denn bei Enzymen tritt oft Feedback-Inhibierung durch ihre Produkte auf.

2. Die Reaktionsgeschwindigkeit wird allgemein durch die Änderung der Konzentration (der Edukte oder der Produkte) mit der Zeit ausgedrückt. Sie wird mithilfe von Geschwindigkeitsgleichungen formuliert.

3. Die Reaktionsordnung zeigt die Anhängigkeit der Reaktionsgeschwindigkeit von den Konzentrationen der Reaktionspartner an. Eine Reaktion Nullter Ordnung ist von deren Konzentrationen unabhängig. Eine Reaktion erster Ordnung ist von der Konzentration nur eines Reaktionspartners abhängig.

4. Die Reaktionsgeschwindigkeit hängt vom geschwindigkeitsbestimmenden Schritt ab. Dieser besteht in der Bildung des Übergangszustands mit der höchsten Aktivierungsenergie.

5. Eine Reaktion kann reversibel sein. An dem Punkt, an dem die Geschwindigkeit der Hinreaktion (Bildung der Produkte) gleich der Geschwindigkeit der Rückreaktion (Bildung der Edukte) ist, hat die Reaktion das chemische Gleichgewicht erreicht.

6. Die Gleichgewichtskonstante einer Reaktion, K_c oder K_{eq}, erhält man, indem man das Produkt der Produktkonzentrationen (die jeweils mit dem stöchiometrischen Faktor potenziert werden) durch das Produkt der Eduktkonzentrationen (die ebenfalls jeweils mit dem stöchiometrischen Faktor potenziert werden) dividiert. Bei einer bestimmten Temperatur ist die Gleichgewichtskonstante einer Reaktion unabhängig von den Anfangskonzentrationen. Es gibt bei einer bestimmten Temperatur nur eine Gleichgewichtskonstante für eine Reaktion, doch es kann eine unbegrenzte Zahl an Gleichgewichtslagen geben.

7. Ein hoher Wert der Gleichgewichtskonstanten zeigt, dass das Gleichgewicht der Reaktion auf der Produktseite liegt.

8. Das Prinzip von Le Chatelier besagt, dass, wenn ein Zwang auf einen Gleichgewichtszustand ausgeübt wird, sich das Gleichgewicht in die Richtung verschiebt, in der der Zwang minimiert ist.

9. Die Änderung der freien Energie einer Reaktion steht in Beziehung zur Gleichgewichtskonstanten der Reaktion. Hierbei gilt die Gleichung:
$$\Delta G^{\circ\prime} = -RT \ln K_{eq}$$

10. Im Gleichgewichtszustand hat eine Reaktion keine Änderung der freien Energie zur Folge.

9.10 Testen Sie Ihr Wissen

Die Lösungen befinden sich auf Seite 162 und 163.

Aufgabe 9.1
Formulieren Sie den Gleichgewichtsausdruck (K_{eq}) für folgende Reaktion:

$$\text{Isocitrat} + \text{NAD}^+ \rightleftharpoons \alpha\text{-Ketoglutarat} + CO_2 + \text{NADH}$$

Aufgabe 9.2
Für eine Reaktion wurde die Gleichgewichtskonstante $3{,}18 \times 10^{520}$ gefunden. Was sagt Ihnen das über die Reaktion?

Aufgabe 9.3
Für die Reaktion:

$$\text{Fumarat} + \text{Wasser} \rightleftharpoons \text{Malat}$$

wurde der ΔG-Wert $-3{,}7$ kJ mol^{-1} gefunden. Berechnen Sie K_{eq} bei 37°C für diese Reaktion (nehmen Sie $R = 8{,}314$ J K^{-1}mol^{-1}) und kommentieren Sie das erhaltene Ergebnis.

Aufgabe 9.4
ATP wird unter Bildung von ADP und anorganischem Phosphat, P_i, hydrolysiert. Der ΔG-Wert der Reaktion wurde mit -13 kJ mol^{-1} bestimmt. Berechnen Sie die Gleichgewichtskonstante der Reaktion bei 37°C (mit $R = 8{,}314$ J K^{-1} mol^{-1}).

Energie und Leben

> **Grundbegriffe:**
> Die Abgabe oder Aufnahme von Elektronen bestimmt die Vorgänge der
> Oxidation und der Reduktion. Lebewesen nutzen die kontrollierte Oxidation
> von Nahrungsmitteln zur Freisetzung von freier Energie, die chemisch
> gespeichert oder mit thermodynamisch ungünstigen Reaktionen gekoppelt
> werden kann, um Arbeit zu leisten. Jede Oxidationsreaktion ist mit einer
> Reduktion verbunden. Solche Redoxreaktionen können über ihre Redox-
> potenziale gemessen und mit der Änderung der freien Energie in Relation
> gebracht werden. Hierin liegt die wirkliche „Antriebskraft" des Lebens und
> der Weg, auf dem Lebewesen komplexe Strukturen in einer zunehmend
> ungeordneten Umwelt aufbauen und erhalten können.

In den Chloroplasten grüner Pflanzen wird Lichtenergie in chemische Energie
umgewandelt und in ATP und NADPH gespeichert. Diese Moleküle werden
anschließend für die „Fixierung" von Kohlendioxid genutzt. Zunächst werden
Zucker (Kohlenhydrate), danach Aminosäuren (Proteine) und Fettsäuren (Fette)
produziert. Man schätzt, dass mithilfe der Photosynthese pro Jahr etwa 165 Billio-
nen Tonnen Kohlenhydrate produziert werden! Die Photosynthese ist ein endergonischer Prozess, eine thermodynamisch ungünstige Reaktion mit einer positiven
Änderung der freien Energie, die nur mithilfe der Sonnenenergie (elektromag-
netische Strahlung) möglich ist. Tiere haben genauso wie Pflanzen ihren Stoffwechsel auf den anschließenden Abbau organischer Moleküle (Katabolismus) ausgerichtet, um so die freie Energie freizusetzen (die ursprünglich aus dem
Sonnenlicht stammt), mit der sie die unzähligen und oft thermodynamisch
ungünstigen anabolischen Reaktionen in den Zellen aufrechterhalten. Es könnte so
scheinen, als widersetze sich das Leben dem zweiten Gesetz der Thermodynamik,
demzufolge sich das Universum einem Zustand maximaler Unordnung nähert.
Unsere Zellen sind höchst geordnete und genau kontrollierte Systeme – wir sind
Inseln mit niedriger Entropie in einer zunehmend ungeordneten Welt! Doch die
Gesetze der Thermodynamik sind universell. Tatsächlich verbringen wir unsere
ganze Zeit mit dem Abbau organischer Moleküle, um Energie freizusetzen, mit der
wir andere Moleküle aufbauen, doch unser Energietransfer ist von einer 100%igen
Effizienz weit entfernt, und wir verlieren einen großen Teil der Energie als Wärme
und tragen selbst zum Anstieg der Entropie im Universum bei. In biologischen
Systemen gilt:

Energiefreisetzung = ATP + Wärme

Die Fähigkeit eines Organismus, Energie aus Nahrungsmitteln zu gewinnen und zu
übertragen, ist für das Leben von zentraler Bedeutung. Um dies zu erreichen,
haben sich zahlreiche Strategien entwickelt, von denen die erfolgreichsten die
chemischen Reaktionen der Oxidation und der Reduktion enthalten.

10.1 Oxidation und Reduktion

Ursprünglich war die Oxidation als „Reaktion oder Verbindung mit Sauerstoff" definiert, und die Reduktion war als „Reaktion oder Verbindung mit Wasserstoff" definiert. Unsere Zellen oxidieren Zucker und Fette, um die von uns benötigte freie Energie freizusetzen. Die vollständige Oxidation von Glucose läuft entsprechend der Gleichung

$$C_6H_{12}O_6 + 6O_2 \rightarrow 6CO_2 + 6H_2O + \text{Wärme}$$

ab. Sowohl die Kohlenstoff- als auch die Wasserstoffatome wurden durch die Verbindung mit Sauerstoff **oxidiert**. In unserer sauerstoffreichen Atmosphäre gibt es die natürliche Tendenz zur Oxidation von Substanzen (Fette werden ranzig, Eisen rostet), doch ein genauerer Blick auf die Gleichung zeigt auch, dass die Sauerstoffatome **reduziert** wurden. Die Oxidation eines Moleküls ist immer mit der Reduktion eines anderen Moleküls verbunden. Deshalb sprechen wir von Oxidations-Reduktions-Reaktionen, was wir weiter zum Begriff **Redoxreaktionen** abkürzen, um die Verbindung beider Aspekte weiter herauszustellen.

In der Biologie sind Redoxreaktionen als Reaktionen definiert, in denen Elektronen ausgetauscht werden. Alle Oxidationsreaktionen beinhalten die Abgabe von Elektronen und zu allen Reduktionsreaktionen gehört die Aufnahme von Elektronen. Bezüglich der Abgabe oder Aufnahme von Elektronen führt dies zu einer besseren Definition von Oxidation und Reduktion, da nicht alle Redoxreaktionen notwendigerweise mit Sauerstoff oder Wasserstoff ablaufen. Es kann allerdings um einiges schwieriger sein, zu entscheiden, ob bei einer Reaktion Elektronen abgegeben oder aufgenommen werden. In einem einfachen Fall kann die Reaktion zwischen Natrium und Chlor zu Natriumchlorid in folgender Weise formuliert werden:

$$Na + \tfrac{1}{2}Cl_2 \rightarrow Na^+\,Cl^-$$

> **Merksatz**
>
> Oxidation ist die Abgabe von Elektronen. Reduktion ist die Aufnahme von Elektronen.

Die stark ionische Verbindung Natriumchlorid entsteht durch die Abgabe eines Elektrons durch Natrium, welches oxidiert wird und die Aufnahme eines Elektrons durch Chlor (welches reduziert wird). Natrium, der Elektronendonor, ist das **Reduktionsmittel**, da es das Chlor reduziert. Chlor, der Elektronenakzeptor, ist das **Oxidationsmittel**, denn es oxidiert das Natrium. Da ein Elektronentransfer sowohl einen Donor als auch einen Akzeptor beinhaltet, müssen Oxidation und Reduktion immer miteinander verbunden sein. Nicht alle Redoxreaktionen sind mit der vollständigen Übertragung von Elektronen von einem Molekül zum anderen verbunden. Der Redoxvorgang kann auch in einer Änderung des Ausmaßes bestehen, in dem sich Atome Elektronen über kovalente Bindungen teilen.

Weitere Oxidation (Seite 140)

10.2 Halbreaktionen

Da alle Redoxreaktionen sowohl Oxidation als auch Reduktion beinhalten, können
wir solche Reaktionen mit zwei Halbgleichungen oder Halbreaktionen beschreiben.
In der oben beschriebenen Reaktion die zur Bildung von Natriumchlorid führt,
werden das Natriumatom oxidiert und das Chloridmolekül reduziert. Wir können
zwei Halbgleichungen schreiben, die diesen Reaktionen entsprechen:

$$Na \rightarrow Na^+ + e^- \qquad \text{(i) Oxidation von Natrium}$$

$$\tfrac{1}{2}Cl_2 + e^- \rightarrow Cl^- \qquad \text{(ii) Reduktion von Chlor}$$

Wenn wir die linken und die rechten Seiten der Gleichungen (i) und (ii)
zusammenzählen, dann heben die Elektronen sich gegenseitig auf, und wir
erhalten die Gesamtgleichung für die Reaktion.

$$Na + \tfrac{1}{2}Cl_2 \rightarrow Na^+ Cl^- \quad \text{(i) + (ii) Gesamtgleichung}$$

Stellen wir uns ein biologisches Redoxpaar vor – die zelluläre Umwandlung von
Malat zu Oxalacetat. Diese Reaktion wird durch das Enzym Malatdehydrogenase
katalysiert unter Beteiligung des Coenzyms NAD^+ (Nicotinamidadenindinucleotid).
Die Reaktion kann folgendermaßen beschrieben werden:

$$\text{Malat} + NAD^+ \longrightarrow \text{Oxalacetat} + NADH + H^+$$

Betrachten wir die Strukturen von Malat und Oxalacetat (Abbildung 73), so zeigt
sich, dass das Malat insgesamt zwei Protonen und *zwei Elektronen* abgegeben hat
und so bei der Umwandlung zu Oxalacetat oxidiert wurde. Tatsächlich beinhaltet
die Reaktion die Entfernung eines Hydridions und eines Protons aus dem Malat.
Ein Hydridion (H^-) ist ein Proton mit zwei Elektronen ($H^+ + 2e^-$).

Abbildung 73: Oxidation von Malat zu Oxalacetat

Warum gibt das Malat zwei Elektronen ab?

Ein Proton H^+ wird aus der Hydroxylgruppe, und ein Hydrid H^- wird aus -C-H entfernt. Das „H^-" nimmt beide Elektronen der C-H-Bindung mit.

Bei der zweiten Halbreaktion (Abbildung 74) wird NAD^+ zu NADH reduziert. NAD^+ *nimmt zwei Elektronen* (aus dem Hydrid, H^-) und ein Proton *auf*, wird also eindeutig reduziert.

Abbildung 74: Reduktion von NAD^+ zu NADH

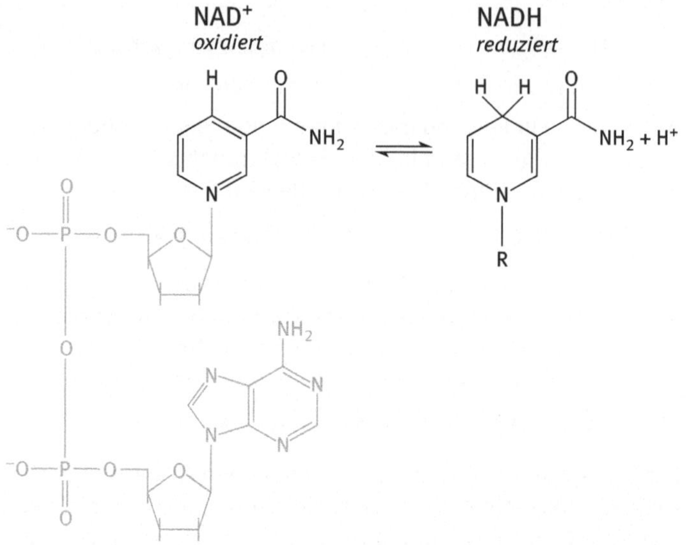

Die beiden Halbreaktionen sind eindeutig miteinander verbunden und stellen zusammen ein **Redoxpaar** dar. Wir können sie zu einer Gesamtgleichung zusammenfügen. Wie die meisten Redoxreaktionen ist die Malat-Oxalacetat-Reaktion reversibel.

10.3 Das Redoxpotenzial

Wie wir zuvor gesehen haben, lässt sich das thermodynamische Potenzial einer chemischen Reaktion mit der Kenntnis sowohl der Gleichgewichtskonstanten, die wir aus den Konzentrationen der Edukte und der Produkte ableiten können, als auch der Änderung der freien Energie (ΔG) der Reaktion berechnen. Auf der anderen Seite beinhaltet jede Redoxreaktion die Abgabe und Aufnahme von Elektronen. Es ist praktisch unmöglich, die Konzentrationen von Elektronen direkt zu messen. Stattdessen messen wir das **Redoxpotenzial** jeder Halbreaktion. Das Redoxpotenzial ist ein Maß für die Neigung einer Spezies, Elektronen aufzunehmen oder abzugeben.

Das Redoxpotenzial einer Halbreaktion muss im Vergleich mit einer Referenz gemessen werden. Diese Referenz, eine Standard-Halbreaktion, ist die Standard-Wasserstoffelektrode, deren Potenzial willkürlich auf 0 Volt gesetzt wurde. Redoxpotentiale werden in Volt gemessen und Chemiker kennzeichnen dies mit $E°$. In biologischen Systemen werden Redoxpotenziale bei physiologischem pH-Wert gemessen. Um diesen Unterschied zu verdeutlichen wird das Symbol $E^{\circ\prime}$ verwendet. Außerdem wechselt das Redoxpotenzial der Standard-Wasserstoffelektrode bei pH 7 zu − 0,42 V, dem Wert, der von Biologen als Standard-Redoxpotenzial ($E^{\circ\prime}$) verwendet wird. Ein gemessenes Redoxpotential mit einem negativen Wert für $E^{\circ\prime}$ zeigt die Tendenz der Reaktion, in Richtung Oxidation voranzuschreiten, d. h. Elektronen abzugeben. Ein positiver Wert für $E^{\circ\prime}$ weist darauf hin, dass es sich wahrscheinlich um eine Reduktionsreaktion, also eine Aufnahme von Elektronen handelt.

In der folgenden Tabelle sind die Redoxpotenziale einer Reihe verbreiteter biologischer Halbreaktionen aufgeführt. Beachten Sie, dass alle als Reduktionen dargestellt sind. Dies impliziert nicht, dass dies bei jeder Reaktion die bevorzugte Richtung ist. Es ist lediglich eine Konvention, die Chemiker bei der Angabe solcher Daten befolgen.

Redoxpotenziale einiger verbreiteter biologischer Halbreaktionen

Redox-Halbreaktion	$E^{\circ\prime}$/Volt	
$2H^+ + 2e^- \longrightarrow H_2$	−0,42	niedriges
$\text{Ferredoxin}(Fe^{3+}) + e^- \longrightarrow \text{Ferredoxin}(Fe^{2+})$	−0,42	Redox-
$NAD^+ + 2H^+ + 2e^- \longrightarrow NADH + H^+$	−0,32	potenzial
$S + 2H^+ + 2e^- \longrightarrow H_2S$	−0,274	
$SO_4^{2-} + 10H^+ + 8e^- \longrightarrow H_2S + 4H_2O$	−0,22	
$\text{Acetaldehyd} + 2H^+ + 2e^- \longrightarrow \text{Ethanol}$	−0,20	
$\text{Pyruvat} + 2H^+ + 2e^- \longrightarrow \text{Lactat}$	−0,185	
$FAD + 2H^+ + 2e^- \longrightarrow FADH + H^+$	−0,18	
$\text{Oxalacetat} + 2H^+ + 2e^- \longrightarrow \text{Malat}$	−0,17	
$\text{Fumarat} + 2H^+ + 2e^- \longrightarrow \text{Succinat}$	0,03	
$\text{Cytochrom } b\,(Fe^{3+}) + e^- \longrightarrow \text{Cytochrom } b\,(Fe^{2+})$	0,075	
$\text{Ubiquinon} + 2H^+ + 2e^- \longrightarrow \text{Ubiquinon } H_2$	0,10	
$\text{Cytochrom } c\,(Fe^{3+}) + e^- \longrightarrow \text{Cytochrom } c\,(Fe^{2+})$	0,254	
$NO_3^- + 2H^+ + 2e^- \longrightarrow NO_2^- + H_2O$	0,421	
$NO_2^- + 8H^+ + 6e^- \longrightarrow NH_4^+ + 2H_2O$	0,44	hohes
$Fe^{3+} + e^- \longrightarrow Fe^{2+}$	0,771	Redox-
$O_2 + 4H^+ + 4e^- \longrightarrow 2H_2O$	0,815	potenzial

Eine Reaktion, die wir schon früher betrachtet haben, nämlich die Reduktion von Pyruvat zu Lactat, ist ein Beispiel für eine Redoxreaktion.

$$
\begin{array}{ccc}
\text{O}=\text{C}-\text{O}^- & & \text{O}=\text{C}-\text{O}^- \\
| & & | \\
\text{C}=\text{O} \quad + NADH + H^+ & \rightleftharpoons & \text{H}-\text{C}-\text{OH} \quad + NAD^+ \\
| & & | \\
\text{CH}_3 & & \text{CH}_3 \\
\text{Pyruvat} & & \text{Lactat}
\end{array}
$$

Die zwei Halbreaktionen dieses Redoxpaares sind ebenfalls in der Tabelle angegeben. Die Halbreaktion für Pyruvat lautet:

$$\text{Pyruvat} + 2\text{H}^+ + 2\text{e}^- \longrightarrow \text{Lactat} \tag{1}$$

Das Redoxpotenzial dieser Halbreaktion beträgt −0,185 V (siehe Tabelle).

Die Halbreaktion für NADH, bei der es sich um eine Oxidation handelt, lautet:

$$\text{NADH} + \text{H}^+ \longrightarrow \text{NAD}^+ + 2\text{H}^+ + 2\text{e}^- \tag{2}$$

Die in der Tabelle gezeigte Halbreaktion für NAD^+/NADH ist konventionsgemäß eine Reduktion. Um das Redoxpotential für die Oxidation von NADH zu erhalten, kehren wir das Vorzeichen des in der Tabelle angegebenen Wertes für $E^{\circ'}$ einfach um. Das Redoxpotenzial für die Oxidation von NADH ist dann +0,32 V (statt −0,32 V). Zählen wir die Redoxpotenziale beider Halbreaktionen zusammen, um das Gesamtredoxpotenzial der enzymkatalysierten Reaktion zu ermitteln, so erhalten wir:

$$-0{,}185\,\text{V} + 0{,}32\,\text{V} = +0{,}265\,\text{V}$$

Führen wir die linken und die rechten Seiten der Gleichungen (1) und (2) zusammen, dann heben sich die Elektronen auf und wir erhalten:

$$\text{Pyruvat} + \text{NADH} + \text{H}^+ \rightleftharpoons \text{Lactat} + \text{NAD}^+ \quad E^{\circ'} = 0{,}265\,\text{V}$$

10.4 Freie Energie und Redoxpotenziale

Wie wir schon erwähnt hatten, ist es unmöglich, die Konzentration von Elektronen zu messen, um die Gleichgewichtskonstante einer Redoxreaktion zu ermitteln. Allerdings können wir herleiten, dass die freie Energie einer Redoxreaktion mithilfe der **Nernstschen Gleichung** direkt aus ihrem $E^{\circ'}$ berechnet werden kann. Die Nernstsche Gleichung lautet:

$$\Delta G^{\circ'} = -nF\,\Delta E^{\circ'}$$

wobei n die Zahl der bei der Reaktion übertragenen Elektronen und F die Faraday-Konstante (23,06 kcal V^{-1} mol^{-1} oder 96,5 kJ V^{-1} mol^{-1}) ist.

Unter Verwendung ermittelter Gleichgewichtskonstanten (K_{eq}) und Redoxpotentiale ($E^{\circ'}$), können Biologen deshalb die $\Delta G^{\circ'}$-Werte vieler Reaktionen bestimmen, und so deren Wahrscheinlichkeit und Richtung abschätzen.

10.5 Energie für das Leben

Biologische Moleküle, die dazu fähig sind, Elektronen aufzunehmen und abzugeben und abwechselnd reduziert und oxidiert werden, werden als **Elektronenüberträger** bezeichnet. NADH ist ein Beispiel für einen Elektronenüberträger. Abhängig von ihren Redoxpotenzialen könnten wir eine Reihe verschiedener Elektronenüberträger aufstellen, um eine Elektronentransportkette zu bilden. Elektronen könnten eine solche Kette durchwandern, indem sie ausgehend von Elektronenüberträgern mit einem niedrigen Redoxpotenzial (stärker negativ und daher dazu geneigt, durch Abgabe eines Elektrons oxidiert zu werden) zu solchen mit zunehmend hohem Redoxpotenzial (also positiveren) wanderten. Elektronenüberträger mit geringem (negativerem) Redoxpotenzial haben eine geringere Elektronenaffinität und geben deshalb Elektronen an Elektronenüberträger mit einem höheren (positiveren) Redoxpotentzial und einer höheren Elektronenaffinität weiter.

In Abschnitt 8.7 wiesen wir darauf hin, dass die Reduktion von Sauerstoff (oder die Oxidation von Wasserstoff) bei der Reaktion

$$2H_2 + O_2 \rightarrow 2H_2O$$

stark exergonisch ist und spontan abläuft, wobei etwa 447 kJ mol^{-1} an Energie, hauptsächlich in Form von Wärme und Schall, freigesetzt werden. Das zu den subzellulären Organellen gehörende Mitochondrium führt einen analogen Prozess aus, bei dem aber eine Reihe von Elektronenüberträgern einen sorgfältig kontrollierten Weg zur Gewinnung von Energie in kleinen Einheiten ermöglicht. An einem Ende der „**Elektronentransportkette**" wird NADH, das in der Zelle auf katabolischem Wege erzeugt wird, oxidiert. Die beiden Elektronen, die bei dieser Oxidation abgegeben wurden, werden entlang der Kette von einem Elektronenüberträger zum nächsten „weitergereicht" und dienen am Ende einer Reaktion, die zur Reduktion von Sauerstoff zu Wasser (Das ist der Grund, weshalb Sie Sauerstoff atmen müssen, um zu überleben!) führt.

Die Oxidation von NADH, mit einem relativ niedrigen Redoxpotenzial, und die Reduktion von Sauerstoff, mit einem relativ hohen Redoxpotential, führt zu einer Potenzialdifferenz zwischen dem Beginn und dem Ende der Kette von etwa +1,13 V

$$\tfrac{1}{2}O_2 + 2H^+ + 2e^- \rightarrow H_2O \qquad E^{\circ\prime} = +0,815\,V$$
$$NADH + H^+ \rightarrow NAD^+ + 2H^+ + 2e^- \qquad E^{\circ\prime} = +0,32\,V$$

Die Gesamtreaktion lautet:

$$\tfrac{1}{2}O_2 + NADH + H^+ \rightarrow H_2O + NAD^+ \qquad \Delta E^{\circ\prime} = +1,13\,V$$

Einsetzen dieses Wertes für $E^{\circ\prime}$ in die Nernstsche Gleichung führt zu einer Änderung der freien Energie von −218 kJ mol^{-1}.

$$\Delta G^{\circ\prime} = -nF\,\Delta E^{\circ\prime} = -2(96,5\;kJ\;V^{-1}\;mol^{-1})\,(1,13\;V) = -218\;kJ\;mol^{-1}$$

Beachten Sie, dass n, die Zahl der bei der Reaktion ausgetauschten Elektronen, in diesem Fall 2 ist.

Diese Reihe von Reaktionen ist nicht nur stark exergonisch und setzt eine beträchtliche Menge Energie frei, sondern der Weg der Elektronen entlang dieser Kette wird auch durch eine erhebliche Potenzialdifferenz von +1,13 V angetrieben.

Ein Redoxpaar wie diese beiden Halbreaktionen, die zusammen die biologische Reaktion zwischen Sauerstoff und Wasserstoff unter Bildung von Wasser einschließen, bilden ein Glied in einer Elektronentransportkette. Mit der folgenden Darstellungsmethode kann ein solches Glied veranschaulicht werden.

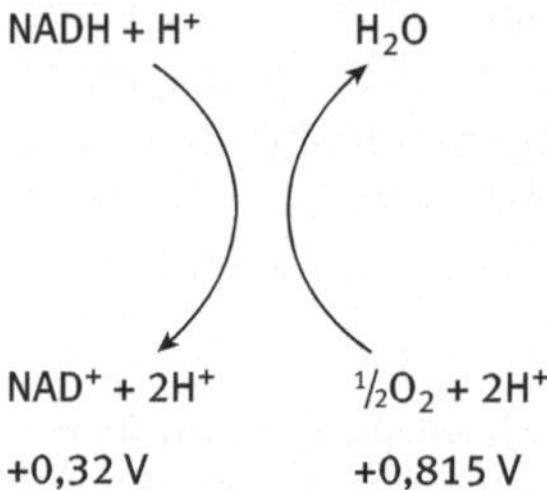

Die gebogenen Pfeile stellen die Bewegung der Elektronen entlang der Kette während der Oxidation der betreffenden Spezies dar.

10.6 Was geschieht mit der freien Energie?

Abbildung 75 zeigt die mitochondriale Elektronentransportkette. Die verschiedenen Elektronenüberträger sind linear aufgereiht. Jedem Redoxpaar sind ein Redoxpotenzial ($\Delta E^{\circ\prime}$) und ein berechneter $\Delta G^{\circ\prime}$-Wert zugeordnet. Wenn wir uns entlang der Kette von links nach rechts bewegen, wird das Redoxpotenzial stufenweise immer größer (wobei die Tendenz zur Reduktion wächst), während wir beobachten, dass es drei besondere Redoxpaare gibt, die mit einer deutlich höheren Änderung der freien Energie verbunden sind. Es handelt sich um die Oxidation von NADH und die Reduktion von FAD, die Oxidation von Cytochrom *b* mit der Reduktion von Cytochrom *c*, sowie die Oxidation von Cytochrom *a* mit der Reduktion von Sauerstoff. Die große negative Änderung der freien Energie dieser drei Positionen wird für das Verrichten von Arbeit genutzt. Letztendlich resultiert dies in der Synthese von ATP. ATP ist die „Energiewährung" der Zelle. Die in diesem Molekül gespeicherte freie Energie kann durch Kopplung an thermodynamisch ungünstige Reaktionen für das Antreiben anabolischer Prozesse genutzt werden.

Freie Energie und Stoffwechselwege (Seite 112)

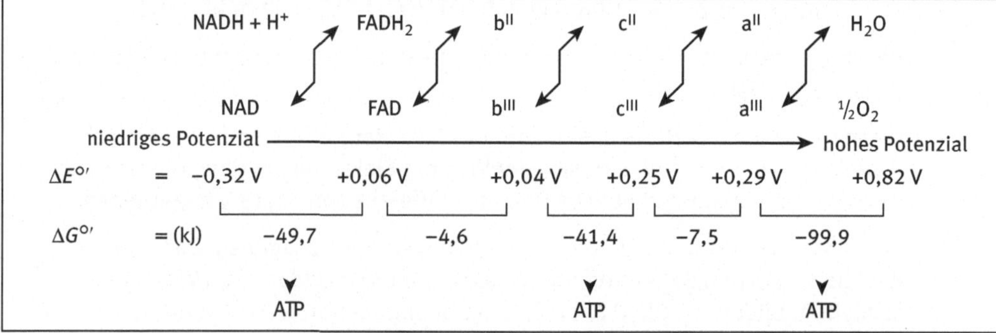

Abbildung 75: Stufen der Redoxpotenziale und der freien Energie bei der mitochondrialen Elektronentransportkette

[Legende zur mitochondrialen Elektronentransportkette: NAD = Nicotinamidadenindinucleotid, FAD = Flavinadenindinucleotid, b = Cytochrom *b*, c = Cytochrom *c*, a = Cytochrom *a*, b^{II}, c^{II} und a^{II} repräsentieren die reduzierten Cytochrome, und b^{III}, c^{III} und a^{III} die oxidierten Cytochrome]

Mitochondrien sind in höheren Organismen grundsätzlich der Ort für die Synthese von ATP. Diese aerobe Reaktion, eine oxidative Phosphorylierung, ist für die Energieversorgung aller höheren Organismen essenziell.

> **Merksatz**
>
> Die oxidative Phosphorylierung ist eine stufenweise Oxidation, die letztlich durch Phosphorylierung von ADP zur Synthese von ATP führt.

10.7 Zusammenfassung

1. Die Oxidation beinhaltet immer die Entfernung von Elektronen aus einem Molekül. Wann immer ein Molekül oxidiert wird, muss ein anderes reduziert werden. Daher sprechen wir von Redoxreaktionen.

2. Alle Redoxreaktionen setzen sich aus zwei Halbreaktionen zusammen, einer Oxidation und einer Reduktion. Für jede Halbreaktion kann ein Redoxpotenzial gemessen werden. Das Redoxpotenzial ist ein Maß für die Tendenz einer Reaktion, Elektronen aufzunehmen oder abzugeben. Es wird in Bezug zu einer Referenz gemessen. Als Referenz, d. h. als Standard-Halbreaktion dient die Standardwasserstoffelektrode, deren Potenzial willkürlich auf 0 Volt gesetzt wurde. Redoxpotenziale werden daher in Volt gemessen und mit dem Symbol E° gekennzeichnet.

3. Ein negativer Wert für $E^{\circ\prime}$ zeigt die Tendenz der Reaktion an, in Richtung Oxidation abzulaufen, d. h. Elektronen abzugeben.

4. Die Änderung der freien Energie einer Redoxreaktion ist über die Nernstsche Gleichung, $\Delta G^{\circ\prime} = -nF\Delta E^{\circ\prime}$ mit ihrem Redoxpotenzial verknüpft.

5. Elektronen werden von einem niedrigen Redoxpotenzial (negativeres $E^{\circ\prime}$) in Richtung eines höheren Redoxpotenzials (positiveres $E^{\circ\prime}$) übertragen. Diese Elektronenübertragung ist mit einer Änderung der freien Energie verbunden.

6. Das Mitochondrium, eine subzelluläre Organelle, nutzt ein System von Elektronenüberträgern, um die Übertragung von Elektronen von einem niedrigen zu einem höheren Redoxpotenzial durchzuführen. Die dabei erzeugte freie Energie wird zum Verrichten von Arbeit und schließlich für die Synthese von ATP durch oxidative Phosphorylierung eingesetzt.

10.8 Testen Sie Ihr Wissen

Die Lösungen befinden sich auf Seite 163.

Aufgabe 10.1
Formulieren Sie die Halbreaktionen für die folgenden Redoxreaktionen
(a) $Zn + Cu^{2+} \rightarrow Zn^{2+} + Cu$
(b) $Fe^{2+} + Cu^{2+} \rightarrow Fe^{3+} + Cu^{+}$

Aufgabe 10.2
Die folgende Reaktionsgleichung zeigt die Reduktion von Acetaldehyd zu Ethanol, die durch das Enzym Alkoholdehydrogenase katalysiert wird.
$Acetaldehyd + NADH + H^{+} \rightleftharpoons Ethanol + NAD^{+}$
(a) Formulieren Sie die beiden Halbreaktionen dieses Redoxpaares.
(b) Entscheiden Sie mittels der auf Seite 133 tabellierten Redoxpotenziale, ob diese Reaktion vorwärts (von links nach rechts) oder rückwärts ablaufen wird.

Aufgabe 10.3
Verwenden Sie die auf Seite 135 tabellierten Redoxpotenziale, um zu entscheiden, in welcher Richtung die Reaktion des folgenden Redoxpaares ablaufen wird.
Ubiquinon $_{(oxidiert)}$ + Cytochrom c $_{(reduziert)}$
$\rightleftharpoons$
Ubiquinon $_{(reduziert)}$ + Cytochrom c $_{(oxidiert)}$

Aufgabe 10.4
Berechnen Sie mithilfe der Gleichung
$\Delta G^{\circ'} = -nF\,\Delta E^{\circ'}$, die Änderung der freien Energie bei der Reaktion:
$Succinat + FAD \rightleftharpoons Fumarat + FADH_2$
(*Nutzen Sie die tabellierten Werte der Redoxpotenziale auf Seite 135. Die Zahl der bei der Reaktion ausgetauschten Elektronen = 2; verwenden Sie F mit 96485 J V^{-1} mol^{-1}*)

Aufgabe 10.5
Berechnen Sie mit der Gleichung $\Delta G^{\circ'} = -nF\,\Delta E^{\circ'}$ den Wert von $\Delta G^{\circ'}$ für die folgende Reaktion:
$Malat + NAD^{+} \rightleftharpoons Oxalacetat + NADH$

▶ Zur Vertiefung

10.9 Weitere Oxidation

In der Weise, in der Elektronen in Atomen Atomorbitale besetzen, so dass die energetisch niedrigsten Orbitale zuerst gefüllt werden, besetzen sie in Molekülen Molekülorbitale. Molekülorbitale sind Raumbereiche, in denen eine bestimmte Wahrscheinlichkeit besteht, ein Elektron anzutreffen. Elektronen in Molekülen besitzen Energie und besetzen Atomorbitale so, dass ein möglichst energiearmer Zustand angenommen wird. Je höher das Energieniveau eines Molekülorbitals ist, desto mehr Energie besitzt das Elektron.

Wir haben die **Oxidation** als Abgabe von Elektronen definiert. Etwas anders ausgedrückt, ist die Oxidation die Bewegung von Elektronen *weg* von einem Atom (oder genauer, weg vom Kern eines Atoms). Wenn Sauerstoff also etwas oxidiert, dann zieht er Elektronen davon weg und zu sich hin, (bei dieser Reaktion wirkt Sauerstoff als Oxidationsmittel und wird dabei selbst reduziert). Erinnern Sie sich daran, dass Sauerstoff ein elektronegatives Atom ist. Beachten Sie, dass die Oxidation sich auf diese Bewegung der Elektronen bezieht, auch dann, wenn keine Sauerstoffatome an der Reaktion beteiligt sind.

In den Abschnitten 2.5 und 2.6 betrachteten wir polare kovalente Bindungen, die auftreten, wenn ein stärker elektronegatives Atom wie Sauerstoff an ein weniger elektronegatives Atom wie Wasserstoff oder Kohlenstoff gebunden wird. Das stärker elektronegative Atom zieht Elektronen zu sich hin (und wird reduziert), während das andere an der Bindung beteiligte Atom, das die Elektronen „verliert", oxidiert wird.

Beachten Sie die Reihenfolge der Verbindungen in Abbildung 76.

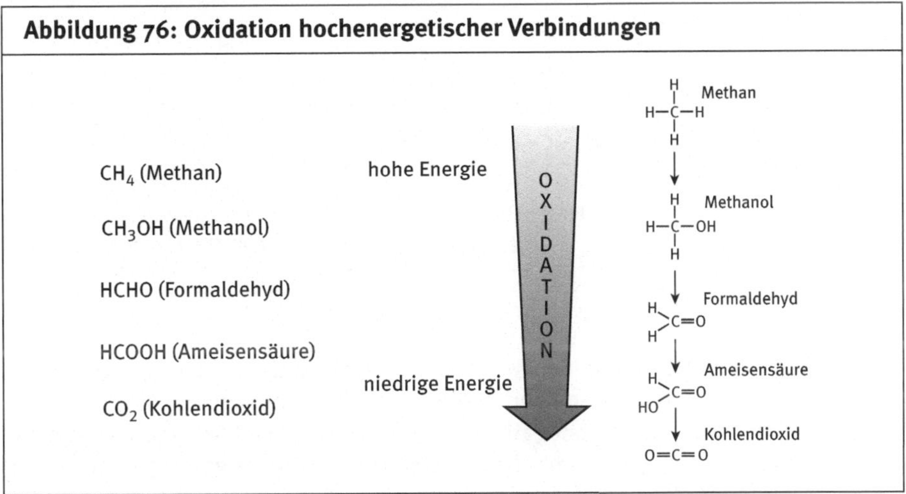

Abbildung 76: Oxidation hochenergetischer Verbindungen

Bei Kohlenstoff-Wasserstoff-Bindungen (z. B. Methan) sind die Elektronegativitäten der beteiligten Atome annähernd gleich. Deshalb sind die Elektronen in dieser symmetrischen kovalenten Bindung so weit wie möglich von den Kernen der beiden Atome entfernt. Sie sind mehr oder weniger gleichmäßig zwischen Kohlenstoff und Wasserstoff verteilt. Wenn wir diese Reihe durchgehen, werden die Wasserstoffatome stufenweise durch elektronegativen Sauerstoff ersetzt, wobei der Kohlenstoff stufenweise durch die Bildung polarer kovalenter Bindungen (in denen die Elektronen von Kohlenstoff weg und in Richtung Sauerstoff gezogen werden) oxidiert wird. Daraus folgt, dass die Elektronen in den kovalenten Bindungen von Methan energiereicher sein müssen als die entsprechenden Elektronen in Kohlendioxid (denn durch die Oxidation befinden sie sich näher am Kern des Sauerstoffatoms). In den Kohlenstoff-Wasserstoff-Bindungen von Methan ist Energie gespeichert. Methan ist eine energiereiche Verbindung, wohingegen Kohlendioxid eine energiearme Verbindung ist.

Bei der Photosynthese fangen Pflanzen Lichtenergie ein, die sie zunächst in Form von Kohlenhydraten speichern. Durch Photosynthese gebildete Kohlenhydrate wie Glucose bestehen hauptsächlich aus kovalenten Kohlenstoff-Kohlenstoff und Kohlenstoff-Wasserstoff-Bindungen. Wir können uns diese symmetrischen kovalenten Bindungen insofern als „**energiereiche Bindungen**" vorstellen, als dass ihre Elektronen eine hohe Energie besitzen. Die eingefangene Sonnenenergie wird in Kohlenstoffverbindungen eingelagert, etwa in der Zellulose von Bäumen. Im Lauf der Zeit wurden die Pflanzen begraben und versorgen uns nun mit Kohlenwasserstoffen in Form fossiler Energieträger wie Öl, Gas und Kohle. Kohlenwasserstoffe tragen ihren Namen, weil sie nur aus Kohlenstoff und Wasserstoff bestehen. Einige „energiereiche" Verbindungen sind in Abbildung 77 zusammengestellt.

Abbildung 77: Energiereiche Verbindungen: Glucose und Kohlenwasserstoffe

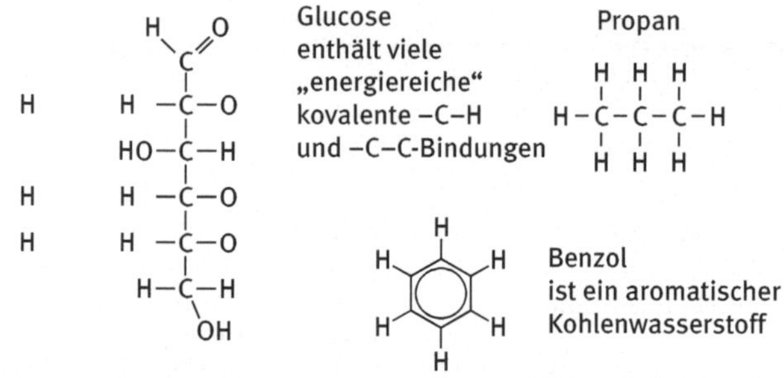

Glucose enthält viele „energiereiche" kovalente –C–H und –C–C-Bindungen

Propan

Benzol ist ein aromatischer Kohlenwasserstoff

Der erste Hauptsatz der Thermodynamik besagt, dass Energie weder erschaffen noch zerstört werden kann. Daher muss die Übertragung eines Elektrons von einem wenig elektronegativen zu einem stärker elektronegativen Atom mit einer Energieübertragung von diesem Elektron auf die Umgebung verbunden sein. Wenn wir fossile Brennstoffe an der Luft verbrennen, dann oxidieren wir sie und die Energie wird in Form von Wärme freigesetzt. Wenn in den Mitochondrien unserer Zellen Energieträger „verbrannt" werden, werden sie in ähnlicher Weise oxidiert, doch die Energie wird schrittweise freigesetzt, nutzbar gemacht und für eine spätere Nutzung in ATP eingelagert. Es ist wichtig, zu betonen, dass die mitochondriale Energieumwandlung weit von einer 100%igen Effizienz entfernt ist. Tatsächlich geht ein großer Teil als Wärme verloren. Als warmblütige Lebewesen verdanken wir dem Oxidationsprozess einen großen Teil unserer Körperwärme.

Die Reaktivität biologischer Moleküle

Grundbegriffe:

Durch die Anwesenheit funktioneller Gruppen in Biomolekülen verfügen diese über Stellen, an denen sie umgewandelt oder an andere Moleküle gebunden werden können. Reaktive Stellen können nucleophil oder elektrophil sein. An ihnen können Additions-, Substitutions- oder Eliminierungsreaktionen erfolgen. Funktionelle Gruppen sind notwendig, um eine Angriffsfläche für Enzyme zu bieten. Reaktionen an nucleophilen oder elektrophilen Zentren führen oft zu Intermediaten oder Übergangszuständen die durch ein Enzym stabilisiert werden können. Hier liegen die Gründe, warum Enzyme alternative Reaktionswege bieten und ihre Rolle als Katalysatoren einnehmen.

Das Verständnis der Reaktionsmechanismen erlaubt Biologen und Chemikern, bei biotechnologischen industriellen Prozessen die Ausbeuten an Chemikalien zu optimieren oder die katalytische Wirkung von Metallen oder Enzymen zu erklären und damit Inhibitoren für Enzyme wie Medikamente und Pestizide zu entwickeln.

Die metabolischen Reaktionen, die in Organismen ablaufen, setzen sich aus vielen, offensichtlich sehr komplexen, Umwandlungen zusammen. Biomoleküle bestehen aus einer großen Zahl von Atomen und Bindungen, die alle einer chemischen Reaktion zugänglich sind. Glücklicherweise gehören, wie wir wissen, zu den **reaktiven Zentren** dieser Moleküle ausnahmslos deren **funktionelle Gruppen**. Die funktionelle Gruppe verhält sich anders als der Rest des Moleküls. Gewöhnlich liegt dies daran, dass die funktionelle Gruppe ein elektronegatives Atom und somit eine polare kovalente Bindung enthält. Wie wir zuvor in Kapitel 3 diskutiert haben, sind funktionelle Gruppen für intermolekulare Wechselwirkungen, die molekulare Wechselwirkungen und Konformationen (räumliche Anordnungen) stabilisieren, von wesentlicher Bedeutung. Indem sie die reaktiven Zentren der Moleküle bilden, ermöglichen sie auch molekulare Umwandlungen und damit den Aufbau von Molekülen und die Darstellung biologischer **Makromoleküle**.

Reaktive Zentren von Molekülen können ein **nucleophiles Zentrum** oder ein **elektrophiles Zentrum** enthalten. Nucleophile Zentren sind elektronenreich. Sie können eine negative Ladung tragen, ein einsames Elektronenpaar (lone pair) enthalten oder eine erhöhte Elektronendichte, wie sie für kovalente Doppelbindungen typisch ist, aufweisen. Ein nucleophiles Zentrum zieht positiv geladene, d. h. elektrophile Gruppen, etwa ein positiv geladenes Proton, an. Elektrophile Zentren haben ein Elektronendefizit und suchen daher negative Ladungen.

Nehmen wir als Beispiel die Carbonylgruppe. Carbonylgruppen (C=O) finden wir in vielen biologischen Molekülen:

- RCOOH (Carbonsäuren), in Säuren
- RCHO (Aldehyd), in Zucker
- R_2CO (Keton), in Zucker
- $RCONH_2$ (Amid), in Proteinen

Die C=O-Gruppe ist polar mit einer kleinen positiven Ladung ($\delta+$) am C und einer kleinen negativen Ladung ($\delta-$) am O. Nucleophile werden zum leicht positiven C hingezogen, wobei die Elektronen zum C gedrängt werden. Elektrophile Protonen werden zum leicht negativen O hingezogen, der selbst Elektronen spenden kann.

> **Merksatz**
>
> Elektronegative Atome sind häufig Bestandteil funktioneller Gruppen und dort verantwortlich für die Bildung von Ladungsdipolen. Ein Ladungsdipol führt wiederum zu einem nucleophilen und einem elektrophilen Zentrum.

Nucleophile und elektrophile Bereiche bilden die Grundlage für eine Reihe unterschiedlicher Typen von Reaktionsmechanismen.

11.1 Additionsreaktionen

Bei der in Abbildung 78 gezeigten Reaktionsfolge reagiert das Keton Propanon (Aceton) unter sauren Bedingungen zum Hydrat. Das nucleophile OH^- greift das elektrophile C-Atom der Ketogruppe an, während ein elektrophiles Proton den nucleophilen Sauerstoff der Ketogruppe angreift. Der große gekrümmte Pfeil in der Abbildung zeigt den ersten Angriffspunkt des Nucleophils an. Der kleine gebogene Pfeil verdeutlicht die Bewegung eines Elektronenpaares – in diesem Fall die beiden Elektronen der kovalenten pi-Bindung – die zur Bildung einer neuen sigma-Bindung mit dem Proton führt.

Abbildung 78: Eine Additionsreaktion an einem Keton

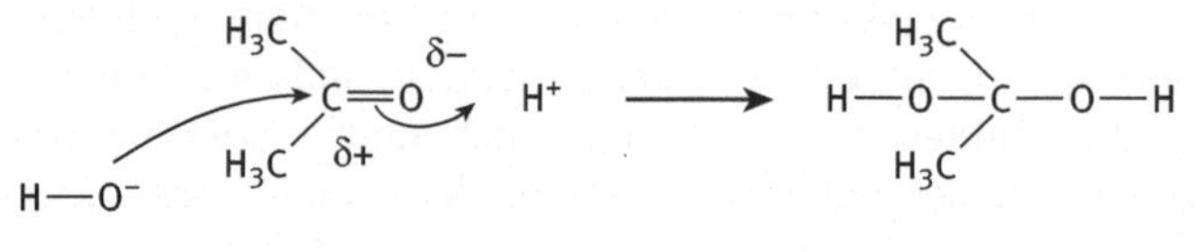

Dieser Reaktionstyp wird als **Additionsreaktion** bezeichnet (OH^- und H^+ wurden beide an das Keton addiert).

Wenn Nucleophile und Elektrophile an einer Reaktion beteiligt sind, dann bewegen sich die Elektronen, die an der Bildung neuer und an der Auflösung bestehender Bindungen beteiligt sind, paarweise.

11.2 Substitutionsreaktionen

Abbildung 79 zeigt den Mechanismus der Reaktion von Brommethan in alkalischer Lösung unter Bildung von Ethanol. In Brommethan bildet der Kohlenstoff wegen der polaren kovalenten Bindung zu Brom ein elektrophiles Zentrum (Brom ist das elektronegativere Atom). Ein nucleophiles Hydroxidion wird durch das elektrophile Kohlenstoffzentrum angezogen und veranlasst das Elektronenpaar der polaren kovalenten C-Br-Bindung, sich zum Bromatom zu verlagern, was letztlich zur Substitution von Br durch OH, also zur Bildung des Alkohols und eines Br^--Ions führt.

Abbildung 79: Bildung eines Alkohols durch eine Substitutionsreaktion

$$CH_3 - CH_2 - Br \longrightarrow CH_3 - CH_2 - OH \quad + \quad Br^-$$

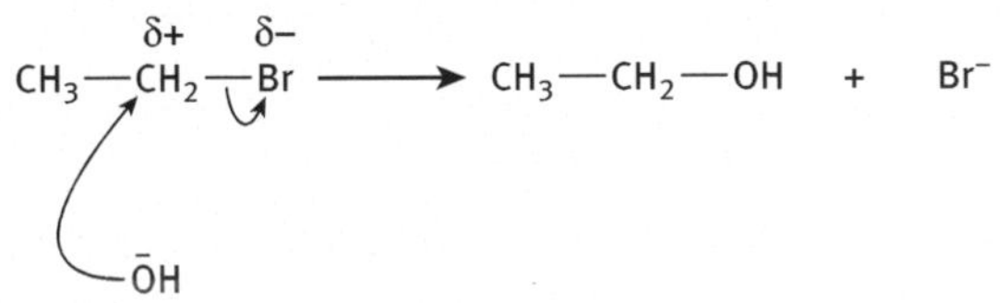

Dies ist ein Beispiel für eine **nucleophile Substitution**.

11.3 Eliminierungsreaktionen

Betrachten wir die Dehydratisierung (Entfernung von Wasser) von Ethanol in saurer Lösung unter Bildung von Ethen (Abbildung 80).

Das einsame Elektronenpaar am Sauerstoffatom bildet eine koordinative kovalente Bindung mit einem H^+-Ion (beide Elektronen der Bindung stammen vom Sauerstoff). Dies verleiht dem Sauerstoff vorübergehend eine positive Ladung und veranlasst deshalb ein Elektronenpaar aus der C-O-Bindung, das ursprüngliche einsame Elektronenpaar am Sauerstoff zu ersetzen. Dieser Vorgang führt zur Bildung und Abgabe von Wasser. Zudem wird aus dem Kohlenstoffatom ein elektrophiles Zentrum. Das instabile intermediäre Molekül lagert sich weiter um, indem sich das Elektronenpaar einer C-H-Bindung der Methylgruppe (CH_3) zum C^+ bewegt und so dessen Vierbindigkeit absättigt und gleichzeitig ein H^+ abgespalten wird. Das Produkt dieser Umlagerung ist Ethen.

Abbildung 80: Dehydratisierung von Ethanol durch eine Eliminierungsreaktion

$$CH_3-CH_2-\overset{..}{\underset{..}{O}}-H \longrightarrow CH_3-CH_2-\overset{+}{\underset{H}{O}}-H$$

$$H^+$$

$$CH_3-CH_2-\overset{+}{\underset{H}{O}}-H \longrightarrow CH_3-\overset{+}{C}H_2 \quad + \quad H_2O$$

$$CH_2-\overset{+}{C}H_2 \longrightarrow CH_2{=}CH_2 \quad + \quad H^+$$

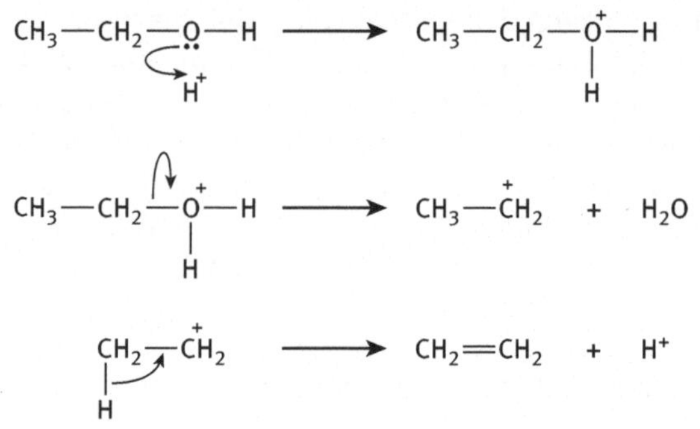

Merksatz

Bei Additions-, Substitutions- und Eliminierungsreaktionen bewegen sich die an der Bildung neuer und Auflösung bestehender Bindungen beteiligten Elektronen immer paarweise.

11.4 Reaktionen freier Radikale

Normalerweise werden Bindungen nicht in der Weise gespalten, dass ein Atom oder Molekül mit einem einzelnen ungepaarten Elektron entsteht. **Freie Radikale** enthalten allerdings ein freies ungepaartes Elektron und werden durch **homolytische** Spaltung einer kovalenten Bindung gebildet. Freie Radikale werden durch einen einzelnen Punkt mittig an der Seite des betreffenden Atoms gekennzeichnet. So wird beispielsweise das freie Chlorradikal als **Cl·** dargestellt.

In Abbildung 81 stellt die erste Reaktion eine **heterolytische** Spaltung dar. Der gebogene Pfeil mit vollständiger Spitze kennzeichnet die Bewegung eines **Elektronenpaars**. Die gebildeten Produkte sind **Ionen**. Die zweite Reaktion ist eine homolytische Spaltung. Die Pfeile mit halben Spitzen bezeichnen die Bewegung einzelner Elektronen, und die Produkte dieser Reaktion sind freie Radikale.

Abbildung 81: Heterolytische und homolytische Spaltung kovalenter Bindungen

$$H\text{—}Cl \longrightarrow H^+ + :Cl^-$$

heterolytische Spaltung, Bildung von Ionen

$$Cl\text{—}Cl \longrightarrow Cl\cdot + Cl\cdot$$

homolytische Spaltung, Bildung freier Radikale

Übertragung: freie Radikale reagieren unter Bildung neuer freier Radikale, z.B. Bildung eines freien Methylradikals $\cdot CH_3$

+ HCl

Freie Radikale sind sehr instabil und reagieren schnell mit anderen Verbindungen, um das fehlende Elektron zu bekommen und so Stabilität zu erlangen. Im Allgemeinen greifen freie Radikale das nächste stabile Molekül an und „stehlen" ein Elektron. Wenn das „angegriffene" Molekül ein Elektron verliert, wird es seinerseits zu einem freien Radikal und beginnt eine Kettenreaktion, indem es die Reaktion auf andere Moleküle **überträgt**. Nachdem der Prozess einmal gestartet wurde, kann er sich kaskadenartig fortsetzen und zur Beschädigung und Zersetzung der lebenden Zelle führen.

Einige freie Radikale treten für gewöhnlich während des Metabolismus auf. Tatsächlich werden sie durch Zellen des Immunsystems absichtlich zur Neutralisation von Viren und Bakterien hergestellt. Allerdings können Umweltfaktoren wie Schadstoffe, Strahlung, Zigarettenrauch und Herbizide ebenso freie Radikale hervorbringen. **Antioxidantien**, zu denen eine Reihe von Chemikalien gehören, können die Übertragung freier Radikale **stoppen**, indem sie ein Elektron abgeben und so die Kettenreaktion des „Elektronen-Stehlens" beenden. Die Vitamine C und E sind Beispiele für biologische Antioxidantien.

Merksatz

Freie Radikale werden durch die homolytische Spaltung einer kovalenten Bindung gebildet und enthalten ein einzelnes ungepaartes Elektron.

11.5 Pi-Bindungen und Additionsreaktionen

Vielleicht nicht ganz so offensichtlich kann auch die pi-Bindung als funktionelle Gruppe betrachtet werden, an der Additionsreaktionen stattfinden können. Erinnern Sie sich, dass die kovalente Doppelbindung aus einer sigma- und einer pi-Bindung besteht. Die pi-Bindung ist „elektronenreich" und kann daher als nucleophiles Zentrum agieren (Abbildung 82). Häufig bricht die pi-Bindung, und die in ihr enthaltenen Elektronen werden für den Aufbau von Bindungen zu anderen Atomen oder Gruppen in einer Additionsreaktion eingesetzt.

Abbildung 82: Die „elektronenreiche" pi-Bindung ist ein nucleophiles Zentrum

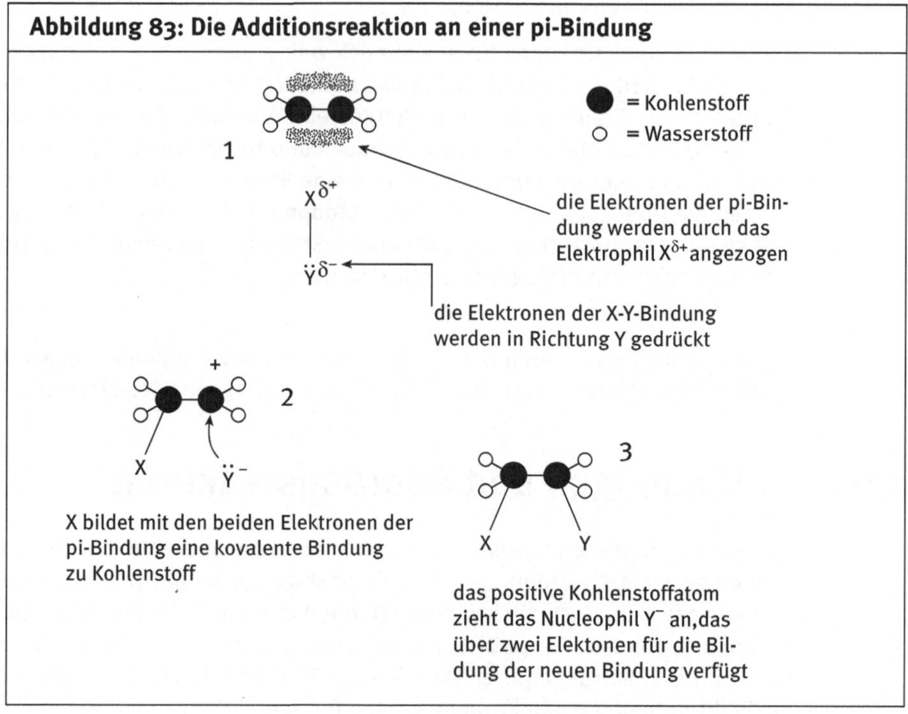

Betrachten Sie das Schema der Reaktion in Abbildung 83, bei der eine Kohlenstoff-Kohlenstoff-Doppelbindung reagiert.

In Schritt **1** nähert sich das Molekül X-Y der pi-Bindung. Y ist stark elektronegativ, und damit ist X elektrophil. Während $X^{\delta+}$ sich der pi-Bindung nähert, werden die Elektronen der X-Y-Bindung immer stärker in Richtung Y gedrückt (dargestellt durch ⋅⋅).

> **Merksatz**
>
> Pi-Bindungen stellen einen „elektronenreichen" Bereich dar, der als reaktives nucleophiles Zentrum reagieren kann.

Abbildung 83: Die Additionsreaktion an einer pi-Bindung

In Schritt **2** bildet X mit den beiden Elektronen aus der pi-Bindung eine neue kovalente Bindung zum Kohlenstoffatom. Ursprünglich war die pi-Bindung mit je einem Elektron von jedem Kohlenstoffatom entstanden. Doch wurden beide Elektronen dieser Bindung nun für die Bindung zum X-Atom verwendet. Dadurch mangelt es dem Kohlenstoffatom auf der rechten Seite nun an einem Elektron und es ist positiv geladen. In Schritt **3** verfügt Y über ein Elektronenpaar, das ursprünglich für die Bindung zwischen X und Y verwendet wurde. Dieses Elektronenpaar kann nun eine neue kovalente Bindung mit dem positiv geladenen C-Atom ausbilden.

Somit hat an der Kohlenstoffdoppelbindung eine Additionsreaktion stattgefunden. Kovalente pi-Bindungen sind wirksame „Elektronenquellen" für Additionsreaktionen.

11.6 Funktionelle Gruppen verbinden Moleküle

Ein Kennzeichen von Organismen ist die Fähigkeit, einfache Moleküle zu **Makromolekülen** zu verbinden. Kohlenwasserstoffe, Proteine und Nucleinsäuren sind **Polymere**, die durch die Verknüpfung zahlreicher **Monomere** entstanden sind. Makromoleküle können der Bildung von Strukturen (z. B. Collagen in Knochen und Bindegewebe, Cellulose in Pflanzen), bestimmten Funktionen (z. B. Enzyme und Hormone), dem Speichern von Informationen (z. B. DNA), genauso wie der Speicherung von Energie (z. B. Glykogen und Stärke) dienen.

Die funktionellen Hydroxylgruppen der Zuckermonomere können über eine Kondensationsreaktion (Dehydratisierung, Abspaltung von Wasser) Verknüpfungen bilden und schließlich Makromoleküle wie Stärke aufbauen. Amylose, ein Bestandteil der Stärke, besteht zum Beispiel typischerweise aus 200 bis 20 000 Glucoseeinheiten (Abbildung 84).

Abbildung 84: Erster Schritt der Amylosebildung durch Verknüpfung von Glucosemonomeren

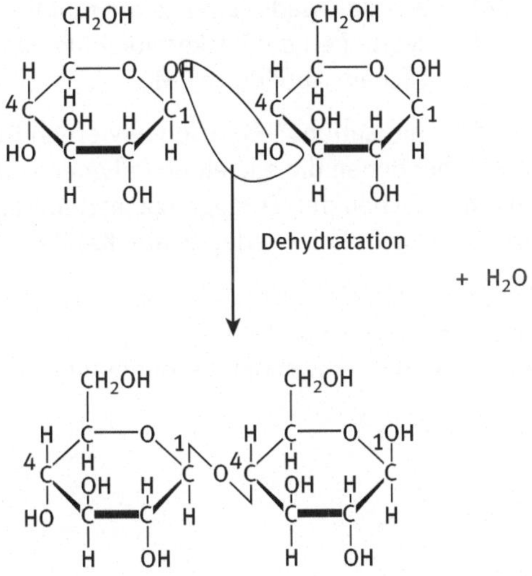

Die Bindungsverknüpfungen zwischen dem C-Atom 1 eines Glucosemoleküls und dem C-Atom 4 eines weiteren Glucosemoleküls werden als 1,4-glykosidische Bindungen bezeichnet.

Die Peptid-bindung (Seite 28)

Entsprechend sind, wie wir zuvor gesehen haben, Aminosäuren mittels Kondensationsreaktionen durch Peptidbindungen miteinander verknüpft und bilden so die Polymere, die wir als Proteine bezeichnen. Auch hier beinhaltet die Reaktion eine funktionelle Hydroxylgruppe am „Carbonylende" einer Aminosäure, sowie die Abspaltung von Wasser (Abbildung 85).

Abbildung 85: Aminosäuremonomere sind über Peptidbindungen verknüpft

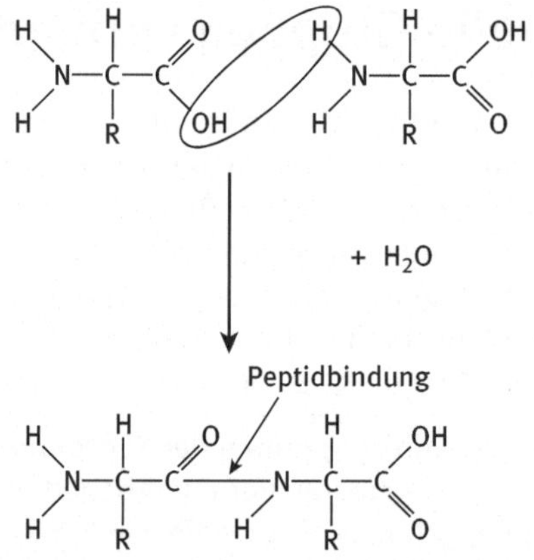

Bei Nucleinsäuren wird das „Rückgrat" jedes einzelnen Nucleinsäurestrangs von einem Polymer aus Nucleotiden gebildet, die durch Dehydratationsreaktionen miteinander verknüpft wurden. Diese Reaktionen führen zur Bildung von Phosphodiesterbindungen zwischen den Phosphatgruppen und den 3′- und 5′-C-Atomen benachbarter Nucleotide. Wieder sind es die funktionellen Hydroxylgruppen, die an den 3′- und 5′-Positionen der Zuckermoleküle das Auftreten derartiger Verknüpfungen ermöglichen (Abbildung 86).

Durch diese „Polymerisations"-Reaktionen werden Nucleinsäuren gebildet (Abbildung 87), bei denen die einzelnen Polymerstränge durch Wasserstoffbrückenbindungen zwischen den entgegengesetzten Basen in einer doppelsträngigen Struktur zusammengehalten werden (siehe Kapitel 3).

Merksatz

Kohlenhydrate, Proteine und Nucleinsäuren sind Polymere, die über die funktionellen Gruppen ihrer Monomere miteinander verknüpft sind.

Abbildung 86: Die Hydroxylgruppen der Zuckermoleküle ermöglichen den Aufbau von Nucleotidpolymeren

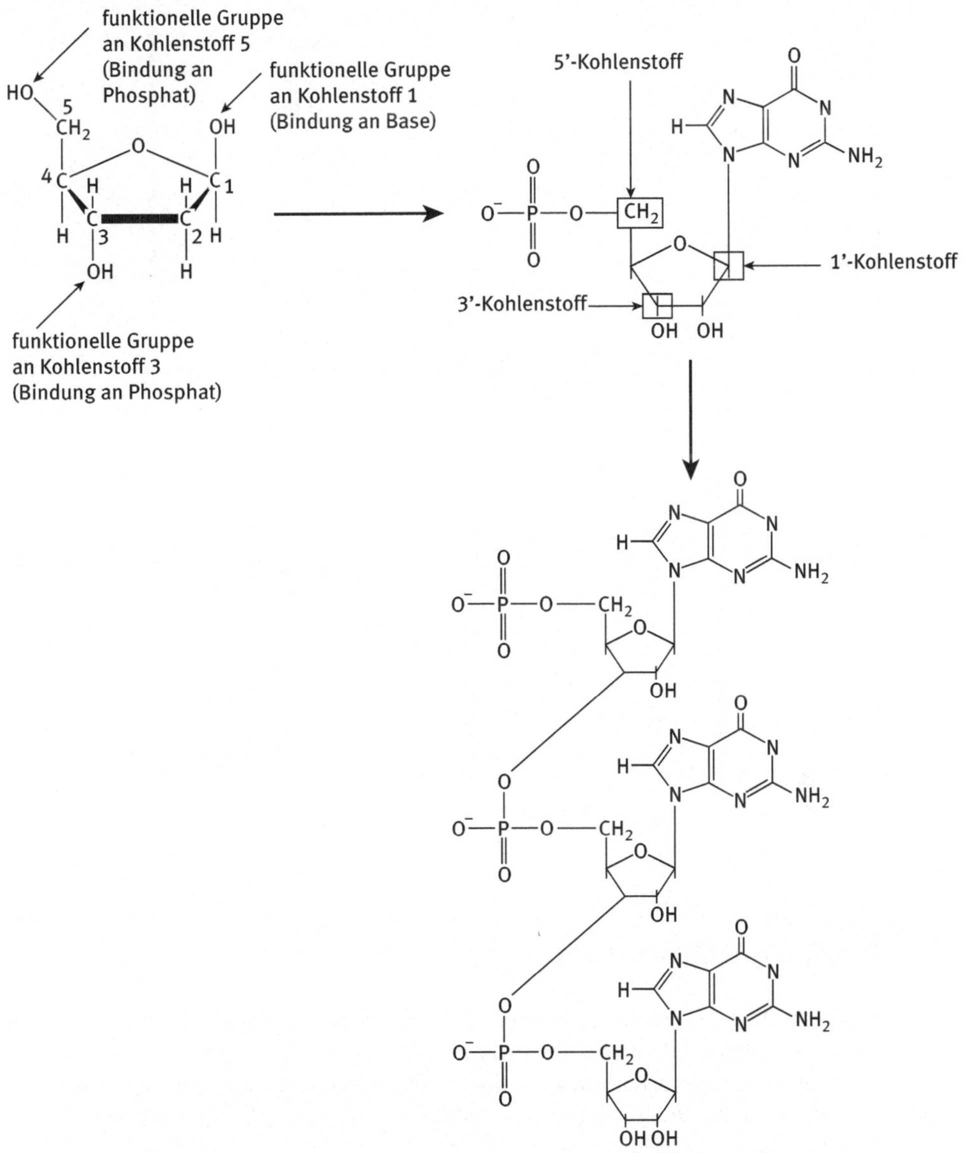

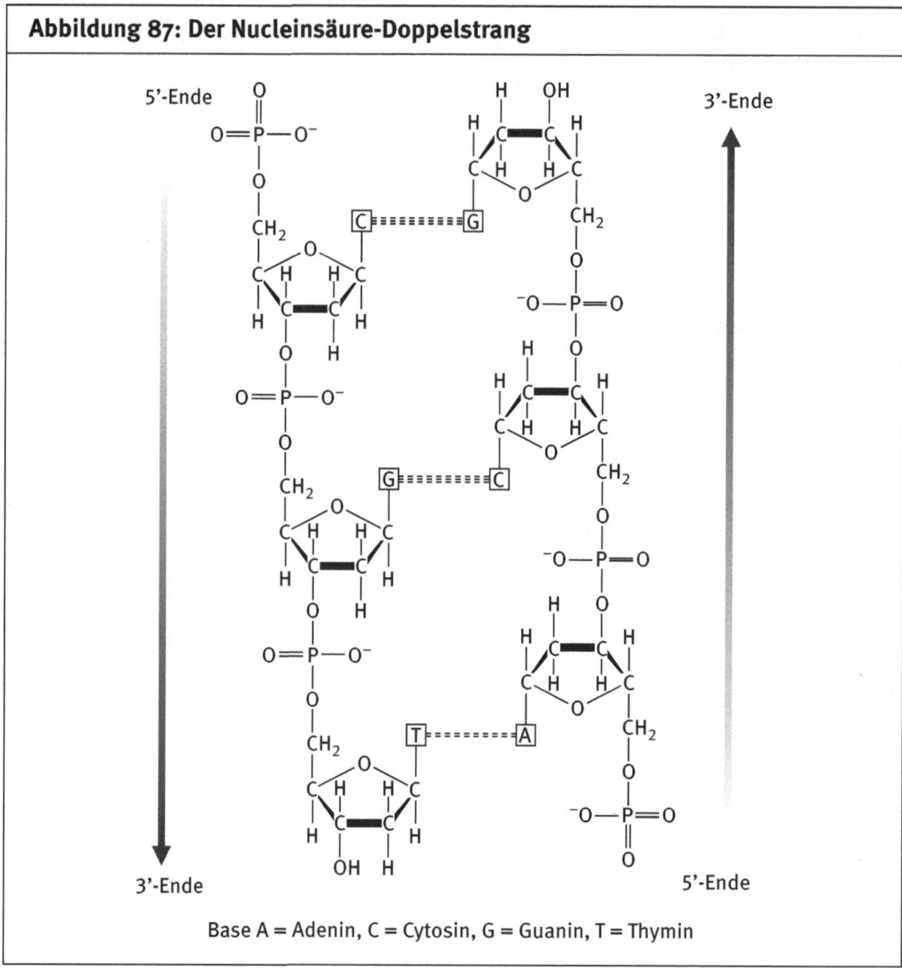

Abbildung 87: Der Nucleinsäure-Doppelstrang

11.7 Enzymkatalysierte Reaktionen

In Abschnitt 8.2 erörterten wir, wie ein Enzym in der Lage war, einen alternativen
Reaktionsweg und damit eine niedrigere Aktivierungsenergie zu ermöglichen.
Es ist diese Fähigkeit der Enzyme, die ihnen die Rolle der Biokatalysatoren
zukommen lässt. Doch wie genau schafft es das Enzym, den alternativen
Reaktionsweg zu ermöglichen? Ein Anhaltspunkt wurde schon früher im Schema
der Eliminierungsreaktion bei der Dehydratisierung von Ethanol zu Ethen
(Abbildung 80) geliefert. In diesem Schema ist eine Reihe von Intermediaten dargestellt. Solche Intermediate bilden **Übergangszustände**, die im Allgemeinen sehr
instabil sind und eine kurze Lebenszeit haben. Enzyme können Übergangszustände binden und stabilisieren. Tatsächlich können sie andere und oftmals
mehrstufige Übergangszustände ermöglichen, so dass eine Reaktion vom Aus-

**Enzym-
katalyse
(Seite 154)**

gangsstoff zum Produkt einem alternativen Weg mit niedrigeren Aktivierungsenergien folgt.

11.8   Zusammenfassung

1. Funktionelle Gruppen bilden reaktive Bereiche von Biomolekülen. Dies können nucleophile oder elektrophile Zentren sein.

2. Reaktionen an reaktiven Gruppen können als Additionen, Substitutionen oder Eliminierungen eingeordnet werden.

3. Freie Radikale entstehen durch homolytische Spaltung von kovalenten Bindungen, im Gegenatz zur heterolytischen Spaltung, der am meisten verbreiteten Variante der Spaltung kovalenter Bindungen.

4. Ein molekulares pi-Orbital bildet einen weiteren nucleophilen reaktiven Bereich. Die beiden Elektronen der pi-Bindung werden für die Addition zusätzlicher Atome oder Gruppen an beiden Seiten der Doppelbindung verwendet.

5. Funktionelle Gruppen werden eingesetzt, um einfache Moleküle (Monomere) zu großen Makromolekülen (Polymere) zusammenzufügen. Zu den typischen Reaktionen in Organismen gehören Kondensationsreaktionen (Dehydratationsreaktionen unter Abspaltung von Wasser), bei denen Monomere über ihre Hydroxylgruppen miteinander verbunden werden und so Makromoleküle wie Polysaccharide, Proteine und Nucleinsäuren bilden.

11.9   Testen Sie Ihr Wissen

Die Lösungen befinden sich auf Seite 163 und 164.

Aufgabe 11.1
Erklären sie, was man unter einem nucleophilen und einem elektrophilen Zentrum in einem Molekül versteht.

Aufgabe 11.2
Warum wird eine pi-Bindung als nucleophiles Zentrum angesehen?

Aufgabe 11.3
Was geschieht im folgenden Reaktionsablauf?

Aufgabe 11.4
Erklären Sie den Zusammenhang zwischen Enzymen, Aktivierungsenergie und Übergangszuständen.

Aufgabe 11.5
Erklären Sie den Unterschied zwischen einem Ion und einem freien Radikal.

▶ Zur Vertiefung

11.10 Enzymkatalyse

Enzyme sind Biokatalysatoren. Sie ermöglichen hunderte von chemischen Reaktionen in der Zelle, die ansonsten thermodynamisch unmöglich wären. Sie sind hochgradig **substratspezifisch**, und sie sind steuerbar, wodurch sie ihre Eingliederung in den hochkomplizierten Metabolismus der Zelle ermöglichen.

Enzyme sind Proteine, große dreidimensionale Aminosäurepolymere, die spezifische Konformationen (Gestalten) annehmen und nur bestimmte Substrate erkennen. Die hohe Spezifität der Substraterkennung folgt aus der Existenz eines dreidimensionalen „**aktiven Zentrums**" bei jedem Enzym. Das aktive Zentrum ist ein Bereich in der dreidimensionalen Struktur, der nur zu einer bestimmten Gestalt und Größe eines Substrats passt. Enzym und Substrat verhalten sich dabei zueinander wie Schlüssel und Schloss: Das Enzym ist das „Schloss" und nur eine bestimmte Sorte „Schlüssel", das spezifische Substrat, passt hinein!

Es ist recht einfach, die Eigenschaften der Enzyme zu nennen, die sie zu guten Katalysatoren machen:

- Enzyme binden und halten die Substratmoleküle „ruhig" (dies ist weit effizienter, als das „Warten" auf zufällige Kollisionen von Molekülen). In dieser Weise arbeiten chemische Katalysatoren häufig: Sie binden und „präsentieren" Moleküle oder Atome an ihrer Oberfläche.
- Enzyme machen Reaktionen möglich, indem sie einen alternativen Reaktionsweg mit einer geringeren Aktivierungsenergie anbieten.

Das ist leicht gesagt, doch wie genau binden Enzyme ihre Substrate, und wie machen sie Reaktionen möglich?

Binden des Substrats

Das Geheimnis liegt in der Aminosäuresequenz, also der Reihenfolge, in der die Aminosäuren über Peptidbindungen zu den polymeren Proteinmolekülen, den Enzymen, verknüpft sind. Aminosäuren haben grundsätzlich die Struktur

$$H_2N-\underset{\underset{R}{|}}{\overset{\overset{H}{|}}{C}}-COOH$$

In der Polypeptidkette eines Proteins sind die Amino (NH_2) und die Carboxylgruppen (COOH) jeder Aminosäure an Peptidbindungen beteiligt. Der Organische Rest (R-Gruppe) ist für jede Aminosäure spezifisch.

Einige Reste enthalten eine Carboxylat- oder Aminogruppe die bei physiologischem pH-Wert eine elektrische Ladung trägt (dissoziiert oder protoniert). Hierzu gehören folgende Beispiele:

- Die R-Gruppe der Glutaminsäure, $HOOC(CH_2)_2$- dissoziiert zu $^-OOC(CH_2)_2$-

- Die R-Gruppe von Lysin, $H_2N(CH_2)_4$- wird zu $H_3^+N(CH_2)_4$- protoniert

Einige R-Gruppen sind nicht dissoziiert, aber polar, da sie ein relativ starkt elektronegatives Atom enthalten. Ein Beispiel ist die Sulfhydrylgruppe in Cystin, HS-CH_2-

Die organischen Reste können zudem unpolar sein, wie die Methylgruppen in Leucin, $(CH_3)_2$-CH-CH_2-

Neben den verschiedenen R-Gruppen enthält jede Aminosäure eine Carbonyl-($-C=O$) und eine Aminogruppe ($-NH$). Dies sind alles **funktionelle** Gruppen. Viele sind bei physiologischem pH-Wert dissoziiert oder geladen oder enthalten ein elektronegatives Atom und eine polare kovalente Bindung. Anordnungen solcher Gruppen über den dreidimensionalen „Oberflächen" des **aktiven Zentrums** eines Enzyms eröffnen spezifische Möglichkeiten für Ladungs-Ladungs-Wechselwirkungen oder hydrophobe Wechselwirkungen mit dem Substrat, welches selbst wechselwirkende funktionelle Gruppen besitzt. Die spezifische Anordnung von Aminosäuren am aktiven Zentrum führt zu spezifischen Wechselwirkungen mit spezifischen Substraten. Anders gesagt: Enzyme binden ihre Substrate mittels intermolekularer Wechselwirkungen. In Kapitel 3 lernten wir, dass intermolekulare Wechselwirkungen relativ schwach und reversibel sind (im Gegensatz zu den intramolekularen Wechselwirkungen, den kovalenten Bindungen). Das ist die Grundlage der **Bindung**. Bindung ist ein zentraler Begriff in der Biologie. Enzyme binden ihre Substrate, Hormone binden ihre Rezeptoren, Antikörper binden Antigene. Biologischen Vorgängen auf molekularer Ebene gehen immer Bindungsprozesse voraus, die zu Erkennungsprozessen führen und aus denen Aktivitäten folgen.

Anbieten eines alternativen Reaktionsweges

Die zweite Eigenschaft der Enzyme, nämlich die Fähigkeit, einen alternativen Reaktionsweg mit einer geringeren Aktivierungsenergie anzubieten, ist ebenfalls auf die Eigenschaften der unterschiedlichen organischen Reste R der verschiedenen Aminosäuren zurückzuführen. Wir können dies umfassend demonstrieren, indem wir uns den Wirkmechanismus des Enzyms **Chymotrypsin** anschauen. Chymotrypsin ist ein Enzym, das in unserem Dünndarm vorkommt und die Hydrolyse von Peptidbindungen in Proteinen katalysiert. Anders gesagt, hilft dieses Enzym bei der Zerlegung von Proteinen zu kleineren Peptiden und Aminosäuren, die dann leichter vom Körper aufgenommen werden können.

Im Labor ist die chemische Hydrolyse einer Peptidbindung ein sehr langsamer Prozess, solange nicht ein stark saurer Katalysator zugegeben wird.

$$R-\overset{\overset{\textstyle O}{\|}}{C}-\overset{\overset{\textstyle R}{|}}{N}-R \;+\; \overset{H}{\underset{H}{O}}-H \;\rightleftharpoons\; R-\overset{\overset{\textstyle O}{\|}}{C}\underset{H-O}{} \;+\; \overset{R}{\underset{H}{N}}-R$$

| Amid | Wasser | Carbonsäure | Amin |

Im Dünndarm, wo der pH-Wert im Wesentlichen neutral ist, verläuft die durch Chymotrypsin katalysierte Reaktion jedoch sehr schnell.

Der Mechanismus der Chymotrypsinkatalyse besteht aus sechs Schritten, die in der folgenden Sequenz erklärt werden.

Schritt 1: Ein Substratprotein nähert sich dem aktiven Zentrum des Enzyms. Das aktive Zentrum von Chymotropsin erlaubt diesem Teil des Enzyms, einen Teil des Proteins zu binden, der eine unpolare Seitenkette besitzt, so wie es etwa bei Phenylalanin der Fall ist (Die Reste der Aminosäuren, die den entsprechenden Bereich des aktiven Zentrums auskleiden sind folglich auch unpolar). Sobald das Protein am aktiven Zentrum an seinem Platz ist, wandert ein H^+-Ion von der Aminosäure Serin an der Position 195 (Ser-195) der Aminosäuresequenz des Enzyms zu der Aminosäure des Histidins an Position 57 (His-57). Das Sauerstoffatom der Hydroxylgruppe vom Serin bildet nun mit einem C-Atom von einer der Peptidbindungen des Substrats eine kovalente Bindung. Dadurch werden die beiden pi-Elektronen zum Carbonylsauerstoff „gedrückt". Dies ist ein Übergangszustand der Substratumwandlung, der durch das aktive Zentrum des Enzyms stabilisiert wird.

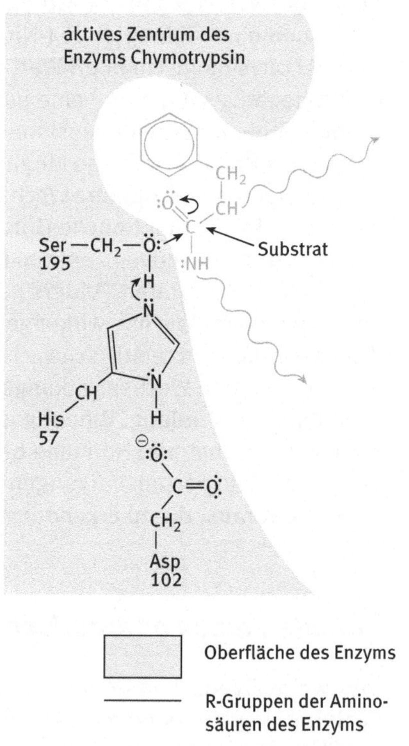

	Oberfläche des Enzyms
	R-Gruppen der Aminosäuren des Enzyms
	das Substratprotein

Schritt 2: Die entstandene positive Ladung an His-57 wird durch die negative Ladung der Asparaginsäure an Position 102 (Asp-102) stabilisiert. Wird die Doppelbindung an der Carbonylgruppe der Peptidbindung umgestaltet, so wird die Bindung zwischen dem Kohlenstoff und dem Stickstoff der Peptidbindung aufgelöst. Die den Stickstoff enthaltende Gruppe wird durch die Bildung einer Bindung zu einem Wasserstoffatom an His-57 stabilisiert. Dies ist ein zweiter Übergangszustand der Substratumwandlung.

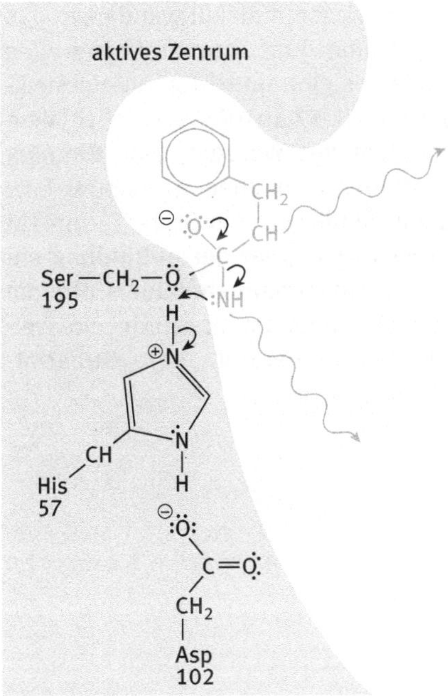

Schritt 3: Der Teil des Polypeptids, der das Stickstoffatom aus der gebrochenen Peptidbindung enthält, bewegt sich aus dem aktiven Zentrum heraus. Dies stellt einen dritten Übergangszustand der Substratumwandlung dar.

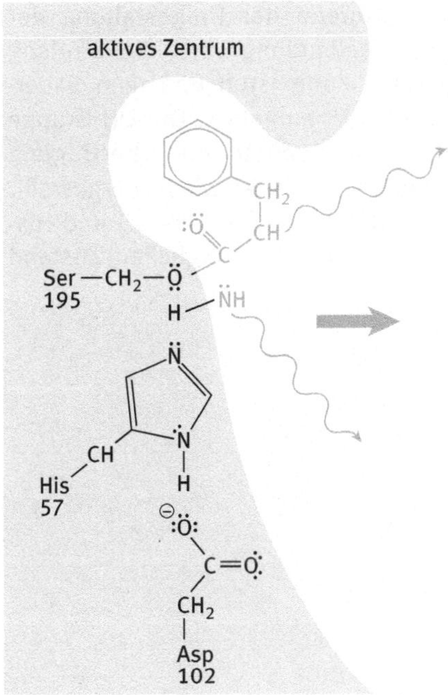

Schritt 4: Ein Wassermolekül wandert in das aktive Zentrum. Das Sauerstoffatom des Wassermoleküls gibt ein H^+-Ion an ein Stickstoffatom von His-57 ab. Dies ermöglicht dem Sauerstoffatom des Wassers, eine Bindung zum C-Atom des verbliebenen Substrat-Teils aufzubauen. Ähnlich wie in Stufe 1 entsteht aus dem Elektronenpaar der pi-Bindung ein einsames Elektronenpaar am Sauerstoffatom der Carbonylgruppe. Damit wurde ein weiterer Übergangszustand der Substratumwandlung erreicht.

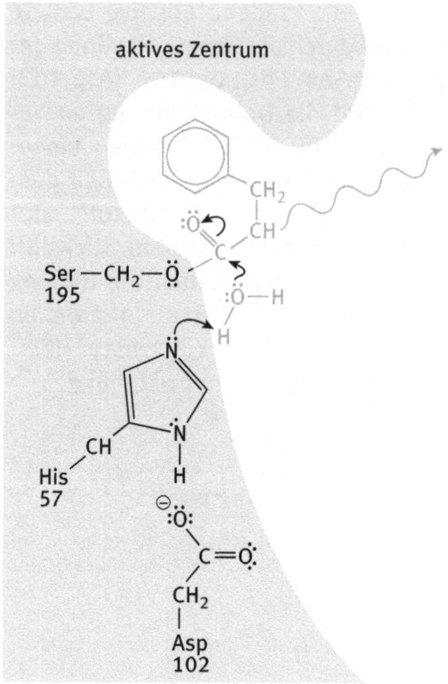

Schritt 5: Während der Umgestaltung der Carbonyl-Doppelbindung wird die Bindung zwischen dem Kohlenstoff und dem Sauerstoff von Ser-195 aufgelöst. Die OH-Gruppe von Ser-195 wird durch die Übertragung eines H^+-Ions von His-57 wiederhergestellt. Bei diesem Schritt werden Ser-195 und His-57 wieder in ihren ursprünglichen Zustand überführt.

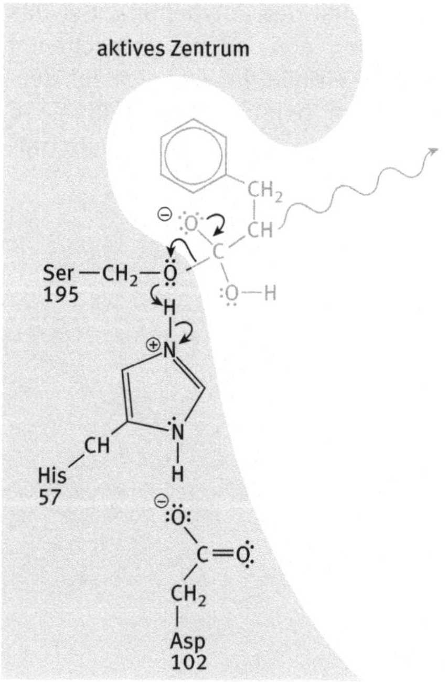

Schritt 6: Der verbliebene Teil des Substrats verlässt das aktive Zentrum und lässt es in seinem ursprünglichen Zustand zurück. Damit ist das aktive Zentrum bereit, die Schritte 1–5 mit einem weiteren Proteinmolekül zu durchlaufen .

Dieses Reaktionsschema ist eine vereinfachte Darstellung der tatsächlichen Vorgänge! Dennoch ist erkennbar, dass bei dieser Umwandlung mehrere Übergangszustände durchlaufen werden müssen, die alle durch die Einwirkung verschiedener funktioneller Gruppen im aktiven Zentrum des Enzyms stabilisiert werden.

Funktionelle Gruppen von Biomolekülen wie Proteinen sind also für spezifische Bindungsvorgänge verantwortlich, vermitteln katalytische Prozesse und ermöglichen die intramolekularen Wechselwirkungen innerhalb solcher Moleküle, durch die die reaktive und funktionelle dreidimensionale Gestalt der Moleküle definiert wird.

Lösungen zu „Testen Sie Ihr Wissen"-Fragen

Lösung 1.1
Wasserstoff-1 ($^1_1$H) hat nur ein Proton und eine Massenzahl von 1. Wasserstoff-2 ($^2_1$H) oder Deuterium hat zusätzlich ein Neutron und eine Massenzahl von 2 (1 Proton + 1 Neutron). Wasserstoff-3 ($^3_1$H) oder Tritium hat zusätzlich zwei Neutronen und eine Massenzahl von 3 (1 Proton + 2 Neutronen).

Lösung 1.2
(a) Nur eines, d. h. 1s.
(b) Im Energieniveau 2 können wir zwei Typen von Atomorbitalen finden, nämlich 2s und 2p. Insgesamt können vier Atomorbitale vorhanden sein:
$2s + 2p_x + 2p_y + 2p_z$.

Lösung 1.3
Ein Raumbereich um den Atomkern, in dem mit hoher Wahrscheinlichkeit ein Elektron anzutreffen ist.

Lösung 1.4
(a) 10; zwei in 1s, zwei in 2s und jeweils zwei in den drei 2p-Atomorbitalen.
(b) Es wäre ein unreaktives Element, da keine ungepaarten Elektronen im äußeren Atomorbital vorhanden sind, die an kovalenten oder ionischen Bindungen teilnehmen könnten. Die 2s und 2p Atomorbitale im Energieniveau n = 2 sind vollständig besetzt (Tatsächlich handelt es sich um Neon, einem Edelgas).

Lösung 1.5
(a) 1s, 2s, ($2p_x$, $2p_y$, $2p_z$). Alle 2p-Atomorbitale habe die gleiche Energie.
(b) Die dem Atomkern am nächsten liegenden Atomorbitale haben die niedrigste Energie.

Lösung 2.1
Die Atomorbitale zweier Atome mischen sich zu einem oder mehreren Molekülorbitalen, in denen Elektronen durch die Bildung einer kovalenten Bindung geteilt werden.

Lösung 2.2
Ein sigma-Molekülorbital entsteht durch die „Kopf-an-Kopf"-Überlappung von s- oder p-Atomorbitalen, während ein pi-Molekülorbital durch „Seite-an-Seite"-Überlappung von p-Atomorbitalen gebildet wird.

Lösung 2.3
Eine „asymmetrische" kovalente Bindung ist eine, bei der die Bindungselektronen in Richtung des elektronegativeren Atoms gezogen werden, wodurch ein Dipol entsteht (eine Trennung von Ladungen – daher der Begriff „polar"). Die Partialladungen der Atome ermöglichen das Auftreten von intermolekularen Ladungs-Ladungs-Wechselwirkungen mit Wasser.

Lösung 2.4
Wirklich nichts! Eine dative kovalente (oder koordinative) Bindung gleicht jeder anderen gleichartigen kovalenten Bindung, mit Ausnahme der Tatsache, dass beide Elektronen der Bindung von nur einem Bindungspartner zur Verfügung gestellt werden, im Unterschied zu dem gewöhnlichen Fall, dass beide an der Bindung beteiligten Atome jeweils ein Elektron zur Bindung beitragen.

Lösung 2.5
Die „Oktettregel" wird im „Zur Vertiefung"-Abschnitt über das Periodensystem erklärt. Bei den meisten der leichteren Elemente werden für eine vollständig besetzte äußere oder Valenzschale acht Elektronen benötigt, was zu einem stabileren und unreaktiven Zustand führt (Gruppe 18 des Periodensystems). Gemäß diesen Beobachtungen spricht man davon, dass die Oktettregel befolgt wird.

Lösung 3.1
(a) Eine Wasserstoffbrückenbindung.
(b) Verbreitete funktionelle Gruppen, die sich an Wasserstoffbrückenbindungen beteiligen, sind die Hydroxyl- (-OH), Carbonyl- (-C=O) und die Aminogruppe ($-NH_2$).

Lösung 3.2
Die Wasserstoffbrückenbindung ist (i) eine relativ starke Form der intermolekularen Wechselwirkung, (ii) hat einen relativ „festen" Abstand, (iii) ist stark räumlich gerichtet.

Lösung 3.3
Intermolekulare Wechselwirkungen sind (i) weit schwächer als kovalente Bindungen, (ii) entstehen und brechen in Wasser relativ schnell, (iii) neigen zu einer starken Abhängigkeit vom pH-Wert.

Lösung 3.4
Intermolekulare kurzreichweitige van-der-Waals-Wechselwirkungen.

Lösung 3.5
(c) und (e); bei (c) weist die Methylgruppe (CH_3) keine Polarität auf, da C und H gleiche Elektronegativitätswerte haben. Bei (e) ist die Kohlenstoffringstruktur besonders hydrophob. Bei der Ringstruktur in (f) wird die Polarität durch die Anlagerung der Hydroxylgruppe eingeführt.

Lösung 4.1
Erinnern Sie sich: Anzahl der Mole = Masse in Gramm/molare Masse. Deshalb haben wir $0{,}01/6000 = 1{,}66 \times 10^{-6}$ oder 1,66 Mikromol Insulin.

Lösung 4.2
Die relative Molekülmasse M_r von Essigsäure ist $(12 \times 2) + (4 \times 1) + (16 \times 2) = 60$. Mit anderen Worten: 60 Gramm Essigsäure sind 1 Mol. Eine 1 M Essigsäurelösung enthält 1 Mol (60 Gramm) in 1 Liter. Eine 0,1 M Essigsäurelösung enthält 1/10 Mol (6 Gramm). Folglich braucht man für die Herstellung von 10 Liter einer 0,1 M Essigsäurelösung $10 \times 6 = 60$ Gramm.

Lösung 4.3
10 Gramm Glucose entsprechen $10/180 = 0{,}055$ Mol. In den 50 ml Lösung befinden sich also 0,055 Mol Glucose. Die Stoffmengenkonzentration ist als die Anzahl der Mole pro Liter definiert. Wenn 50 ml Lösung 0,055 Mol enthalten, dann lässt sich extrapolieren, dass 1 Liter in 50 ml $0{,}055 \times 1000/50$ (ohne Verdünnung) = 1,1 Mol enthält (Erinnern Sie sich: Nicht die Stoffmengenkonzentration ändert sich mit dem Volumen [sofern nicht verdünnt wird], sondern die Stoffmenge).

Lösung 4.4
Wenn die Stammlösung von Glycin die Konzentration 0,02 M hat, dann enthält sie definitionsgemäß 0,02 mol Glycin pro Liter. Also enthält 1 ml der Lösung $0{,}02/1000 = 2 \times 10^{-5}$ mol. Natürlich hat 1 ml dieser Lösung immer noch die Konzentration 0,02 M! Das Gesamtvolumen der Enzymprobe beträgt 3 ml, von denen 1 ml von der zugegebenen Glycinlösung stammt. In diesem Gesamtvolumen befinden sich immer noch 2×10^{-5} mol Glycine, aber die Konzentration wurde verdünnt. Die Stoffmengenkonzentration ist nun (Verdünnung 1 zu 3) $0{,}02/3 = 0{,}0066$ M ($6{,}6 \times 10^{-3}$ M).

Lösung 4.5
1,2 Gramm Glycin entsprechen $1{,}2/79 = 0{,}015$ mol. (a) In 1 ml von diesen 100 ml müssen sich $0{,}015/100 = 0{,}00015$ mol befinden. (b) Ein Liter dieser Lösung enthält $1000 \times 0{,}00015$ mol = 0,15 mol l^{-1}, d. h. die Lösung hat die Konzentration 0,15 M. (c) 1 ml dieser Lösung muss $0{,}00015 \times 6{,}022 \times 10^{23}$ (da 1 mol $6{,}022 \times 10^{23}$ Molekülen, also der Avogadro-Zahl entspricht) = $9{,}033 \times 10^{19}$ Moleküle enthalten.

Lösung 5.1
Ein sp^3-hybridisiertes Kohlenstoffatom enthält vier hybridisierte Atomorbitale, die aus dem 2s- und den drei 2p-Atomorbitalen entstanden sind. Ein sp^2-hybridisierter Kohlenstoff enthält drei hybridisierte Atomorbitale und ein unverändertes 2p-Atomorbital.

Lösung 5.2
In Methan ist der Kohlenstoff sp^3-hybridisiert. Jedes der vier hybridisierten Atomorbitale bildet eine kovalente Bindung zu einem Wasserstoffatom. Die vier C-H-Bindungen ordnen sich mit dem größtmöglichen Abstand zueinander an. Daraus ergibt sich für Methan die dreidimensionale Gestalt eines Tetraeders.

Lösung 5.3
Bei den Verbindungen (a), (b) und (d) muss der Kohlenstoff vier kovalente sigma-Bindungen ausbilden, d. h. der Kohlenstoff ist sp^3-hybridisiert.

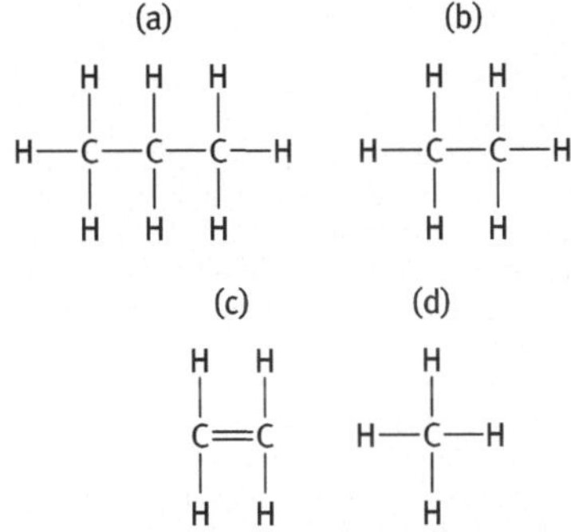

In Verbindung (c) besteht hingegen die einzige Möglichkeit zur Absättigung der Valenzen des Kohlenstoffs und zur Ausbildung von vier kovalenten Bindungen in einer sp^2-Hybridisierung, so dass der Kohlenstoff über das unhybridisierte p-Orbital eine pi-Bindung eingehen und so eine Kohlenstoff-Kohlenstoff-Doppelbindung bilden kann.

Lösung 5.4
B und C. Bei B sind vier der sechs Kohlenstoffatome sp^2-hybridisiert (jeweils an beiden Seiten der zwei Doppelbindungen), während bei C jedes Kohlenstoffatom sp^2-hybridisiert und der Ring aromatisch ist. Bei A sind alle C-Atome sp^3-hybridisiert und bilden vier kovalente Bindungen, jeweils eine zu jedem der beiden benachbarten C-Atome und zwei zu je zwei Wasserstoffatomen (nicht gezeigt).

Lösung 6.1
(i) Die beiden Moleküle sind Strukturisomere.

Lösung 6.2
Beide Molekülpaare sind Stereoisomere. Jedoch verhalten sich Enantiomere zueinander wie Bild und Spiegelbild, während Diastereomere keine Spiegelbilder voneinander sind.

Lösung 6.3
Ein chirales Zentrum (meist ein asymmetrisches Kohlenstoffatom) ist an vier verschiedene Substituenten gebunden.

Lösung 6.4
Die Zahl möglicher Stereoisomere beträgt 2^n, wobei n der Anzahl chiraler Zentren entspricht. Daher lautet die Antwort $2^6 = 64$.

Lösung 6.5
Durch Beobachtung ihrer Wirkung auf linear polarisiertes Licht. D-Glucose dreht die Ebene des polarisierten Lichts nach rechts (Sie ist rechtsdrehend), während L-Glucose die Ebene des polarisierten Lichts nach links dreht (sie ist linksdrehend).

Lösung 7.1
Wasser ist ein Dipol. Das elektronegative Sauerstoffatom zieht Elektronen an sich heran und verursacht so eine positive Partialladung an den Wasserstoffatomen. In der gezeigten Abbildung würden sich die Wassermoleküle abstoßen.

Lösung 7.2
(a) Eine Säure ist eine Substanz, die durch Dissoziation H^+-Ionen freisetzt
(b) Eine starke Säure dissoziiert in Lösung praktisch vollständig (ihre Dissoziationskonstante K_S ist sehr groß), wohingegen eine schwache Säure nur teilweise dissoziiert und ihr K_S-Wert kleiner ist
(c) Die pH-Skala ist eine logarithmische Skala und verläuft von 0 bis 14
(d) Erinnern Sie sich: jede pH-Einheit stellt einen zehnfachen Anstieg (oder ein zehnfaches Absinken) von $[H^+]$ dar. Sinkt der pH-Wert von 9 auf 4, dann sind dies fünf pH-Einheiten, was einem $10 \times 10 \times 10 \times 10 \times 10$, d. h. 100 000fachen Anstieg von $[H^+]$ entspricht.

Lösung 7.3
(a) Gehen wir davon aus, dass die Säure vollständig dissoziiert ist, dann ist $[H^+] = 0,05$ M und es gilt:
$$pH = -\log[H^+]$$
$$= -\log[0,05]$$
$$= -(-1,30)$$
$$= 1,30$$
(b) Bei einer Lösung mit dem pH-Wert 6,2 ergibt sich $[H^+]$ aus:
$$6,2 = -\log[H^+]$$
Der negative antilog von 6,2 ist $6,3 \times 10^{-7}$ [drücken Sie in ihrem Taschenrechner die *„Umschalt-Taste"* $10^x - 6,2$]
Also: $[H^+] = 6,3 \times 10^{-7}$ M

Lösung 7.4
$pK_S = -\log_{10} K_S$
also:
$$pK_S = -\log_{10}(1,8 \times 10^{-5})$$
$$= -(-4,74)$$
$$= 4,74$$

Lösung 7.5
Verwenden Sie die Henderson-Hasselbalch-Gleichung.
$$pH = pK_S + \log \frac{[Base]}{[Säure]}$$
$$= 4,75 + \log \frac{0,05}{0,10}$$
$$= 4,75 + (-0,30) \quad [geben\ Sie\ ein:\ log\ (0,05$$
$$geteilt\ durch\ 0,10)]$$
$$= 4,45$$

Lösung 7.6
Verwendung der Henderson-Hasselbalch-Gleichung:
$$pH = pK_S + \log \frac{[Base]}{[Säure]}$$
$$= 8,08 + \log \frac{0,186}{0,14}$$
$$= 8,08 + (0,123)$$
$$= 8,20$$

Lösung 7.7
Das Molekül mit einem pK_S von 4,2 ergibt die am stärksten saure Lösung. Gemäß der Gleichung $pK_S = -\log_{10}[K_S]$, d. h. nach der Berechnung des negativen antilog von jedem pK_S-Wert, sind die $[H^+]$-Werte jeweils $6,31 \times 10^{-5}$, $1,58 \times 10^{-7}$ und $6,31 \times 10^{-9}$ M.

Lösung 8.1
(c) ist korrekt. Es gibt in der Zelle keine Temperaturgradienten, durch die Arbeit verrichtet werden kann.

Lösung 8.2
(b) ist korrekt. Dies ist die einzige katabolische Reaktion. Alle anderen Reaktionen sind synthetischer Natur, also anabolisch und benötigen die Zufuhr von Energie, um ablaufen zu können.

Lösung 8.3
(c) ist korrekt. Erniedrigung der Aktivierungsenergie.

Lösung 8.4
Exergonisch sind Reaktionen/Prozesse, die unter Freisetzung freier Energie ablaufen, also ein negatives ΔG haben. Endergonische Prozesses benötigen die Zufuhr freier Energie (ΔG ist positiv). Die Energiezufuhr erfolgt gewöhnlich über die Kopplung mit einem exergonischen Prozess.

Lösung 8.5
Zur Berechnung der Entropieänderung verwenden Sie zunächst die Gleichung:
$$\Delta G = \Delta H - T\Delta S$$
$$-3089,0\ kJ\ mol^{-1} = -2807,8\ kJ\ mol^{-1} - (310 \times \Delta S)$$
$$[T = 273 + 37 = 310\ K]$$
Zur Vereinfachung: Wenn wir 2807,8 kJ mol^{-1} auf beiden Seiten addieren, erhalten wir:
$$-281,2\ kJ\ mol^{-1} = -310\ K \times \Delta S$$
$$\Delta S = \frac{-281,2\ kJ\ mol^{-1}}{-310\ K} \quad [minus\ geteilt\ durch\ minus\ ergibt\ plus!]$$
$$= 0,907\ kJ\ mol^{-1}\ K^{-1}$$
Die thermodynamischen Daten der Reaktion legen nahe, dass sie spontan abläuft, d. h. ΔG ist negativ, genauso wie ΔH (die Reaktion ist exotherm). Zudem ist das berechnete ΔS positiv. Wir würden vermuten, dass diese Reaktion möglich ist und sowohl enthalpie- als auch entropiegetrieben.

Lösung 9.1
Die Gleichgewichtskonstante K_{eq}, ergibt sich durch den Ausdruck:
$$K_{eq} = \frac{[\alpha\text{-Ketoglutarat}][CO_2][NADH]}{[Isocitrat][NAD^+]}$$

Lösung 9.2
Eine Gleichgewichtskonstante von $3{,}18 \times 10^{520}$ (das ist ein sehr hoher Wert!) zeigt an, dass die Reaktion praktisch vollständig abläuft und praktisch keine Edukte übrig bleiben.

Lösung 9.3
Ausgehend von der Gleichung:
$\Delta G = -RT \ln K_{eq}$, erhalten wir $-3{,}7 \times 10^3$ Jmol^{-1} = $-8{,}314$ JK^{-1}mol$^{-1} \times 310$ K $\times \ln K_{eq}$
(*Multiplikation von ΔG mit 10^3, da R die Einheit Joule und ΔG die Einheit Kilojoule hat und Verwendung der absoluten Temperatur T mit 273 + 37 = 310 K*)
also:

$$\ln K_{eq} = \frac{-3{,}7 \times 10^3}{-8{,}314 \times 310}$$

$$= 1{,}44$$
und damit $K_{eq} = 4{,}20$ M   (*verwenden Sie die „Umschalt"-Taste und „e^x" an Ihrem Taschenrechner, um e1,44 = 4,20 zu erhalten*)

ΔG ist bei dieser Reaktion relativ klein und ebenfalls der Wert von K_{eq}. Dies legt nahe, dass am Ende immer noch signifikante Mengen der Ausgangsstoffe vorhanden sind.

Lösung 9.4
Mit der Gleichung:
$\Delta G^{\circ'} = -RT \ln K_{eq}$
und da R (die Gaskonstante) die Einheit Joule trägt, führt die Substitution der Werte zu:
13000 Jmol$^{-1} = 8{,}314$ JK^{-1}mol$^{-1} \times 310$ K $\times \ln K_{eq}$

$$\ln K_{eq} = \frac{-13\,000}{-8{,}314 \times 310}$$

$$\ln K_{eq} = -5{,}04$$

$$K_{eq} = 0{,}00645 = 6{,}45 \times 10^{-3} \text{M}$$

Lösung 10.1
Die beiden Halbreaktionen für (a) sind: Zn $\rightarrow$ Zn^{2+} + 2e$^-$ und Cu^{2+} + 2e$^- \rightarrow$ Cu und für (b): Fe$^{2+} \rightarrow$ Fe^{3+} + e$^-$ und Cu^{2+} + e$^- \rightarrow$ Cu$^+$

Lösung 10.2
(a) Die beiden Halbreaktionen können folgendermaßen formuliert werden:
Acetaldehyd + 2H$^+$ + 2e$^- \rightarrow$ Ethanol
NADH + H$^+ \rightarrow$ NAD$^+$ + 2e$^-$ + 2H$^+$
(b) Die im Text tabellierten Redoxpotentiale sind für Acetaldehyd/Ethanol $\Delta E^{\circ'} = -0{,}2$ V und für NAD$^+$ / NADH, $\Delta E^{\circ'} = -0{,}32$ V. Bei der gezeigten Reaktion wird NADH jedoch oxidiert. Daher kehren wir das Vorzeichen des Redoxpotentials (das konventionsgemäß im Sinne einer Reduktion angegeben wird) um, so dass $\Delta E^{\circ'}$ den Wert +0,32 V hat.
Erinnern Sie sich, dass Elektronen bestrebt sind, von einem negativeren zu einem positiveren Redoxpotenzial zu fließen. Hier fließen Elektronen von der Oxidation des NADH ($\Delta E^{\circ'} = 0{,}32$ V) zur Reduktion von Acetaldehyd ($\Delta E^{\circ'} = -0{,}2$ V). Diese Reaktion ist also begünstigt und verläuft von links nach rechts.

Lösung 10.3
Die Redoxpotenziale befinden sich in der Tabelle: $\Delta E^{\circ'}$ für die Reduktion von Ubiquinon (Ubiquinon $_{(oxidiert)} \rightarrow$ Ubiquinon $_{(reduziert)}$) ist 0,10 V und $\Delta E^{\circ'}$ für die Reduktion von Cytochrom c (Cytochrom c $_{(oxidiert)} \rightarrow$ Cytochrom c $_{(reduziert)}$) beträgt 0,254 V. Die angegebene Reaktion zeigt eine Reduktion von Ubiquinon ($\Delta E^{\circ'} = 0{,}10$ V). Die hierfür benötigten Elektronen stammen aus der Oxidation von Cytochrom C (mit dem Redoxpotential $\Delta E^{\circ'} = -0{,}254$ V, nach Umkehrung des Vorzeichens). Da Elektronen bestrebt sind, vom negativeren zum positiveren Redoxpotenzial zu fließen, läuft diese Reaktion sehr wahrscheinlich von rechts nach links. Daher ist die Reaktion in der dargestellten Form nicht begünstigt.

Lösung 10.4
Es werden die tabellierten Redoxpotenziale verwendet. Das Succinat wird oxidiert (es gibt zwei Elektronen an FAD ab). $\Delta E^{\circ'}$ ist daher $-0{,}03$ V. Für FAD, welches reduziert wird, ist $\Delta E^{\circ'} = -0{,}18$ V. Die Änderung des Redoxpotentials ($\Delta E^{\circ'}$) ist daher: $-0{,}03$ + $(-0{,}18) = -0{,}21$ V. Einsetzen dieses Wertes in die Gleichung ergibt:
$\Delta G^{\circ'} = -nF \Delta E^{\circ'}$
$\Delta G^{\circ'} = -2 \times 96485 \times -0{,}21$
$\Delta G^{\circ'} = +40524$ J mol^{-1} (*bedenken Sie: zwei minus ergeben ein plus*)
Der $\Delta G^{\circ'}$-Wert der Reaktion in der angegebenen Form ist positiv, so dass man davon ausgehen kann, dass die Reaktion nicht bevorzugt ist und wahrscheinlich von rechts nach links ablaufen wird.

Lösung 10.5
Bei der Reaktion in der angegebenen Form wird NAD$^+$ zu NADH reduziert ($\Delta E^{\circ'} = -0{,}32$ V), und Malat wird zu Oxalacetat oxidiert ($\Delta E^{\circ'}$ ist daher +0,17 V). Somit ist $\Delta E^{\circ'}$ für die Gesamtreaktion $-0{,}32$ + 0,17 = $-0{,}15$ V. Einsetzen dieses Wertes in die Gleichung ergibt:
$\Delta G^{\circ'} = -nF \Delta E^{\circ'}$
$\Delta G^{\circ'} = -2 \times 96485 \times -0{,}15$
$\Delta G^{\circ'} = 28945$ J mol^{-1} (*bedenken Sie: zwei minus ergeben ein plus*)
Ein positiver Wert für $\Delta G^{\circ'}$ legt nahe, dass die Reaktion in der dargestellten Weise nicht bevorzugt ist und daher wahrscheinlich von rechts nach links ablaufen wird.

Lösung 11.1
Ein nucleophiles Zentrum an einem Molekül ist ein „elektronenreicher" Bereich, der elektrophile Teilchen wie etwa Protonen anzieht. Nucleophile Zentren können durch elektronegative Atome, die polare kovalente Bindungen bilden, durch pi-Bindungen, durch einsame Elektronenpaare an einem Atom oder durch dissoziierte Gruppen gebildet werden. Ein elektrophiles Zentrum ist ein Bereich, der eine positive Ladung trägt und Nucleophile anzieht.

Lösung 11.2

Pi-Bindungen die durch „Seite-an-Seite"-Überlappung von p-Atomorbitalen gebildet werden, erzeugen gewissermaßen eine „elektronenreiche Wolke" ober- und unterhalb der Ebene der kovalenten sigma-Bindung. Die beiden Elektronen der pi-Bindung reagieren leicht mit einem Elektrophil in einer Additionsreaktion.

Lösung 11.3

Das Kohlenwasserstoffmolekül (Ethen) enthält eine Kohlenstoff-Kohlenstoff-Doppelbindung. Im Molekül A-B ist B das elektronegativere Atom, was durch die negative Ladung an B, die positive Ladung an A und die Nähe der beiden Elektronen (··) in der Bindung zu B angezeigt wird. A ist daher ein Elektrophil und wird von der pi-Bindung angezogen. Während sich A-B der pi-Bindung nähert, werden die Elektronen der A-B-Bindung weiter zu Atom B gedrückt (verdeutlicht durch den kleinen Pfeil in der Abbildung). Schließlich wird die A-B-Bindung so stark polarisiert, dass sie bricht. A bildet unter Verwendung der beiden pi-Elektronen eine neue Bindung zu Kohlenstoff (eine Art koordinative Bindung). Dies führt zu einer positiven Ladung am anderen C-Atom (das nun ein elektrophiles Zentrum ist), welches das Ion B⁻ mit dessen einsamen Elektronenpaar anzieht. B „addiert" sich an C, wobei es die beiden für die neue kovalente Bindung benötigten Elektronen einbringt.

Lösung 11.4

Enzyme sind Biokatalysatoren, die Reaktionen ermöglichen, indem sie alternative Reaktionswege mit geringeren Aktivierungsenergien anbieten. Intermolekulare Wechselwirkungen mit dem Substrat am aktiven Zentrum des Enzyms stabilisieren verschiedene Übergangszustände, die die Grundlage des alternativen Reaktionswegs (mit der geringeren Aktivierungsenergie) bilden.

Lösung 11.5

Brechen kovalente Bindungen, dann geschieht dies normalerweise heterolytisch, d. h. beide Elektronen der Bindung wandern zu einem der Bindungspartner. Ein Atom gewinnt also gewissermaßen ein Elektron hinzu (und erhält eine negative Ladung), während das andere Atom ein Elektron abgibt und so eine positive Ladung erhält. Es haben sich also wieder zwei Ionen gebildet, wenngleich diese wahrscheinlich nur vorübergehend existieren. Der normale Vorgang beim Brechen einer kovalenten oder ionischen Bindung ist also die Wanderung beider Elektronen zu dem einen oder dem anderen der beiden Atome. Hingegen wird ein freies Radikal durch die homolytische Spaltung einer kovalenten Bindung gebildet, d. h. die Bindung wird so „mittig" gespalten, dass die Elektronen gleichmäßig zwischen den Atomen geteilt werden. Dies führt zur Entstehung eines freien Radikals mit einem Atom, das ein einzelnes ungepaartes Elektron enthält. Dies ist ein instabiler Zustand. Das Atom ist hochreaktiv und sucht nach einem weiteren Elektron zur Bildung eines Elektronenpaars. Häufig erhält es das fehlende Elektron, indem es ein Elektron aus einem anderen Atom „stiehlt", wodurch ein neues Radikal entsteht. Dieser Prozess kann sich fortsetzen, so dass es zu einer Kettenreaktion kommt. Hierdurch können biologische Moleküle schwer beschädigt werden.

Anhang 1: Einige häufig vorkommende chemische Formeln

Formel	Name	Art der Verbindung
HCl	Salzsäure	starke Säure in wässriger Lösung
H_2SO_4	Schwefelsäure	starke Säure in wässriger Lösung
HNO_3	Salpetersäure	starke Säure in wässriger Lösung
H_3PO_4	Phosphorsäure	schwache Säure in wässriger Lösung
NH_3	Ammoniak	schwache Säure in wässriger Lösung
CO_2	Kohlendioxid	Gas unter Standardbedingungen (Standardtemperatur und -druck) schwache Säure in wässriger Lösung
CO	Kohlenmonoxid	Gas unter Standardbedingungen
CH_4	Methan	Alkan
CH_3OH	Methanol	Alkohol
$HCHO$	Methanal	Aldehyd
$HCOOH$	Ameisensäure	Carbonsäure (schwache Säure)
CH_3CH_3	Ethan	Alkan
CH_2CH_2	Ethen	Alken
C_6H_6	Benzol	aromatischer Kohlenwasserstoff
CH_3CH_2OH	Ethanol	Alkohol
CH_3CHO	Ethanal	Aldehyd
CH_3COOH	Essigsäure	Carbonsäure (schwache Säure)

Anhang 2: Häufig vorkommende Anionen und Kationen

Kationen		Anionen	
Formel	**Name**	**Formel**	**Name**
Na^+	Natrium	F^-	Fluorid
K^+	Kalium	Cl^-	Chlorid
Ca^{2+}	Calcium	Br^-	Bromid
Mg^{2+}	Magnesium	SO_4^{2-}	Sulfat
Fe^{2+}	Eisen(II)	CO_3^{2-}	Carbonat
Fe^{3+}	Eisen(III)	NO_3^-	Nitrat
NH_4^+	Ammonium	OH^-	Hydroxid
		HCO_3^-	Hydrogencarbonat
		PO_4^{3-}	Phosphat
		HPO_4^{2-}	Hydrogenphosphat
		$H_2PO_4^-$	Dihydrogenphosphat

Anhang 3:
Häufig vorkommende
funktionelle Gruppen

Gruppe	Name
$\underset{/}{\overset{\backslash}{}}C=C\underset{\backslash}{\overset{/}{}}$	Alken (pi-Doppelbindung)
—O—H	Hydroxyl
$\underset{/}{\overset{\backslash}{}}C=O$	Carbonyl (Keton)
—C(=O)H	Aldehyd
—C(=O)OH	Carboxyl
—NH_2	Amin
—C(=O)NH_2	Amid
—C(=O)—N(R)—	Peptidbindung
R	allgemeine Darstellung einer Alkylgruppe (C_nH_{2n-1})

Anhang 4: Schreibweisen, Formeln und Konstanten

Atome

$^{A}_{Z}X$ mit A = Massenzahl und Z = Ordnungzahl

Moleküle

Eine Linie, die in einer Strukturformel zwei Atome verbindet, kennzeichnet eine kovalente Bindung (sigma-Bindung). Eine doppelte Linie kennzeichnet eine Doppelbindung, d. h. eine sigma-Bindung plus eine pi-Bindung. Ein voller Keil zeigt eine Bindung an, die aus der Papierebene nach oben heraustritt, und ein schraffierter Keil kennzeichnet eine Bindung, die nach hinten aus der Papierebene herausragt.

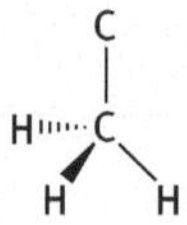

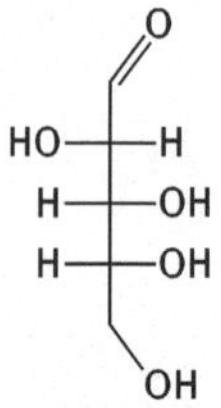

kann geschrieben werden als

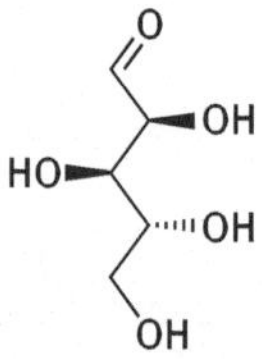

In Ketten- oder Ringstrukturen werden Kohlenstoffatome normalerweise nicht angezeigt. Gleiches gilt für die an sie gebundenen Wasserstoffatome.

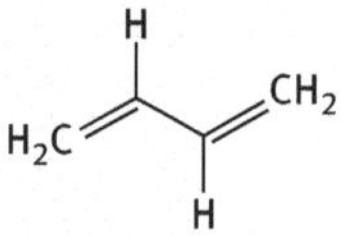

kann geschrieben werden als

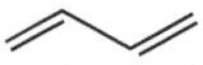

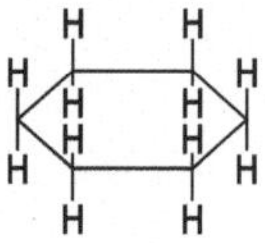

kann geschrieben werden als

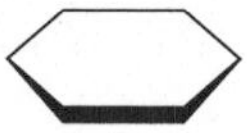

Anders als bei Kohlenstoff werden andere Atome, die zu einer Ringstruktur gehören, immer gezeigt.

Mengen und Konzentrationen

Avogadrozahl (Konstante) = $6{,}022 \times 10^{23}$, die Zahl der Atome, Moleküle oder Teilchen in einem Mol einer Substanz. Ein Mol ist eine Menge. Es ist eine Menge, die die Zahl an Molekülen enthält, die der Avogadrozahl entspricht.

Ein **Mol** (mol) einer Substanz ist ebenfalls die Menge der Substanz, die ihrer Molekülmasse, ausgedrückt in Gramm, entspricht. So ist zum Beispiel die Summenformel für das Glucosemolekül $C_6H_{12}O_6$. Dessen Molekülmasse ist die Summe der Atommassen seiner Atome und beträgt ungefähr $(6 \times 12) + (12 \times 1) + (6 \times 16) = 180$. Deshalb können wir sagen, dass 180 g Glucose einem Mol entsprechen.

Molarität (M) ist eine Konzentration und wird auch als **Stoffmengenkonzentration** bezeichnet. Befindet sich ein Mol einer gelösten Substanz in 1 Liter Lösung, so ist die Lösung 1 molar (1 M). Mit anderen Worten: Enthält 1 l einer wässrigen Glucoselösung 180 g Glucose, dann handelt es sich um eine 1 M Glucoselösung. Nehmen wir von dieser Lösung 1 ml, dann haben wir nicht die Konzentration geändert (das Verhältnis von Glucose zu Wasser bleibt gleich), sie ist immer noch 1 M, doch das Volumen 1 ml enthält nur 1 mmol, ein Tausendstel von einem Mol.

Säuren und Basen

Der Säuregrad wird anhand der Wasserstoffionenkonzentration $[H^+]$ (oder $[H_3O^+]$) gemessen. Die Konzentrationen an Wasserstoffionen ($[H^+]$) sind grundsätzlich sehr klein, weshalb für ihre Angabe eine pH-Skala verwendet wird, die sich im Bereich 0–14 erstreckt.

$$pH = -\log_{10}[H^+]$$

Wasser dissoziiert schwach (Autoionisation von Wasser) und ergibt eine neutrale Lösung.

K_w ist die Dissoziationskonstante von Wasser:

$$K_w = [H^+][OH^-] = [1 \times 10^{-7}][1 \times 10^{-7}] = 1 \times 10^{-14} \ M^2 \ (oder \ mol^2 \ dm^{-6})$$

Säuren dissoziieren in Lösung. Eine schwache Säure dissoziiert teilweise, eine starke Säure nahezu vollständig: K_S = Säuredissoziationskonstante für die Reaktion.

$$AH + H_2O \;\rightleftharpoons\; A^- + H_3O^+$$

(Die Säure AH dissoziiert unter Bildung ihrer konjugierten Base A^-)

$$K_S = \frac{[A^-]\,[H_3O^+]}{[AH]}$$

Die Werte der Säuredissoziationskonstanten sind gewöhnlich sehr klein, weshalb wir wie im Falle der Wasserstoffionenkonzentration den Logarithmus nehmen und das Ergebnis als pK_S-Wert ausdrücken.

$$pK_S = -\log_{10} K_S$$

Für die Berechnung des pH-Werts der Lösung einer schwachen Säure, die im Gleichgewicht mit ihrer konjugierten Base steht, können wir die Henderson-Hasselbalch-Gleichung verwenden:

$$pH = pK_S + \log_{10} \frac{[\text{Base}]}{[\text{Säure}]}$$

mit [Base] = Konzentration der konjugierten Base und [Säure] = Konzentration der konjugierten Säure.

Diese Gleichung erlaubt auch die Berechnung des pH-Werts von Pufferlösungen.

Thermodynamik

Standardbedingungen: Das Symbol Δ kennzeichnet die Änderung einer Größe, etwa der Enthalpie oder der Entropie eines Systems. Es wird verwendet, da wir keine absolute Werte, sondern nur die Änderungen solcher Größen messen können. Um sicherzustellen, dass wir Gleiches mit Gleichem vergleichen, müssen wir die Bedingungen definieren, unter denen wir diese Änderungen messen, so dass wir sicher sein können, dass sie während der gesamten Reaktion oder Umwandlung gleichartig sind. Die Bezugsbedingungen, die Chemiker verwenden, um diese Veränderungen zu vergleichen, werden als die Bedingungen des Standardzustands bezeichnet und durch das hochgestellte Zeichen $^\circ$ hinter der Größenangabe gekennzeichnet. So stellt etwa ΔH° die Änderung der Enthalpie bei der Umwandlung von Edukten in ihren Standardzuständen zu Produkten in ihren Standardzuständen dar. Der Standardzustand einer Substanz ist die reine Form der Substanz bei einem Druck von 1 atm. Bei Lösungen beziehen sich die Standardbedingungen auf eine 1 M Konzentration der Substanz. Standardreaktionsenthalpien werden gewöhnlich für eine Temperatur von 25°C oder 298 K angegeben. Eine weitere Bedingung ist besonders für biologische Reaktionen von Belang: der pH-Wert. Biologen verwenden das Symbol $\Delta G^{\circ\prime}$ zur Bezeichnung der Änderung der freien Energie unter biologischen Bedingungen mit dem pH-Wert 7,0.

ΔH = Änderung der Enthalpie (kJ mol^{-1}).

ΔS = Änderung der Entropie (kJ mol^{-1}K^{-1}).

ΔG = Änderung der Gibbs-Energie (kJ mol^{-1}).

Die Gibbs-Gleichung ist $\Delta G = \Delta H - T\Delta S$, mit T als der absoluten Temperatur in Kelvin (K).

ΔG° = Änderung der freien Standardenergie bei 1 Atmosphäre und 298 K.

$\Delta G^{\circ\prime}$ = Änderung der freien Standardenergie in Bezug auf den Standardzustand in einer idealen Lösung (allgemein für biologische Systeme verwendet und bei 25°C, einem pH-Wert von = 7,0, einem Druck von 1 atm und einer Konzentration von 1 M gemessen).

Ein positives ΔG entspricht einem endergonischen Prozess.

Ein negatives ΔG entspricht einem exergonischen Prozess.

Ein positives ΔH entspricht einem endothermen Prozess.

Ein negatives ΔH entspricht einem exothermen Prozess.

Kinetik

Die Reaktionsgeschwindigkeit ist die Änderung der Konzentration des Reaktanten [R] mit der Zeit:

$$\text{Geschwindigkeit} = \frac{-\Delta[\text{R}]}{\Delta t}$$

Oder sie ist die Geschwindigkeit der Zunahme der Konzentration des Produkts [P]:

$$\text{Geschwindigkeit} = \frac{\Delta[\text{P}]}{\Delta t}$$

Für die Reaktion $A + B \rightarrow C + D$ gilt:

$$\text{Geschwindigkeit} = k[\text{A}]^x[\text{B}]^y$$

wobei k die Geschwindigkeitskonstante (für eine festgelegte Temperatur) ist, und x und y die Reaktionsordnungen darstellen.

Wenn x und y gleich Null sind, d. h. wenn die Reaktionsgeschwindigkeit nicht von der Konzentration von einem der Reaktionspartner abhängt (das gilt üblicherweise bei enzymkatalysierten Reaktionen), dann ist die Reaktionsgeschwindigkeit gleich der Geschwindigkeitskonstanten:

Geschwindigkeit = k.

Das Doppelpfeil-Symbol $\rightleftharpoons$ kennzeichnet eine reversible Reaktion.

Im Gleichgewicht findet netto keine Änderung der Konzentrationen von Produkten oder Edukten statt. Die Geschwindigkeiten der Hin- und der Rückreaktion sind gleich.

Für die Reaktion:

$$\text{Pyruvat} + \text{NADH} + \text{H}^+ \rightleftharpoons \text{Lactat} + \text{NAD}^+$$

ergibt sich die Gleichgewichtskonstante K_{eq} durch den Ausdruck:

$$K_{eq} = \frac{[\text{Lactat}][\text{NAD}^+]}{[\text{Pyruvat}][\text{NADH}][\text{H}^+]}$$

Freie Energie und Gleichgewicht

Die freie Energie und die Gleichgewichtskonstante sind durch den Ausdruck

$$\Delta G^{\circ\prime} = -RT \ln K_{eq}$$

verknüpft, wobei R die Gaskonstante und T die absolute Temperatur ist.

Freie Energie und Redoxpotenzial

Die freie Energie und das Redoxpotenzial sind über die Nernstsche Gleichung verknüpft:

$$\Delta G^{\circ\prime} = -nF\Delta E^{\circ\prime}$$

F ist die Faraday-Konstante, n ist die Zahl der Elektronen, die bei der Reaktion übertragen werden und $E^{\circ\prime}$ ist das Redoxpotenzial (V).

Reaktivität

Bei der Beschreibung eines Reaktionsmechanismus wird ein kurzer gebogener Pfeil mit „voller" Spitze verwendet, um die Bewegung eines Elektronenpaars darzustellen. Ein gebogener Pfeil mit halber Spitze stellt die Bewegung eines einzelnen Elektrons dar (bei der Bildung eines Radikals).

für Elektronen**paare** für ein **einzelnes** Elektron
(verbreiteter) (d. h. Radikalreaktionen)

Zwei Punkte neben einem Atom stellen ein einsames Elektronenpaar (*lone pair*) dar. Sauerstoff hat beispielsweise (in der Carbonylgruppe) zwei einsame Elektronenpaare:

$$\diagdown C = \overset{..}{\underset{..}{O}}$$

Ein Punkt neben einem Atom kennzeichnet ein einzelnes ungepaartes Elektron (ein Radikal).

Cl· ist das Chlorradikal.

Anhang 5: Glossar

Additionsreaktion: Die Addition eines kleinen Moleküls (z. B. H_2) an eine Kohlenstoffdoppel- oder -dreifachbindung.

aktives Zentrum: Der Bereich eines Enzyms, an dem Substrate mittels schwacher chemischer Bindungen gebunden werden. Es ist häufig in einer Spalte oder Tasche der Tertiärstruktur des Proteins lokalisiert.

Aktivierungsenergie: Die Menge an Energie, die Reaktionspartner aufnehmen müssen, bevor eine Reaktion startet (um die Reaktionspartner vom Grundzustand bis zum Übergangszustand anzuregen).

Aldehyd: Ein organisches Molekül, das eine −CHO-Gruppe enthält.

Alkohol: Ein organisches Molekül mit einer -OH-Gruppe, die an ein Kohlenstoffatom gebunden ist, das nicht Teil einer Carbonylgruppe oder eines aromatischen Rings ist.

Amine: Ein organisches Molekül, das sich von Ammoniak über den Austausch unterschiedlicher Zahlen von H-Atomen durch organische Gruppen ableitet. Amine enthalten die Gruppe $-NH_2$, −NH oder −N.

Aminogruppe: Eine funktionelle Gruppe, die aus einem Stickstoffatom mit zwei daran gebundenen Wasserstoffatomen besteht. In Lösung kann sie als Base fungieren, indem sie ein Proton aufnimmt und eine Ladung von +1 erlangt.

Aminosäure: Ein organisches Molekül, das sowohl Carboxyl- als auch Aminogruppen besitzt. Aminosäuren dienen als Monomere der Proteine.

amphipathisch (auch amphiphil): Ein Molekül, das sowohl einen hydrophilen als auch einen hydrophoben Teil besitzt.

anabolischer Stoffwechselweg: Ein metabolischer Stoffwechselweg, bei dem komplexe Moleküle aus einfacheren Verbindungen aufgebaut werden.

Ångstrom (Å): Eine Längeneinheit die 1×10^{-10} m entspricht.

Anion: Ein negativ geladenes Ion.

Anomere: Isomere eines Zuckermoleküls, die nur am anomeren Kohlenstoffatom unterschiedliche Konfigurationen besitzen.

anomerer Kohlenstoff: Das am stärksten oxidierte Kohlenstoffatom eines cyclisierten Monosaccharids. Das anomere Kohlenstoffatom hat die chemische Reaktivität einer Carbonylgruppe.

apolar: Das Gegenteil von polar. Siehe *polar*.

aromatischer Kohlenwasserstoff: Ein aromatischer Kohlenwasserstoff ist ein Kohlenwasserstoff, der einen oder mehrere planare Ringe aus sechs Kohlenstoffatomen enthält, die durch delokalisierte Elektronen miteinander verbunden sind. Die Zahl dieser Elektronen gleicht der Anzahl, die nötig wäre, um die Atome des Rings über alternierende Einfach- und Doppelbindungen zu verbinden. Der einfachste aromatische Kohlenwasserstoff ist Benzol. Die dessen Struktur entsprechende Konfiguration von sechs Kohlenstoffatomen wird als Benzolring bezeichnet.

asymmetrischer Kohlenstoff: Ein Kohlenstoffatom, an das vier unterschiedliche Atome oder Gruppen gebunden sind.

Atom: Die kleinste Einheit der Materie, die immer noch die Eigenschaften eines Elements aufweist.

atomare Masseneinheit (amu, *atomic mass unit*): Die Einheit der Atommasse. Sie entspricht einem Zwölftel der Masse eines Atoms des Kohlenstoffisotops ^{12}C.

Atomkern: Das kleine positiv geladene Zentrum eines Atoms, in dem der Hauptteil der Masse des Atoms konzentriert ist. Der Atomkern enthält Protonen und Neutronen.

Atomorbital: Ein Raumbereich, der ein Atom umgibt und in dem eine hohe Wahrscheinlichkeit besteht, ein Elektron anzutreffen.

ATP: Adenosintriphosphat. Ein Nucleosidtriphosphat, das Adenosin enthält und das bei der Hydrolyse seiner Phosphatgruppen freie Energie freisetzt. Die „Energiewährung" der Zelle. Die freigesetzte freie Energie wird zum Antrieb endergonischer Reaktionen in der Zelle verwendet.

Autoionisation (Autoprotolyse) von Wasser: Eine Reaktion, bei der ein Proton von einem Wassermolekül zu einem anderen übertragen wird, so dass sich ein H_3O^+-Ion und ein OH^--Ion bilden.

$$2H_2O \rightleftharpoons H_3O^+ + OH^-$$

autotroph: Autotrophe Organismen verwenden Energie von der Sonne oder aus der Oxidation anorganischer Verbindungen für die Synthese organischer Moleküle.

Avogadrozahl: Formal definiert als die Zahl der ^{12}C-Atome in 0,012 kg ^{12}C. Die Avogadrozahl beträgt $6{,}022 \times 10^{23}$.

Base (Brønsted-Lowry-Definition): Eine Substanz, die ein Proton aufnehmen kann, z. B. OH^-, NH_3, RNH_2.

Bindungsenergie: Ein Durchschnittswert für die Energie, die benötigt wird, um eine kovalente Bindung so zu brechen, dass die beteiligten Atome jeweils ein ungepaartes Elektron zurückbehalten.

Carbonsäure: Ein organisches Molekül, das die Gruppe $-COOH$ enthält. Carbonsäuren sind schwache Säuren.

Carbonylgruppe: Die funktionelle Gruppe $>C=O$, die in Aldehyden und Ketonen auftritt.

Carboxylgruppe: Die funktionelle Gruppe der Carbonsäuren: $-COOH$.

chemische Bindung: Eine Anziehung zwischen zwei Atomen, die daraus resultiert, dass sich die Atome Elektronen der äußeren Energieniveaus teilen, oder die auf dem Vorliegen entgegengesetzter Ladungen an Ionen beruht.

chemische Energie: Die Energie, die in den chemischen Bindungen der Moleküle gespeichert ist. Eine Form potenzieller Energie.

chemische Reaktion: Ein Vorgang, der zu chemischen Veränderungen von Materie führt und mit der Bildung und/oder dem Brechen chemischer Bindungen verbunden ist.

chemisches Gleichgewicht: Das Stadium einer chemischen Reaktion, bei dem die Geschwindigkeit der Produktbildung (Hinreaktion) gleich der Geschwindigkeit der Rückbildung der Ausgangsstoffe (Rückreaktion) ist. Ein chemisches Gleichgewicht ist ein dynamisches Gleichgewicht.

chemo-autotroph: Ein Organismus, der nur Kohlendioxid als Kohlenstoffquelle braucht und der Energie durch Oxidation anorganischer Verbindungen gewinnt.

chirales (oder asymmetrisches) Molekül: Ein Molekül, das sich nicht mit seinem Spiegelbild zu Deckung bringen lässt.

Cholesterin: Ein Steroid, das einen wesentlichen Bestandteil tierischer Zellmembranen bildet und das als Vorstufe für eine Reihe weiterer wichtiger biologischer Steroide dient.

Cytochrom: Ein eisenhaltiger Proteinbestandteil von Elektronentransportketten in Mitochondrien und Chloroplasten.

Dalton: Die Einheit der Atommasse. Sie entspricht einem Zwölftel der Masse eines Atoms ^{12}C.

dative kovalente Bindung: Eine chemische Bindung, die daraus resultiert, dass sich zwei Atome ein bindendes Elektronenpaar teilen, das von nur einem Bindungspartner stammt. Siehe auch *koordinative Bindung*.

Dehydratisierungsreaktion: Eine chemische Reaktion, bei der zwei Moleküle unter Abspaltung eines Wassermoleküls eine kovalente Bindung miteinander eingehen.

Delokalisierung von Elektronen: Die Verteilung von Elektronen über mehrere Atome innerhalb eines Moleküls.

Desoxyribonucleinsäure (DNS): Ein doppelsträngiges, spiralförmiges Nucleinsäuremolekül, das die Fähigkeit zur Replikation besitzt und in dem die vererbten Strukturen der Zellproteine festgelegt sind.

Desoxyribose: Die Zuckerkomponente der DNS. Sie besitzt eine Hydroxylgruppe weniger als Ribose, die Zuckerkomponente der RNS.

Dipol: Zwei gleich starke aber entgegengesetzte Ladungen, die aufgrund einer ungleichmäßigen Ladungsverteilung innerhalb eines Moleküls oder einer chemischen Bindung räumlich voneinander getrennt sind. Siehe auch *polar*.

Dissoziation:

i. Das Brechen einer Bindung

ii. Aufspaltung in Ionen beim Auflösen einer ionischen Verbindung in Wasser.

Dissoziationskonstante (einer Säure), K_S: Die Gleichgewichtskonstante, die anzeigt, bis zu welchem Ausmaß eine Säure in wässriger Lösung in Ionen dissoziiert.

einsames Elektronenpaar (lone pair): Ein Elektronenpaar in der Valenzschale eines Atoms, das nicht an einer Bindung beteiligt ist.

Elektron: Ein negativ geladenes subatomares Teilchen, das sich außerhalb des Atomkerns befindet.

Elektronegativität: Die Anziehung, die ein Atom auf die Elektronen einer kovalenten Bindung ausübt.

Elektronenkonfiguration: Die Art und Weise, in der die Elektronen eines Atoms in den Orbitalen eines Atoms oder Moleküls angeordnet sind, z. B. C $1s^2\,2s^2\,2p^2$

Elektronenschale: Der Begriff „Elektronenschale" wird synonym mit Energieniveau verwendet. Siehe *Energieniveau*.

Elektronentransportkette: Eine Sequenz von Elektronen übertragenden Molekülen, die Redoxkomponenten enthalten und insgesamt Elektronen entlang ihrer Länge transportieren.

Elektrophil: Spezies, die von negativ geladenen Zentren angezogen werden. Üblicherweise sind Elektrophile Kationen wie das Hydroxoniumion H_3O^+.

elektrostatische Wechselwirkungen: Ein allgemeiner Begriff für die elektronischen Wechselwirkungen zwischen Teilchen. Zu den elektrostatischen Wechselwirkungen gehören Ladungs-Ladungs-Wechselwirkungen, Wasserstoffbrückenbindungen und van-der-Waals-Kräfte.

Element: Eine Substanz, die mit chemischen Methoden nicht in einfachere Substanzen zerlegt werden kann. Alle Atome eines Elements haben die gleiche Ordnungszahl und die gleiche Elektronenkonfiguration.

Eliminierungsreaktion: Eine chemische Reaktion, bei der aus einem Molekül zwei unterschiedliche Moleküle entstehen.

Enantiomer: Enantiomere sind Stereoisomere (optische Isomere), die sich zueinander wie Bild und Spiegelbild verhalten und sich nicht miteinander zur Deckung bringen lassen. D- und L-Glucose sind Enantiomere.

endergonische Reaktion: Eine chemische Reaktion, bei der insgesamt freie Energie zugeführt werden muss.

endotherme Reaktion: Eine chemische Reaktion, bei der Wärmeenergie aus der Umgebung aufgenommen wird (d. h. $\Delta H > 0$).

Energieniveau: Ein erlaubter Energiewert für ein Elektron in einem Atom oder Molekül.

Enthalpie: Ein thermodynamischer Begriff, der ein Maß für den Wärmeinhalt eines Systems darstellt.

Entropie: Ein thermodynamischer Begriff, der den Grad der Unordnung eines Systems angibt.

erster Hauptsatz der Thermodynamik: Das Prinzip der Energieerhaltung. Die innere Energie eines abgeschlossenen Systems ist konstant. Energie kann weder erschaffen noch vernichtet werden.

exergonische Reaktion: Eine spontan ablaufende chemische Reaktion unter Netto-Abgabe freier Energie.

exotherme Reaktion: Eine chemische Reaktion unter Netto-Abgabe von Wärme-energie (d. h. $\Delta H < 0$).

β-Faltblatt: Eine Form der Sekundärstruktur von Proteinen.

Feedback-Inhibierung: Eine Methode der metabolischen Kontrolle, bei der das Endprodukt eines metabolischen Reaktionsweges (oder einer Reaktion darin) als Inhibitor für ein Enzym des Reaktionsweges wirkt.

Fettsäure: Eine langkettige Carbonsäure. Fettsäuren unterscheiden sich hinsicht-lich der Kettenlänge und in Bezug auf die Zahl und Lokalisierung ihrer Doppelbindungen. Aufgrund der Doppelbindungen existieren geometrische *cis*- und *trans*-Isomere. Drei durch ein Glycerinmolekül verbundene Fettsäuren bilden ein Triacylglycerin (Fett). Zwei Fettsäuren, die durch ein Glycerinmolekül verbunden sind, das eine Phosphatgruppe enthält, bilden ein Phospholipid, den Haupt-bestandteil biologischer Membranen.

freie Energie: Die freie (Gibbs) Energie ist die Energie, die zum Verrichten von Arbeit verwendet werden kann. Sie ist über die Gibbs-Gleichung mit der Enthalpie und der Entropie verknüpft:

$$\Delta G = \Delta H - T\Delta S$$

Freie Energie, die durch eine katabolische Reaktion freigesetzt wurde, ist häufig an eine anabolische Reaktion, wie etwa der Synthese von ATP, gekoppelt.

freies Radikal: Ein Molekül oder Atom mit einem ungepaarten Elektron, das aus der homolytischen Spaltung einer kovalenten Bindung hervorgegangen ist. Radikale sind hoch reaktiv.

funktionelle Gruppe: Eine spezifische Anordnung von Atomen, die oft ein relativ stark elektronegatives Atom enthält und üblicherweise an das Kohlenstoffskelett eines organischen Moleküls gebunden ist. Gewöhnlich sind funktionelle Gruppen an chemischen Reaktionen beteiligt. Beispiele: $-OH$, $>C=O$.

geometrische Isomere: Verbindungen mit der gleichen chemischen Formel, aber unterschiedlicher räumlicher Anordnung der Atome. *Cis-trans*-Isomere sind Isomere mit unterschiedlichen Anordnungen der Atome an beiden Seiten einer Doppelbindung.

gesättigt: Bezieht sich auf ein organisches Molekül, das keine Kohlenstoff-Kohlenstoff-Mehrfachbindung enthält, oder auf ein System, das nicht fähig ist, weiteres Material aufzunehmen. Dies kann sich sowohl auf Verbindungen beziehen, die keinen weiteren Wasserstoff aufnehmen können als auch auf Lösungen, die keine weitere Substanz lösen können.

geschwindigkeitsbestimmender Schritt: Bei der Umwandlung von Ausgangsstoffen zu Produkten kann eine Reihe intermediärer Zustände auftreten. Der Reaktionsschritt, der mit der geringsten Geschwindigkeit abläuft, bestimmt die Geschwindigkeit der Gesamtreaktion.

Geschwindigkeitsgleichung: Ein Ausdruck für die empirisch ermittelte Beziehung zwischen der Reaktionsgeschwindigkeit und den Konzentrationen aller Reaktionspartner.

Geschwindigkeitskonstante: Die Proportionalitätskonstante in einer Geschwindigkeitsgleichung.

Gibbs-Energie: Siehe *freie Energie*.

Gleichgewichtskonstante (K_c, K_{eq}): Die Gleichgewichtskonstante K_c bezieht sich auf eine chemische Reaktion im Gleichgewichtszustand und kann aus den Gleichgewichtskonzentrationen der Edukte und Produkte berechnet werden. Bei enzymkatalysierten Reaktionen wird die Gleichgewichtskonstante üblicherweise mit K_{eq} gekennzeichnet. Die Gleichgewichtskonstante der Reaktion

$$aA + bB \rightleftharpoons cC + dD$$

ergibt sich durch den Ausdruck:

$$K_c = \frac{[C]^c[D]^d}{[A]^a[B]^b}$$

Gluconeogenese: Die Synthese „neuer" Glycose aus nicht-Zucker-Vorstufen wie etwa Lactat. Der Begriff wird besonders für die Synthese der Glucose in der Leber verwendet.

Glykolyse: Die Aufspaltung von Glucose zu Pyruvat. Die Glykolyse ist ein oxidativer metabolischer Reaktionsweg und stellt einen wesentlichen Teil der Energieversorgung der Zelle dar.

Glykosidbindung: Eine kovalente Bindung zwischen zwei Monosacchariden, die aus einer Dehydratisierungsreaktion hervorgeht. Die am häufigsten anzutreffenden Glykosidbindungen bestehen zwischen dem anomeren Kohlenstoff des einen Zuckermoleküls und der Hydroxylgruppe eines weiteren Zuckermoleküls.

Halbreaktion: Eine Gleichung, die die Abgabe oder die Aufnahme eines Elektrons durch Oxidation oder Reduktion darstellt.

Halbwertszeit:

i. Die Zeit, in der die Konzentration einer Substanz auf den halben Wert gesunken ist (in der chemischen Kinetik).

ii. Die Zeit, innerhalb der die Hälfte der ursprünglichen Zahl von Radionukliden radioaktiv zerfallen ist (Radioaktivität).

heterolytische Spaltung: Spaltung ist der Prozess, bei dem ein Molekül in zwei einzelne Komponenten aufgeteilt wird. Sie tritt auf, wenn eine der Bindungen zwischen den Atomen im Molekül gebrochen wird. Bei der heterolytischen Spaltung wandern beide Elektronen der gebrochenen Bindung nur zu einer Spezies. Dies geschieht, wenn eine Spezies eine signifikant höhere Elektronegativität aufweist als die andere. Die heterolytische Spaltung führt zu einem negativ geladenen Anion, welches die Elektronen aufgenommen hat, und einem positiv geladenen Kation, das keine Elektronen erhielt.

homolytische Spaltung: Bei der homolytischen Spaltung werden die Elektronen aus der gebrochenen Bindung zwischen den entstehenden Spezies aufgeteilt. Das bedeutet, jede Spezies enthält ein ungepaartes Elektron in einer äußeren Schale. Daher sind sie hochreaktiv und werden als freie Radikale bezeichnet. Homolytische Spaltung tritt auf, wenn die getrennten Bindungspartner ähnliche oder gleiche Elektronegativitätswerte aufweisen, d. h. wenn sie eine annähernd gleiche Fähigkeit zum Anziehen von Elektronen haben.

Hybridisierung: Ein Modell der chemischen Bindung, bei dem Hybridorbitale gebildet werden.

Hydrathülle: Eine Schicht aus Wassermolekülen, die ein zentrales Ion oder eine andere Spezies umgibt.

Hydrolyse: Die Reaktion einer Substanz mit Wasser, die zur Spaltung der Verbindung in zwei Teile führt, von denen sich beide mit einem Bruchstück des Wassermoleküls (H^+ oder OH^-) verbinden.

hydrophil: Wasserliebend. „Hydro" bezieht sich auf Wasser und „philie" bedeutet „liebend". Hydrophile Substanzen haben eine Affinität zu Wasser.

hydrophob: Wasserabweisend. „Hydro" bezieht sich auf Wasser, und „phob" bedeutet „abstoßend".

hydrophobe Wechselwirkung: Eine repulsive Wechselwirkung zwischen einem Molekül und Wasser. Die Zusammenlagerung hydrophober Gruppen durch den Ausschluss von Wasser.

Hydroxylgruppe: Eine funktionelle Gruppe, die aus einem Sauerstoff- und einem Wasserstoffatom besteht, die über eine polare kovalente Bindung aneinander gebunden sind. Moleküle, die diese Gruppe besitzen, sind wasserlöslich und werden als Alkohole bezeichnet.

intermolekulare Kräfte: Die attraktiven und repulsiven Kräfte, die zwischen Molekülen bestehen.

intramolekulare Kräfte: Die Wechselwirkungen, die zwischen verschiedenen Teilen eines Moleküls herrschen.

Ion: Ein elektrisch geladenes Atom oder Molekül.

Ionenprodukt von Wasser (K_w): Das Produkt der Konzentrationen der Hydroxoniumionen und der Hydroxidionen in wässriger Lösung. Sein Wert beträgt $1 \times 10^{-14}\,M^2$.

ionische Bindung: Eine chemische Bindung, die aus der Anziehung zwischen entgegengesetzt geladenen Ionen resultiert.

Isomer: Eine von mehreren organischen Verbindungen, die die gleiche Summenformel, aber unterschiedliche Strukturen und daher unterschiedliche Eigenschaften besitzen. Die Haupttypen der Isomerie sind die Strukturisomerie, die geometrische Isomerie und die Stereoisomerie (Enantiomerie).

Isotop: Eine von mehreren Atomsorten eines Elements, von denen jede eine andere Zahl von Neutronen (aber die gleiche Zahl von Protonen) besitzt, weshalb sich verschiedene Isotope in ihrer Atommasse unterscheiden. Isotope können stabil oder instabil (Radioisotope) sein.

Joule: Eine Energieeinheit. $1\,J = 0{,}239\,cal$; $1\,cal = 4{,}184\,J$.

K_S: Siehe *Säuredissoziationskonstante.*

K_{eq}:   Siehe *Gleichgewichtskonstante.*

K_w: Siehe *Ionenprodukt von Wasser.*

Kalorie: Die Menge an Wärmeenergie, die nötig ist, um die Temperatur von 1 g Wasser um 1 °C zu erhöhen. Die Kalorie (mit einem großen K), mit der gewöhnlich der Energieinhalt von Lebensmitteln angegeben wird, ist eigentlich die Kilokalorie.

katabolischer Reaktionsweg: Ein metabolischer Reaktionsweg, bei dem durch den Abbau komplexer Moleküle zu einfacheren Verbindungen Energie freigesetzt wird.

Katalysator: Ein chemisches Agens, das die Geschwindigkeit einer Reaktion beeinflusst, ohne selbst verbraucht zu werden.

Kation: Ein Ion mit einer positiven Ladung, das durch Abgabe von einem oder mehreren Elektronen gebildet wurde.

Keton: Eine organische Verbindung mit einer Carbonylgruppe, deren Kohlenstoffatom kovalent an zwei weitere Kohlenstoffatome gebunden ist.

Kilokalorie: Eine Energieeinheit mit dem Wert 4,184 kJ; 1000 Kalorien oder 1 Kalorie (siehe *Kalorie*).

Kinetik: Das Studium der Geschwindigkeiten und Mechanismen chemischer Reaktionen.

kinetische Energie: Die Energie, die ein Objekt aufgrund seiner Bewegung besitzt.

Kohlenhydrate: Ein Zucker (Monosaccharid) oder eines seiner Dimere (Disaccharid) oder Polymere (Polysaccharid), in dem das Verhältnis C : H : O gewöhnlich 1 : 2 : 1 ist.

Kohlenwasserstoff: Ein organisches Molekül, das ausschließlich aus Wasserstoff und Kohlenstoff besteht.

Kondensationsreaktion: Eine Reaktion, bei der zwei Moleküle durch Abspaltung eines kleinen Moleküls, gewöhnlich Wasser (Dehydratisierungsreaktion), miteinander eine kovalente Bindung eingehen.

konjugierte Säure/Base: Das Produkt, das aus der Aufnahme eines Protons durch eine Base resultiert oder das Produkt der Abgabe eines Protons durch eine Säure.

konjugiertes System: Eine Kette von Atomen (üblicherweise Kohlenstoff), die durch alternierende Einfach- und Doppelbindungen miteinander verbunden sind.

koordinative Bindung: Eine chemische Bindung, die daraus resultiert, dass sich zwei Atome ein bindendes Elektronenpaar teilen, das von nur einem Bindungspartner stammt. Siehe auch *dative kovalente Bindung*.

kovalente Bindung: Eine chemische Bindung, bei der sich zwei Bindungspartner ein Elektronenpaar teilen.

Lösung: Eine homogene flüssige Mischung zweier oder mehrerer Substanzen.

Makromolekül: Ein großes Molekül (Polymer), das durch Zusammenfügen kleinerer Moleküle (Monomere), meist durch eine Kodensationsreaktion, gebildet wurde. Polysaccharide, Proteine und Nucleinsäuren sind Makromoleküle.

metabolischer Reaktionsweg: Eine gekoppelte Reihe von chemischen Reaktionen, die in einer lebenden Zelle ablaufen.

Metabolismus: Die Gesamtheit der chemischen Reaktionen in einem Organismus, bestehend aus den katabolischen und den anabolischen Reaktionen.

Mol: Die Menge einer Substanz, die genau so viele Teilchen enthält, wie Atome in 12,0 g des Isotops ^{12}C vorhanden sind.

Molarität (Stoffmengenkonzentration): Ein allgemein gebräuchliches Maß für die Konzentration einer Lösung, die sich auf die Stoffmenge des gelösten Stoffes pro Volumen (l oder dm^3) der Lösung bezieht.

Molekül: Zwei oder mehr Atome, die durch kovalente Bindungen zusammengehalten werden.

Molekülorbital: Ein Raumbereich innerhalb eines Moleküls, in dem eine bestimmte Aufenthaltswahrscheinlichkeit für Elektronen besteht.

Molmasse: Die Masse von einem Mol einer Substanz in Gramm.

Monomer: Die Untereinheit, die als Baustein für Polymere dient.

Monosaccharid: Das einfachste Kohlenhydrat (Einfachzucker), das entweder einzeln existiert oder als Monomer für Disaccharide oder Polysaccharide dient. Die Summenformeln der Monosaccharide sind grundsätzlich ein Vielfaches von CH_2O.

M_r: Siehe *relative Molekülmasse*.

Mutarotation: Die Änderung der spezifischen Rotation, die auftritt, wenn $\alpha-$ (alpha–) oder $\beta-$ (beta–)Form eines Zuckers in eine Gleichgewichtsmischung beider Formen umgewandelt wird.

NAD^+ (NADH): Nicotinamidadenindinucleotid ist ein Coenzym, das an Redoxreaktionen beteiligt ist. NAD^+ ist die oxidierte Form, die durch Aufnahme von zwei Elektronen zu NADH reduziert wird.

Nernstsche Gleichung: Eine Gleichung, die die Änderung der freien Energie bei einer Redoxreaktion mit der Änderung des Standard-Reduktionspotenzials ($\Delta E^{\circ\prime}$) einer Reaktion in Beziehung setzt.

$$\Delta G^{\circ\prime} = -nF\Delta E^{\circ\prime}$$

Neutron: Ein elektrisch neutrales Teilchen, das im Atomkern vorkommt. Unterschiedliche Zahlen von Neutronen im gleichen Element führen zur Existenz verschiedener Isotope.

Nucleinsäure: Ein Polymer, das aus Nucleotidmonomeren (Base–Zucker–Phosphat) besteht. In der DNS ist der Zucker Desoxyribose, in der RNA ist der Zucker Ribose.

Nucleophil: Spezies, die von positiven Zentren angezogen wird. Typische Nucleophile sind negativ geladene Ionen oder neutrale Atome mit einem einsamen Elektronenpaar.

Nucleotid: Ein Molekül, das aus einer Purin- oder einer Pyrimidin-Base, einem Pentose-Zucker (Ribose oder Desoxyribose) und einer Phosphatgruppe besteht.

Oktettregel: Das Bestreben von Atomen, ionische oder kovalente Bindungen einzugehen, um ihre äußeren (Valenz-) Energieniveaus mit einem vollständigen Satz an Elektronen, d. h. einem Elektronenoktett (8) auszustatten. Atome oder Ionen, die diesen Zustand erreicht haben, sind grundsätzlich stabil und unreaktiv wie etwa die Edelgase, z. B. Helium und Neon.

optische Isomerie: Eine Form der Isomerie (insbesondere Stereoisomerie), bei der sich die beiden Isomere in jeder Hinsicht gleichen, mit der Ausnahme, dass sich ihre Strukturen wie nicht-deckungsgleiche Spiegelbilder zueinander verhalten. Optische Isomere werden als chirale Moleküle bezeichnet.

Orbitalhybridisierung: Die Neuanordnung von Elektronen in den äußeren Energieniveaus eines Atoms, um die Zahl der ungepaarten Elektronen zu maximieren, so dass diese kovalente Bindungen eingehen können.

Ordnung einer Reaktion: Siehe *Reaktionsordnung*.

Oxidation: Bindung an Sauerstoff oder Abgabe von Elektronen durch ein Atom oder eine Gruppe von Atomen bei einer Reaktion.

Oxidationsmittel: Eine Spezies, die die Oxidation einer anderen Spezies bewirkt, indem sie selbst Elektronen von der anderen Spezies aufnimmt.

oxidative Phosphorylierung: Die Synthese von ATP, bei der Energie verwendet wird, die durch die Redoxreaktionen einer Elektronentransportkette freigesetzt wurde.

Peptidbindung: Die kovalente (sekundäre) amidartige Bindung zwischen der Carbonylgruppe einer Aminosäure und dem Amino-Stickstoff einer zweiten Aminosäure in Peptiden und Proteinen.

Periodensystem: Eine Anordnung der bekannten chemischen Elemente in der Reihenfolge ihrer Ordnungszahlen.

Phospholipid: Ein Molekül, das aus einem polaren hydrophilen Glycerin sowie einer Phosphat-Kopfgruppe und einem unpolaren hydrophoben „Schwanz" aus zwei Fettsäureresten besteht. Das Molekül ist amphiphil. Phospholipide sind Hauptbestandteile biologischer Membranen.

Photon: Ein Lichtquantum.

pH-Wert: Definiert als $-\log_{10}[H^+]$. Der pH-Wert ist ein Maß für den Säuregrad einer Spezies, einer Lösung oder eines Systems. Für eine saure Lösung gilt pH < 7. Eine neutrale Lösung wird durch pH $= 7$ angezeigt und pH > 7 gilt für eine alkalische Lösung.

pi-Bindung: Die kovalente Bindung, die zwischen zwei Atomen gebildet wird, die jeweils ein ungepaartes Elektron in einem p-Orbital haben. Die pi-Bindung wird durch „Seite-an-Seite"-Überlappung der p-Orbitale ober- und unterhalb der Bindungsachse gebildet. Diese Bindung tritt nur zusätzlich zu einer kovalenten sigma-Bindung zwischen zwei Atomen auf, weshalb man von einer Doppelbindung spricht. Doppelbindungen werden als funktionelle Gruppen eingeordnet, da sie einen Bereich mit erhöhter Elektronendichte darstellen, der durch einen elektrophilen Reaktanten angegriffen werden kann.

pK_S-Wert: Ein logarithmischer Wert, der die Stärke einer Säure anzeigt. Der pK_S-Wert ist als der negative dekadische Logarithmus der Säuredissoziationskonstanten K_S definiert.

polar: Ein Begriff, der Spezies mit einer ungleichmäßigen Ladungsverteilung bezeichnet. Zur Darstellung der Partialladungen von unterschiedlichen Bereichen der Spezies werden oft die Symbole $\delta+$ und $\delta-$ verwendet.

polare kovalente Bindung: Eine kovalente Bindung, in der sich die beiden Bindungspartner in ihrer Elektronegativität unterscheiden. Das elektronegativere Atom zieht Elektronen zu sich hin und erhält dadurch eine geringe negative Ladung, während das andere Atom leicht positiv geladen wird.

polares Molekül (polare Gruppe): Ein Molekül, das einen elektrischen Dipol aufweist. Beispielsweise werden die funktionellen Gruppen mit einem relativ stark elektronegativen Atom als polar bezeichnet. Polare Moleküle (Gruppen) sind grundsätzlich wasserlöslich. Unpolare Moleküle besitzen solche Gruppen nicht und sind in Wasser unlöslich.

Polymer: Ein großes Molekül, das aus einer großen Zahl Monomere zusammengesetzt ist.

potenzielle Energie: Die Energie, die ein Objekt aufgrund seiner Lage im Raum besitzt (und nicht aufgrund seines Bewegungszustands). Die Bindungsenergie zwischen zwei Atomen ist eine potenzielle Energie, solange die Bindung nicht gebrochen ist.

Prinzip von Le Chatelier: Es besagt, dass wenn auf ein im Gleichgewicht befindliches System ein Zwang ausgeübt wird, sich der Zustand des Systems so verändert (sich das Gleichgewicht so verschiebt), dass die Auswirkungen des Zwangs minimiert werden.

Protein: Ein großes Polymer, das aus mehr als 50 Aminosäureeinheiten (Monomeren) besteht, die durch Peptidbindungen verbunden sind.

Puffer: Eine Substanz, die in Lösung aus gepaarten Säure- und Baseformen besteht, wodurch Änderungen im pH-Wert minimiert werden, wenn von außen Säuren oder Basen hinzugegeben werden.

racemisches Gemisch (Racemat): Eine äquimolare Mischung der Enantiomere eines Moleküls, z. B. eine Mischung von D- und L-Glucose.

Radikal: Ein Molekül oder Atom mit einem ungepaarten Elektron, das aus der homolytischen Spaltung einer kovalenten Bindung hervorgegangen ist. Radikale sind hochreaktiv.

Radioaktivität: Die Emission von α– oder β–Teilchen oder von γ-Strahlung durch ein Atom (oder eine Kombination davon).

Radioisotop: Eine instabile Form eines Elements, bei der der Atomkern spontan unter Emission von Teilchen (α– oder β–Teilchen) und/oder Energie (γ-Strahlung) zerfällt.

Reaktant: Eine Substanz, die an einer chemischen Reaktion teilnimmt.

Reaktionsgeschwindigkeit: Die Geschwindigkeit jeder chemischen Reaktion ist definiert als die Änderung der Konzentration einer Komponente pro Zeiteinheit.

Reaktionsmechanismus: Die Reaktionsschritte und die Natur der Intermediate, die an der Umwandlung von Edukten zu Produkten beteiligt sind.

Reaktionsordnung: Die Ordnung einer Reaktion bezieht sich auf die Zahl der Teilchen, die am geschwindigkeitsbestimmenden Schritt beteiligt sind. Die Geschwindigkeit einer Reaktion erster Ordnung hängt nur von einem Reaktionspartner in der Reaktionsmischung ab.

reaktives Zentrum: Ein Bereich eines Moleküls in oder an einer funktionellen Gruppe, an dem entweder Elektronenmangel herrscht oder der elektronenreich ist, so dass er Angriffe von nucleophilen oder elektrophilen Reaktionspartnern fördert.

Redoxpotenzial: Ein Maß für das Bestreben eines Atoms, Elektronen aufzunehmen oder abzugeben. Atome mit einem hohen Redoxpotenzial (einem positiven Wert) nehmen Elektronen von Atomen mit niedrigerem Redoxpotenzial (einem negativeren Wert) auf.

Redoxreaktion: Eine Reaktion mit gleichzeitig ablaufender Reduktion und Oxidation, bzw. zwei gekoppelte Halbreaktionen, von denen die eine eine Oxidation und die andere eine Reduktion darstellt.

Reduktion: Die Aufnahme von Elektronen durch eine Substanz.

Reduktionsmittel: Eine Substanz, die durch Abgabe von Elektronen reduzierend wirkt.

Reduktionspotenzial (E): Ein Maß für die reduzierende Wirkung einer Substanz auf andere Substanzen. Je stärker negativ das Reduktionspotenzial eines Stoffes ist, desto stärker ist dessen Neigung, Elektronen abzugeben.

relative Molekülmasse (M_r): Die Masse eines Moleküls im Vergleich zu einem Zwölftel der Masse eines Atoms ^{12}C.

Salz:

i. Eine ionische Bindung, die dadurch gebildet wird, dass eines oder mehrere Wasserstoffionen einer Säure durch ein anderes positives Ion ersetzt wird.

ii. Das Produkt, das neben Wasser aus der Reaktion einer Säure mit einer Base hervorgeht.

Säure (Brønsted-Lowry-Definition): Eine Substanz, die ein Proton oder Wasserstoffion abgeben kann.

Säuredissoziationskonstante (K_S): Die Gleichgewichtskonstante der Dissoziation eines Protons von einer Säure.

sigma-Bindung: Eine kovalente Bindung, die durch Überlappung von Atomorbitalen entlang der Bindungsachse („Kopf an Kopf") entsteht, im Gegensatz zu pi-Bindungen, bei denen die Orbitalüberlappung ober- und unterhalb der Bindungsachse erfolgt.

Solvens: Das Lösungsmittel einer Lösung. Wasser ist das vielseitigste Lösungsmittel.

spontane Reaktion: Eine Reaktion, die natürlich abläuft und nicht durch einen äußeren Einfluss angetrieben werden muss.

Standardzustand (Standardreaktionsenergie, $\Delta G°'$; Standardreduktionspotenzial, $\Delta E°'$): Eine Reihe von Referenzbedingungen für eine chemische Reaktion. In der Biochemie gelten als Bedingungen für den Standardzustand: Eine Temperatur von 298 K (25°C), ein Druck von 1 atm, eine Lösungskonzentration von 1 M und ein pH-Wert von 7,0.

Stereoisomer: Ein Molekül, das ein Spiegelbild eines anderen Moleküls darstellt. Stereoisomere gleichen sich hinsichtlich der Summenformel und der Bindigkeit ihrer Atome. Sie unterscheiden sich jedoch in der räumlichen Anordnung der Atome.

Stöchiometrie: Das in einer Reaktionsgleichung dargestellte Stoffmengenverhältnis der Edukte und Produkte, die an einer chemischen Reaktion beteiligt sind.

Strukturformel: Eine Darstellungsart eines Moleküls, bei der die kovalenten Bindungen zwischen den einzelnen Atomen durch Linien repräsentiert werden.

Strukturisomere: Verbindungen, die die gleiche Summenformel, aber eine unterschiedliche Anordnung der kovalenten Bindungen ihrer Atome aufweisen.

Substitutionsreaktion: Eine Reaktion, bei der, normalerweise unter Beteiligung organischer Verbindungen, ein Atom oder eine Gruppe von Atomen durch ein anderes Atom oder eine andere Gruppe von Atomen ausgetauscht wird.

Substrat: Der Reaktionspartner, an dem ein Enzym katalytisch wirkt.

Sulfhydrylgruppe: Eine funktionelle Gruppe, die aus einem Schwefelatom und einem daran gebundenen Wasserstoffatom besteht.

tetraedrisch: Die geometrische Anordnung der Bindungen an einem gesättigten Kohlenstoffatom. Vier Atome oder (gleich große) Gruppen, die kovalent an ein Kohlenstoffatom gebunden sind, sind bestrebt, Positionen einzunehmen, die den Ecken eines Tetraeders entsprechen.

Übergangszustand: Eine instabile, energetisch angeregte Anordnung von Atomen, bei der Bindungen gebildet oder gelöst werden. Die Strukturen der Übergangszustände liegen zwischen denen der Edukte und denen der Produkte der Reaktion.

ungepaartes Elektron: Ein einzelnes Elektron in einer äußeren Valenzschale, das eine kovalente Bindung eingehen kann.

ungesättigte Fettsäure: Eine Fettsäure mit mindestens einer Kohlenstoff-Kohlenstoff-Doppelbindung. Die Doppelbindungen ungesättigter Fettsäuren haben üblicherweise *cis*-Konfiguration.

Valenz: Die Bindungskapaziät eines Atoms. Sie entspricht üblicherweise der Zahl der ungepaarten Elektronen in den äußeren Energieniveaus eines Atoms.

Valenzelektron: Ein Elektron in der Valenzschale, das mit anderen Valenzelektronen Bindungen eingehen kann.

Valenzschale: das äußere Energieniveau eines Atoms, das die Valenzelektronen enthält, die an den chemischen Reaktionen des Elements beteiligt sind.

van-der-Waals-Kräfte: Schwache anziehende (attraktive) oder abstoßende (repulsive) Ladungs-Ladungs-Wechselwirkungen zwischen Molekülen (intermolekular) oder Teilen von Molekülen, die sich in enger Nachbarschaft befinden. Derartige Kräfte resultieren aus temporären (kurzlebigen) molekularen Dipolen, die zu lokalisierten Ladungsschwankungen führen.

Wasserstoffbrückenbindung: Eine elektrostatische Wechselwirkung zwischen einem Wasserstoffatom in einem Molekül und einem stark elektronegativen Atom (O, N oder F) in einem benachbarten Molekül. Diese Wechselwirkung kann zwischen zwei verschiedenen Molekülen oder innerhalb eines Moleküls auftreten.

Wasserstoffion: Ein Wasserstoffatom, das sein einziges Elektron abgegeben hat.

zweiter Hauptsatz der Thermodynamik: Das Prinzip, dass durch die Übertragung oder die Umwandlung von Energie die Unordnung im Universum vergrößert wird. Ein spontan ablaufender Vorgang wird immer durch eine Zunahme der Entropie des Systems begleitet. Geordnete Energieformen (in kovalenten Bindungen) werden bei metabolischen Reaktionen letztlich immer teilweise in Wärmeenergie umgewandelt, was zu einem Anstieg der Unordnung (einem Anstieg der Entropie) in der Umgebung führt.

Index